工业和信息化高职高专"十二五"规划立项教材 | 21世纪高等职业教育计算机技术规划教材

计算机应用基础项目式教程

（Windows 7+Office 2010）

（第2版）

崔雪炜 张彩霞 ◎ 主编

王黎玲 赵燕 刘佳欣 曹晓丽 ◎ 副主编

Jisuanji Yingyong Jichu
Xiangmushi Jiaocheng

人民邮电出版社
北京

图书在版编目（CIP）数据

计算机应用基础项目式教程 ：Windows 7+Office 2010 / 崔雪炜，张彩霞主编. -- 2版. -- 北京 ：人民邮电出版社，2014.9（2017.1重印）
21世纪高等职业教育计算机技术规划教材
ISBN 978-7-115-36090-8

Ⅰ. ①计… Ⅱ. ①崔… ②张… Ⅲ. ①Windows操作系统－高等职业教育－教材②办公自动化－应用软件－高等职业教育－教材 Ⅳ. ①TP316.7②TP317.1

中国版本图书馆CIP数据核字(2014)第167873号

内 容 提 要

全书按照项目教学、任务驱动的要求，采用一个大的工作案例组织教材内容。全书分为6个项目，通过完成收集资料、编辑资料、分析数据、汇报总结等工作项目，实现了一个职场新人到办公高手的技能进阶。本书采用项目描述、项目分析、实现步骤、总结提高、拓展任务等教学模式，融入大量的职业素质教育元素，通过本书不但能掌握足够的就业所需的计算机知识和技能，更重要的是，还能获得用人单位最感兴趣的要素——实际工作经验。

本书可作为培养应用型、技能型人才的各类“计算机应用基础”教育课程的教学用书，或供各类计算机培训、从业人员和爱好者参考，也可作为全国计算机等级考试参考教材使用。

◆ 主　　编　崔雪炜　张彩霞
副 主 编　王黎玲　赵　燕　刘佳欣　曹晓丽
责任编辑　桑　珊
责任印制　杨林杰

◆ 人民邮电出版社出版发行　　北京市丰台区成寿寺路11号
邮编　100164　　电子邮件　315@ptpress.com.cn
网址　http://www.ptpress.com.cn
北京鑫正大印刷有限公司印刷

◆ 开本：787×1092　1/16
印张：13.75　　2014年9月第2版
字数：365千字　　2017年1月北京第8次印刷

定价：32.00元

读者服务热线：(010)81055256　印装质量热线：(010)81055316
反盗版热线：(010)81055315

前 言 PREFACE

全书内容以信翔国际旅游公司的实际需求为工作任务，凸显职业化特色，取材典型、内容翔实、结构严谨、着重实践。

本书具有如下特点。

（1）面向实际需求精选案例，注重应用能力培养

本着既注重培养学生自主学习能力和创新意识，又注重为今后的学习打下良好基础的原则，我们精心选择了针对性、实用性极强的项目。在本教材中引入企业环境，围绕企业工作的实际需要，设计了一系列真实、连贯的应用项目。学生每完成一个项目的学习，就可以立即应用到实际工作生活中，并能够触类旁通地解决工作中所遇到的问题。

（2）以工作任务为主线，构建完整的教学设计布局

为了方便读者阅读，本书精选的项目任务遵循由浅入深、循序渐进、可操作性强的原则，将知识点巧妙地揉合于各个任务中，以若干个工作任务为载体，形成一个连贯的工作流程，构建一个完整的教学设计布局，并注重突出任务的实用性和完整性。本书在引导读者完成每个工作任务的制作后，还给出了相关的拓展练习。对于既是重点又是难点的知识，我们还在不同的案例中反复使用，使学生能够举一反三，灵活应用。读者在完成任务的同时，将逐步掌握 Office 2010 的各种功能。

（3）资源共享，便于教师备课和学生自学

本书全部由实用性很强的项目构成，内容翔实，素材丰富。教材配套光盘中包括各章相关素材、结果样例、课后练习的素材及结果。在开放的相关网站中还发布了所有教学课件、电子教案、相关素材及综合作业、各项目的要求及主要章节课后练习的自主学习操作录像等一系列配套资源。本书已形成了一个立体化的教材体系和教学环境。非常方便教师组织教学，也有利于学生自主学习。

本书由崔雪炜、张彩霞任主编，王黎玲、赵燕、刘佳欣、曹晓丽任副主编，项目一由刘佳欣编写，项目二由曹晓丽编写，项目三由陈聪、杨志浩编写，项目四由王黎玲编写，项目五由崔雪炜编写，项目六由赵燕、朱立娜编写。课后习题部分由刘畅、赵彩红编写。张彩霞主审了全书，并提出了很多宝贵的修改意见。

由于编者水平有限，书中难免存在错误和不妥之处，敬请广大读者批评指正。

编 者

2014 年 6 月

目 录 CONTENTS

PART 1 项目一 知识储备——设备产品认知

随着计算机应用越来越广以及计算机知识的不断普及，计算机已经成为很多人工作、生活的必备工具，计算机外围设备也为人们的生活和工作提供了很多方便，大大节约了时间，使人们能更快更好地完成任务。为了掌握计算机组成的基本知识，本项目以公司员工的角度带领大家进行学习。

【项目描述】

信翔国际旅游公司（简称“信翔国旅”）扩大公司规模，新购进一批电脑，办公室需对设备配置进行登记，以便日后方便管理。

本项目可分解为 2 个学习任务，建议每个学习任务的名称和学时安排见表 1-1。

表 1-1 项目分解表

项目分解	学习任务名称	学 时
任务 1	计算机的组成	2
任务 2	计算机外围设备	2

任务 1 计算机的组成

【任务描述】

资产管理部主任将新购进的电脑设备登记任务交给了员工刘青。刘青对新设备进行登记，并根据各部门的工作需要进行了分配。配置单见表 1-2、表 1-3。

表 1-2 办公室 电脑配置单

名 称	配 置
主板	技嘉 GA-H81M-D3V
CPU	Intel 酷睿 i5
内存	DDR3 4GB
硬盘	希捷 1TB 7200 转/分
显卡	集成显卡

续表

名　　称	配　　置
机箱电源	钻石 Win7 版
键盘鼠标	双飞燕套装
显示器	21 英寸液晶

表 1-3　广告部 电脑配置单

名　　称	配　　置
主板	技嘉 GA-B85-HD3
CPU	Intel 酷睿 i7
内存	DDR3 8GB
硬盘	希捷 1TB+固态硬盘（240GB）
显卡	七彩虹 iGame750 烈焰战神 X
机箱电源	钻石 Win7 版
键盘鼠标	双飞燕套装
显示器	21 英寸液晶

【任务分析】

随着计算机应用越来越广以及计算机知识的不断普及，计算机已经成为很多人工作、生活的必备工具，因此，我公司根据各部门的不同工作需求购置了不同配置的计算机。

【学习目标】

1. 认识计算机
2. 了解计算机的配件组成
3. 能够正确连接计算机设备

【任务实施】

一、计算机配件的认识

1．CPU

CPU（Central Processing Unit）中文名为中央处理器，如图 1-1 所示。CPU 相当于人的大脑，是整个计算机系统的核心，一台计算机档次的高低基本可以由 CPU 的优劣来决定，CPU 是一块超大规模的集成电路，是一台计算机的运算核心和控制核心。主要包括运算器（ALU，Arithmetic and Logic Unit）和控制器（CU，Control Unit）两大部件。此外，还包括若干个寄存器和高速缓冲存储器及实现它们之间联系的数据、控制及状态的总线。它与内部存储器和输入/输出设备合称为电子计算机三大核心部件。

图 1-1　CPU

其主要性能指标如下。

- 主频：即 CPU 的时钟频率，用来表示 CPU 的运算速度，单位是 MHz。一般来说，主频越高运算速度越快。但由于内部制造结构不同，并非所有的时钟频率相同的 CPU 的性能都一样。
- 前端总线频率：是 CPU 与计算机系统沟通的通道，CPU 必须通过它才能与其他计算机设备进行数据通信，直接影响 CPU 与内存之间数据交换的速度。
- 缓存：可以进行高速数据交换的存储器，它先于内存与 CPU 交换数据，因此速度很快。当前影响 CPU 性能的缓存主要有二级缓存和三级缓存。同一核心 CPU 高低端的不同层次，一般都是通过二级缓存的大小来区别。三级缓存是为了读取二级缓存后未命中的数据设计的一种缓存，普遍应用于高端 CPU 中。
- 工作电压：是指 CPU 正常工作所需的电压。随着 CPU 主频的提高，CPU 工作电压有逐步下降的趋势，以解决发热过高的问题。
- 制作工艺：指的是在生产 CPU 过程中，要进行加工各种电路和电子元件，制造导线连接各个元器件。通常其生产的精度以纳米（以前用微米）来表示，精度越高，生产工艺越先进。在同样的材料中可以制造更多的电子元件，连接线也越细，提高 CPU 的集成度。目前的制作工艺已经达到 45nm。

➔提示

选购笔记本电脑时建议选购 CPU 制作工艺是 45nm 的产品。双核技术是在同一个 CPU 里集成两个内核。

2．主板

主板是一块大型印刷电路板，又称系统板或母板。如果 CPU 比喻成人的大脑，则可以把主板比喻成人的躯干和中枢，上面布满了各种“元器件”（如图 1-2 所示）。主板上通常有 CPU 插槽、内存储器插槽、输入输出控制电路、扩展插槽、I/O 接口、面板控制开关和与指示灯相连的接插件等。

图 1-2　主板

主板上有一些插槽或 I/O 通道，不同型号主板所含的扩展槽个数不同。扩展槽可以随意插入某个标准选件，如显卡、声卡、网卡和视频解压卡等。扩展槽有 16 位和 32 位槽等几种，而且可以更换相应接口上的设备达到响应的子系统局部升级，从而提高计算机系统的性能。主板上的总线并行地与扩展槽相连，数据、地址和控制信号由主板通过扩展槽送到选件板，再传送到与计算机相连的外部设备上。

➔提示

主板的总线频率最好要大于 CPU 的总线频率，这样可以使 CPU 发挥出全部性能，还可以方便以后对于 CPU 的升级。

3. 内存

内存如图 1-3 所示，它的全称是“内存储器”，用来存放运行的程序和当前使用的数据，它可以直接与 CPU 交换信息。一般内存分为 RAM（Random Access Memory，随机读写存储器）和 ROM（Read Only Memory，只读存储器）两种。

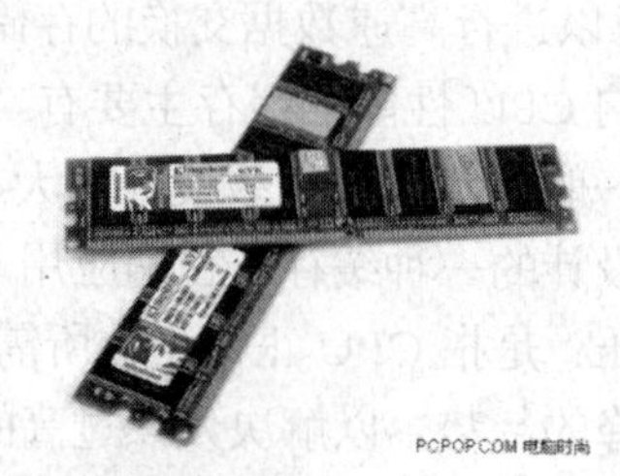

图 1-3　笔记本内存条（左）和台式机内存条（右）

（1）RAM。

RAM 在计算机工作时，既可从中读出信息，也可随时写入信息，所以，RAM 是一种在计算机正常工作时可读/写的存储器。在随机存储器中，以任意次序读写任意存储单元所用时间是相同的。目前所有的计算机大都使用半导体随机存储器。半导体随机存储器是一种集成电路，其中有成千上万个存储单元。根据元器件结构的不同，随机存储器又可分为静态随机存储器（Static RAM，简称 SRAM）和动态随机存储器（Dynamic RAM，简称 DRAM）两种。静态随机存储器（SRAM）集成度低，价格高。但存取速度快，它常用作高速缓冲存储器（Cache）。Cache 是指工作速度比一般内存快得多的存储器，它的速度基本上与 CPU 速度相匹配，它的位置在 CPU 与内存之间(如图 1-4 所示）。在通常情况下，Cache 中保存着内存中部分数据映像。CPU 在读写数据时，首先访问 Cache。如果 Cache 含有所需的数据，就不需要访问内存；如果 Cache 中没有所需的数据，才去访问内存。设置 Cache 的目的，就是为了提高机器运行速度。动态随机存储器使用半导体器件中分布电容上有无电荷来表示“0”和“1”的，因为保存在分布电容上的电荷会随着电容器的漏电而逐步消失，所以需要周期性地给电容充电，称为刷新。这类存储器集成度高、价格低、存储速度慢。随机存储器存储当前使用的程序和数据，一旦机器断电，就会丢失数据，而且无法恢复。因此，用户在操作计算机过程中应养成随时存盘的习惯，以免断电时丢失数据。

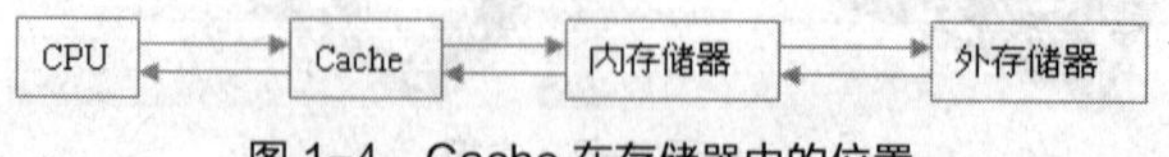

图 1-4　Cache 在存储器中的位置

（2）ROM。

只读存储器（ROM）只能做读出操作而不能做写入操作。只读存储器中的信息是在制造时用专门的设备一次性写入的，只读存储器用来存放固定不变重复执行的程序，只读存储器中的内容是永久性的，即使关机或断电也不会消失。目前，有多种形式的只读存储器，常见的有如下几种：PROM，可编程的只读存储器。EPROM，可擦除的可编程只读存储器。EEPROM，可用电擦除的可编程只读存储器。CPU（运算器和控制器）和主存储器组成了计算机的主机部分。

➔提示

内存特点：RAM 断电后信息丢失；ROM 断电后信息不丢失。

4. 硬盘

外存的全称是“外存储器”，它又被称为“辅助存储器”，用来存放暂时不用的程序和数据，它不能直接与 CPU 交换信息，只能和内存交换数据。外存相对于内存而言，存取速度较慢，但存取容量大，价格较低，信息不会因掉电而丢失。目前常用的外存有硬盘和光盘。

硬盘的外形如图 1-5 所示，它是至今最重要的外存储器，它的磁盘容量大、存取速度较快、可靠性高、每兆字节成本低等优点。目前较常见的有 500GB、1TB 等规格的硬盘。硬盘内的洁净度要求非常高，采用了密封型空气循环方式和空气过滤装置，所以不得任意拆卸。

图 1-5　硬盘

固态硬盘（Solid State Drives）如图 1-6 所示，简称固盘，是用固态电子存储芯片阵列而制成的硬盘，其芯片的工作温度范围很宽。虽然成本较高，但也正在逐渐普及到 DIY 市场。由于固态硬盘技术与传统硬盘技术不同，所以产生了不少新兴的存储器厂商。固盘具有读写速度快、防震抗摔性好、低功耗、轻便等优点，但也拥有寿命限制、售价高等缺点。新一代的固态硬盘普遍采用 SATA-2 接口、SATA-3 接口、MSATA 接口、PCI-E 接口、NGFF 接口和 CFast 接口。

图 1-6　固态硬盘

硬盘接口（如图 1-7 所示）是硬盘与主机系统间的连接部件，作用是在硬盘缓存和主机内存之间传输数据。不同的硬盘接口决定着硬盘与计算机之间的连接速度，在整个系统中，硬盘接口的优劣直接影响着程序运行快慢和系统性能好坏。从整体的角度上，硬盘接口分为

IDE、SATA、SCSI 和光纤通道四种，IDE 接口是最早出现的一种类型接口，这种类型的接口随着接口技术的发展已经被淘汰了。SCSI 接口的硬盘则主要应用于服务器市场，而光纤通道只应用在高端服务器上，价格昂贵。SATA 接口就叫串口，目前市场上的硬盘多采用此接口，SATA 接口具有纠错能力强、结构简单、支持热插拔等优点。

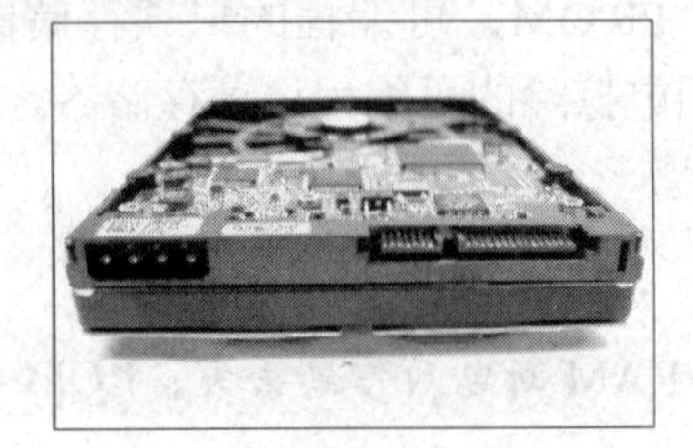

图 1-7　IDE 接口（左）和 SATA 接口（右）

一个存储器中所包含的字节数称为该存储器的容量，简称存储容量。存储容量通常用 KB、MB 或 GB 表示，其中 B 是字节（Byte），并且 1KB=1 024B，1MB=1 024KB，1GB=1 024MB。例如，640KB 就表示 640×1 024=65 5360 字节。

➔提示

硬盘容量的计算方法如下。

厂商的计算方法：1GB=1 000MB

计算机系统的计算方法：1GB=1 024MB

因这两种计算机方法存在差异，因此我们买回的硬盘，厂商公布的容量与计算机显示的容量不同。

5．显卡

显卡是很重要的计算机配件之一，如图 1-8 所示。它的性能好坏直接关系到计算机显示性能的好坏。

图 1-8　显卡

显卡是计算机中负责处理图像信号的专用设备，在显示器上显示的图形都是由显卡生成并传送给显示器的，因此显卡的性能好坏决定着机器的显示效果。显卡分为主板集成的集成显卡和独立显卡，在品牌机中采用集成显卡和独立显卡的产品约各占一半，在低端的产品中更多的是采用集成显卡，在中、高端市场则较多采用独立显卡。

独立显卡是指显卡成独立的板卡存在，需要插在主板的 AGP 或 PCI-E 等接口上，独立显卡具备单独的显存，不占用系统内存，而且技术上领先于集成显卡，能够提供更好的显示效果和运行性能；集成显卡是将显示芯片集成在主板芯片组中，在价格方面更具优势，但不具备显存，需要占用系统内存（占用的容量大小可以调节）。

显示芯片是显卡的核心芯片，它负责系统内视频数据的处理，决定着显卡的级别、性能。不同的显示芯片，无论从内部结构设计，还是性能表现上都有着较大的差异。显示芯片在显卡中的地位，就相当于电脑中 CPU 的地位，是整个显卡的核心。

6．机箱电源

机箱是计算机的外壳，从外观上分为卧式和立式两种。机箱一般包括外壳、用于固定软硬盘驱动器的支架、面板上必要的开关、指示灯和显示数码管等。机箱内还有电源。

通常在主机箱的正面都有电源开关 Power 和 Reset 按钮，Reset 按钮用来重新启动计算机系统（有些机器没有 Reset 按钮）。

在主机箱的背面配有电源插座，用来给主机及其他的外部设备提供电源。一般的 PC 都有一个并行接口和两个串行接口，并行接口用于连接打印机，串行接口用于连接鼠标、数字化仪等串行设备。另外，通常 PC 还配有一排扩展卡插口，用来连接其他的外部设备，如图 1-9 所示。

图 1-9 机箱电源

7．鼠标键盘

（1）鼠标。

鼠标是一种手持式屏幕坐标相对定位设备，是人机对话的基本输入设备。鼠标比键盘更加灵活方便，它是适应菜单操作的软件和图形处理环境而出现的一种输入设备，特别是在现今流行的 Windows 图形操作系统环境下应用鼠标器方便快捷。按工作原理可以分为：机械式、光电式。

机械式鼠标的底座上装有一个可以滚动的金属球，当鼠标器在桌面上移动时，金属球与桌面摩擦，发生转动，如图 1-10 所示。金属球与四个方向的电位器接触，可测量出上下左右四个方向的位移量，用以控制屏幕上光标的移动。光标和鼠标器的移动方向是一致的，而且移动的距离成比例。

图 1-10 机械式鼠标

光电式鼠标的底部装有两个平行放置的小光源，如图 1–11 所示。这种鼠标器在反射板上移动，光源发出的光经反射板反射后，由鼠标器接收，并转换为电移动信号送入计算机，使屏幕的光标随之移动。其他方面与机械式鼠标器一样。

图 1–11　光电式鼠标

按接口类型可分为：PS/2 鼠标、USB 鼠标和无线鼠标。PS/2 鼠标通过一个六针微型 DIN 接口与计算机相连，接口通常为绿色。USB 鼠标支持热插拔，是现在流行的鼠标接口。无线鼠标采用红外线、蓝牙等无线技术与主板实现连接。如图 1–12 所示。

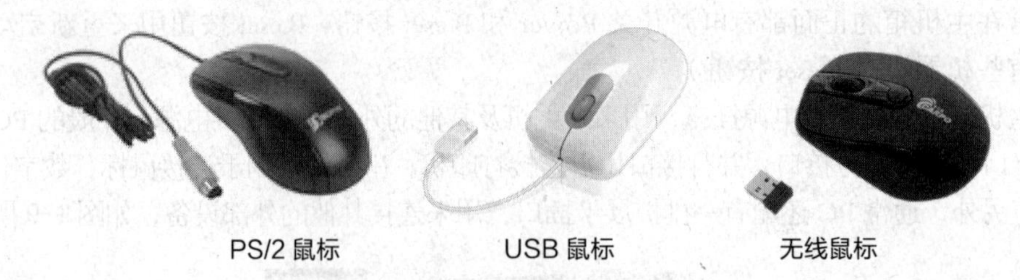

PS/2 鼠标　　USB 鼠标　　无线鼠标

图 1–12　不同接口的鼠标

（2）键盘。

键盘是常用的输入设备，它是由一组开关矩阵组成，包括数字键、字母键、符号键、功能键及控制键等。每一个按键在计算机中都有它的唯一代码。当按下某个键时，键盘接口将该键的二进制代码送入计算机主机中，并将按键字符显示在显示器上。当快速大量输入字符，主机来不及处理时，先将这些字符的代码送往内存的键盘缓冲区，然后再从该缓冲区中取出进行分析处理。键盘接口电路多采用单片微处理器，由它控制整个键盘的工作，如上电时对键盘的自检，键盘扫描，按键代码的产生、发送及与主机的通信等。键盘是人机对话的最基本的输入设备，用户可以通过键盘输入命令程序和数据。目前常用的标准键盘有 101 键、104 键和 107 键三种，如图 1–13 所示。

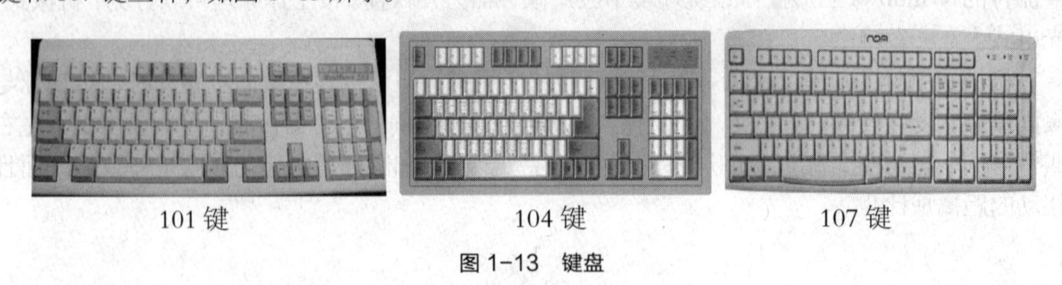

101 键　　104 键　　107 键

图 1–13　键盘

目前市场上的键盘接口主要有 PS/2（紫色）、USB。

键盘的使用如图 1–14 所示。

图 1-14　键盘指法

➔提示

键盘的小键盘上有 3 个指示灯：小键盘指示灯（Num Lock）、大/小写指示灯（Caps Lock）、卷轴指示灯（Scroll Lock）。当小键盘指示灯亮时，小键盘上的数字键才能使用。当大/小写指示灯亮时，输入的则是英文大写字符，反之则为小写。卷轴指示灯已没有大的用处，一般配合具体软件来使用。

8．光驱

光驱，电脑用来读写光碟内容的机器，是台式机里比较常见的一个配件。随着多媒体的应用越来越广泛，使得光驱在台式机诸多的配件中已经成标准配置。目前，光驱可分为 CD-ROM 驱动器、DVD 光驱（DVD-ROM）、康宝（COMBO）和刻录机等。

CD-ROM 光驱：又称为致密盘只读存储器，是一种只读的光存储介质。它是利用原本用于音频 CD 的 CD-DA（Digital Audio）格式发展起来的。

DVD 光驱：是一种可以读取 DVD 碟片的光驱，除了兼容 DVD-ROM、DVD-VIDEO、DVD-R、CD-ROM 等常见的格式外，对于 CD-R/RW、CD-I、VIDEO-CD、CD-G 等都有很好的支持。

DVD 刻录机不仅包含了以上光驱的功能，还能将数据刻录到 DVD、CD 的刻录光盘中，目前使用的频率比较高。刻录机按外观分为内置和外置两种，内置的较为多见，而外置的多为专业便携机（如图 1-15 所示）。

图 1-15　光驱

➔提示

平时尽量不要用刻录机看 VCD、复制数据等一些读盘工作，以避免刻录机的过分频繁使用，加速激光头的老化。

9．显示器

显示器的外形如图 1-16 所示，市场上目前常见的显示器一般可以分为以下两种。

CRT（阴极射线管显示器）：它的外形与家用电视机相似，价格便宜，但是体积大而笨重，正被逐步淘汰。

LCD（液晶显示器）：随着技术不断进步，显示效果不断提高，而其的价格在不断下降，并且它具有体积小、重量轻等特点，逐渐取代了 CRT 显示器的地位。

图 1-16　CRT 显示器和 LCD 显示器

二、配件的连接

在认识了各个配件后，我们需要将各配件进行连接，如图 1-17 所示。

图 1-17　机箱内部连接

那么机箱外部的连接又是怎么样的呢？如图 1-18 所示。

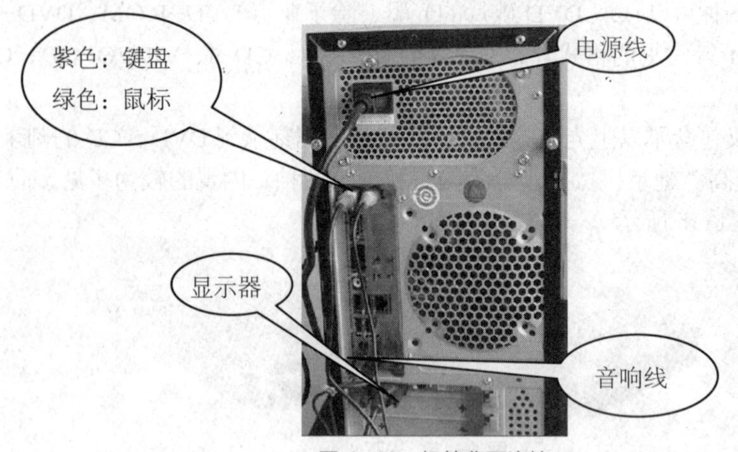

图 1-18　机箱背面连接

任务 2　计算机外围设备

【任务描述】

石家庄信翔国际旅游公司，扩大规模后，旅游地点也在不断增加，为了使顾客能够及时了解我们的旅游景点，因此我公司对于部分计算机外围设备（如打印机等）也进行了采购。

【任务分析】

目前常用的电脑周边设备以打印机、移动存储为主，这些设备已经由办公设备转变为了我们日常生活中不可或缺的设备了。

【学习目标】

1. 认识计算机外围设备
2. 了解各种设备

【任务实施】

一、辅助存储器

在相连的计算机之间传输较大数据文件一直是一件很麻烦的事，移动存储设备的出现解决了这个问题。它使用了 USB 接口，具有可以进行热插拔、无外接电源、体积小、重量轻、携带方便等特点。任何带有 USB 接口的计算机都可以使用移动存储设备。

移动存储设备具有以下优异特性。

- 不需要驱动器，无外接电源。
- 容量大。
- 体积小、重量轻，携带方便
- 使用简便，USB 接口，即插即用，可带电插拔。
- 存取速度快，约为软盘存取速度的 15 倍。
- 可靠性好，可反复擦写，带写保护功能。
- 具备系统启动、杀毒、加密保护等功能。

1. 移动硬盘

移动硬盘（如图 1-19 所示）顾名思义是以硬盘为存储介质，强调便携性的存储产品。目前市场上绝大多数的移动硬盘都是以标准硬盘为基础的，而只有很少部分是以微型硬盘（1.8 英寸硬盘等）为基础，价格因素决定了主流移动硬盘还是以标准笔记本硬盘为基础。因为采用硬盘为存储介质，所以移动硬盘数据的读写模式与标准 IDE 硬盘是相同的。移动硬盘多采用 USB、IEEE1394 等传输速度较快的接口，可以较高的速度与系统进行数据传输。

图 1-19　移动硬盘

移动硬盘可以提供相当大的存储容量，是一种性价比较高的移动存储产品。目前，大容量“闪存盘”价格还无法被用户所接受，而移动硬盘能在用户可以接受的价格范围内提供给用户较大的存储容量和不错的便携性。目前市场中的移动硬盘能提供 500GB、1TB 等容量，一定程度上满足了用户的需求。

移动硬盘大多采用 USB2.0、IEEE1394 接口，能提供较高的数据传输速度。

现在的 PC 基本都配备了 USB 功能，主板通常可以提供 2～8 个 USB 接口，一些显示器也提供了USB转接器，USB接口已成为个人计算机中的必备接口。USB设备在大多数版本的Windows操作系统中，都可以不需要安装驱动程序，具有真正的“即插即用”特性，使用起来灵活方便。

2．U盘

U盘也称为优盘、闪存盘，是采用USB接口技术与计算机相连接工作的。使用方法很简单，只需要将U盘插入计算机的USB接口，然后安装驱动程序，如图1-20所示，是不同类型的U盘。

一般的U盘在Windows 2000系统以上的版本中是不需要安装驱动程序而由系统自动识别的，使用起来非常方便。

U盘的读取速度较软盘快几十倍至几百倍，U盘的存储容量最小的为6MB（现在市场上已经买不到），最大的数十GB，而软盘的容量只有1.44MB，就容量来说是天壤之别。U盘不容易损坏，而软盘容易损坏，不便于长期保存资料。

可能在U盘出现的时候在某些问题上还离不开软盘，例如：系统崩溃，需要软盘来引导系统，对系统进行恢复。现在很多U盘都支持系统引导，并且引导速度比软盘更快，所以现在软盘已经基本被淘汰。

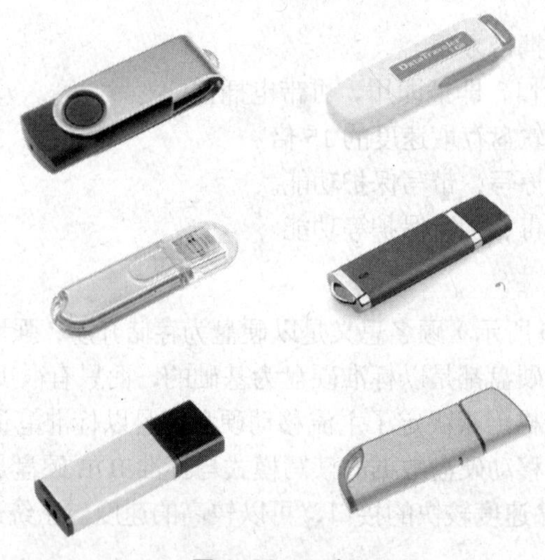

图1-20 U盘

➔提示

在对移动存储器进行读取写入后，切勿直接拔除，因为U盘在系统中使用的时候，会把数据写入缓存，如果这时候直接拔除可能导致数据丢失。正确操作应该是双击右下角系统托盘区的新硬件图标，先在系统里停止设备的运行（即清除缓存，保存数据），然后再拔除。

二、打印设备

打印机是计算机系统的重要输出设备之一，它的作用是把计算机中的信息打印在纸张或其他介质上。目前常见的打印机有针式打印机、喷墨打印机、激光打印机等几种。

1．针式打印机

针式打印机属于击打式打印机，主要由打印头、运载打印头的小车装置、色带机构、输纸机构和控制电路几部分组成，如图1-21所示。打印头是针式打印机的核心部件，它包括打印针、电磁铁、衔铁和复位弹簧。打印头通常由 24 针组成。这些针组成了针的点阵，当在线圈中通一脉冲电流时，衔铁被电磁铁吸合，使打印针通过色带打击在转筒上的打印纸而实现由点阵组成的字符或汉字。当线圈中的电流消失时，钢针在复位弹簧的推动作用下，回复到打印前的位置，等候下一次脉冲电流。一般针式打印机价格便宜，对纸张要求低，噪声大，字迹质量不高，针头易耗损，但只有针式打印机可以打印多层纸张。主要耗材为色带，如图 1-22 所示。

图 1-21 针式打印机

图 1-22 色带

2．喷墨打印机

喷墨打印机属于非打击式打印机，如图 1-23 所示。和针式打印机相比较它的最大优点是噪音低。它是用极细的喷墨管将墨水喷射到打印介质上，在打印介质上形成图形和文字。喷墨打印机的打印质量高、功耗低、价格低，所以它应用的范围较为广泛。主要耗材为打印机专用墨水，如图 1-24 所示。

图 1-23 喷墨打印机

图 1-24 打印机专用墨水

3．激光打印机

激光打印机是激光技术和电子照相技术的复合产物，如图 1-25 所示，它将计算机输出信号转换成静电磁信号，磁信号使磁粉吸附在纸上形成有色字符。激光打印机打印质量高，字符光滑美观，打印噪音小，价格稍高，但它具有打印速度快、打印质量好、分辨率高、噪声低等特点，所以很快得到了广泛的应用。主要耗材为硒鼓，如图 1-26 所示。

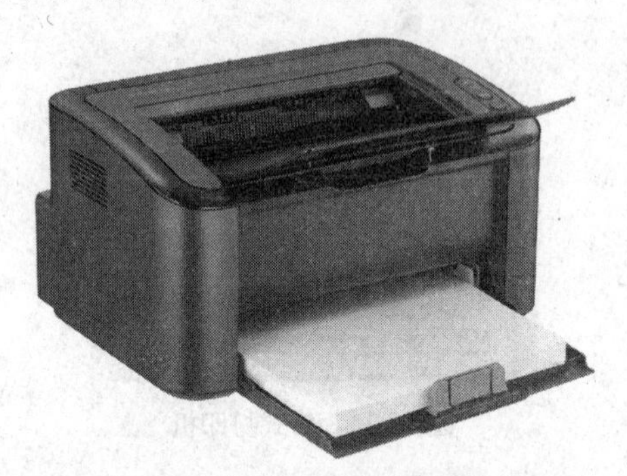

图 1-25　激光打印机

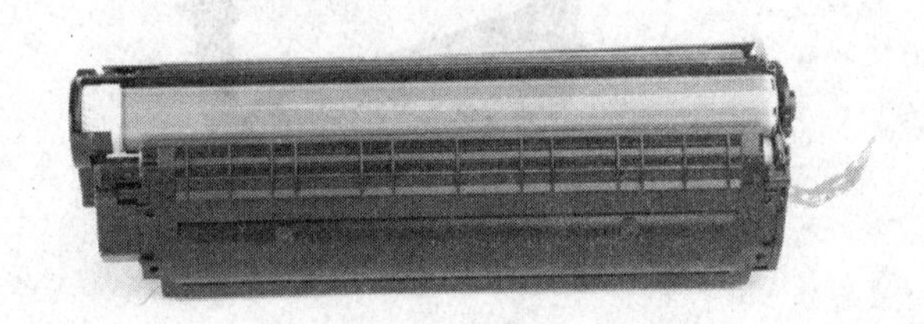

图 1-26　硒鼓

三、影像设备

1．摄像头

摄像头（camera）又称为电脑相机（如图 1-27 所示）、电脑眼等，是一种视频输入设备，被广泛地运用于视频会议、视频聊天及实时监控等方面，另外，人们还可以将其用于当前各种流行的数码影像、影音处理。

图 1-27　数字摄像头

数字摄像头的未来发展趋势如下。

（1）高像素、高质量图像传感器（CCD）、高传输速度（USB2.0 或其他接口）的摄像头将会是未来的发展趋势。

（2）专业化（只作为专业视频输入设备来使用）、多功能化（附带其他功能，例如附带闪存盘，趋向数码相机方向发展，也可以设想以后的摄像头可以具有扫描仪的功能）等也是将来的发展趋势。

（3）更人性化、更易于使用、更多的实际应用功能才是客户的真正需求。

2．扫描仪

扫描仪如图 1-28 所示，它是图片输入的主要设备，能把一幅画或一张照片转换成数字信号存储在电脑内，然后可以利用有关的软件编辑、显示或打印。扫描仪在电脑领域中具有广泛的用途，除处理图像信息外，还可以通过尚书等文字识别软件，处理文本信息。

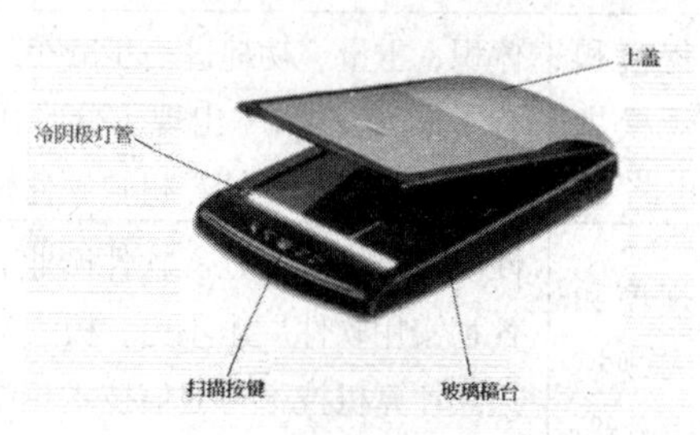

图 1-28　扫描仪

很多用户在使用扫描仪时，常常会产生采用多大分辨率扫描的疑问，其实，这由用户的实际应用需求决定。如果扫描的目的是为了在显示器上观看，扫描分辨率设为 100 点/英寸即可；如果为打印而扫描，采用 300 点/英寸的分辨率即可；要想将作品通过扫描印刷出版，至少需要 300 点/英寸以上的分辨率，当然若能使用 600 点/英寸则更佳。

选择合适的扫描类型，不仅会有助于提高扫描仪的识别成功率，而且还能生成合适尺寸的文件。通常扫描仪可以为用户提供照片、灰度以及黑白三种扫描类型，在扫描之前必须根据扫描对象的不同，正确选择合适的扫描类型。照片扫描类型适用于扫描彩色照片，它要对红绿蓝三个通道进行多等级的采样和存储，这种方式会生成较大尺寸的文件；灰度扫描类型则常用于既有图片又有文字的图文混排稿样，该类型扫描兼顾文字和具有多个灰度等级的图片，文件大小尺寸适中；黑白扫描类型常见于白纸黑字的原稿扫描，用这种类型扫描时，扫描仪会按照一个位来表示黑与白两种像素，而且这种方式生成的文件尺寸是最小的。

【知识拓展】

一、计算机的发展史

1946 年 2 月 14 日，世界上第一台电子计算机 ENIAC 在美国宾夕法尼亚大学诞生，它的出现具有划时代的伟大意义。我国自 1956 年开始研制计算机，1958 年研制成功国内第一台电子管计算机，名叫 103 机，在以后的数年中我国的计算机技术取得了迅速的发展。

半个世纪以来，计算机获得突飞猛进的发展。在人类科技史上还没有一种学科可以与电子计算机的发展相提并论。

人们根据计算机的性能和当时的硬件技术状况，将计算机的发展分成几个阶段，每一阶段在技术上都是一次新的突破，在性能上都是一次质的飞跃，如表 1-4 所示。

表 1-4 计算机发展史

类 别	时间段	基本元件	特 点	应 用
第一代计算机	1946–1957	电子管	体积庞大、造价昂贵、速度低、存储量小、可靠性差。没有系统软件，只能用机器语言和汇编语言编程	军事应用和科学研究
第二代计算机	1958–1964	晶体管	相对体积小、重量轻、开关速度快、工作温度低。开始有了系统软件(监控程序)，提出了操作系统概念，出现了高级语言	数据处理和事务管理
第三代计算机	1965–1971	小规模和中规模集成电路	体积、重量、功耗进一步减少。系统软件有了很大发展， 出现了分时操作系统，多用户可以共享计算机软硬件资源	应用更加广泛
第四代计算机	1971 至今	大规模和超大规模集成电路	性能飞跃性地上升。软件产业高度发达，各种实用软件层出不穷，极大地方便了用户。计算机技术与通信技术相结合，计算机网络把世界紧密地联系在一起	应用于各个领域

从 2008 年起，云计算（Cloud Computing）概念逐渐流行起来，它正在成为一个通俗和大众化（Popular）的词语。云计算被视为“革命性的计算模型”，因为它使得超级计算能力通过互联网自由流通成为了可能。企业与个人用户无需再投入昂贵的硬件购置成本，只需要通过互联网来购买租赁计算力，用户只用为自己需要的功能付钱，同时消除传统的在硬件、软件、专业技能方面的花费。云计算让用户脱离技术与部署上的复杂性而获得应用。云计算囊括了开发、架构、负载平衡和商业模式等，是软件业的未来模式。它是基于 Web 的服务，也是以互联网为中心。

对云计算的定义有多种说法。对于到底什么是云计算，至少可以找到 100 种解释。目前广为接受的是美国国家标准与技术研究院（NIST）的定义：云计算是一种按使用量付费的模式，这种模式提供可用的、便捷的、按需的网络访问，进入可配置的计算资源共享池（资源包括网络、服务器、存储、应用软件、服务），这些资源能够被快速提供，只需投入很少的管理工作，或与服务供应商进行很少的交互。

大数据（big data），或称巨量资料，指的是所涉及的资料量规模巨大到无法通过目前主流软件工具，在合理时间内达到撷取、管理、处理、并整理成为帮助企业经营决策的更积极目的的资讯。在维克托·迈尔·舍恩伯格及肯尼斯·库克耶编写的《大数据时代》中大数据指不用随机分析法（抽样调查）这样的捷径，而采用所有数据的方法。大数据的 4V 特点：Volume（大量）、Velocity（高速）、Variety（多样）、Veracity（真实性）。

从技术上看,大数据与云计算的关系就像一枚硬币的正反面一样密不可分。大数据必然无法用单台的计算机进行处理,必须采用分布式计算架构。它的特色在于对海量数据的挖掘,但它必须依托云计算的分布式处理、分布式数据库、云存储和虚拟化技术。

大数据可分成大数据技术、大数据工程、大数据科学和大数据应用等领域。目前人们谈论最多的是大数据技术和大数据应用。工程和科学问题尚未被重视。大数据工程指大数据的规划建设运营管理的系统工程；大数据科学关注大数据网络发展和运营过程中发现和验证大数据的规律及其与自然和社会活动之间的关系。

二、计算机的特点

现代计算机算一般具有以下几个重要特点。

（1）处理速度快。

（2）存储容量大。

（3）计算精度高。

（4）工作全自动。

（5）适用范围广，通用性强。

三、计算机的应用

计算机主要有以下几个方面的应用。

（1）科学计算（数值计算）。

（2）过程控制。

（3）计算机辅助设计（CAD）和计算机辅助制造（CAM）。

（4）信息处理。

（5）现代教育（计算机辅助教学（CAI）、计算机模拟、多媒体教室、网上教学和电子大学）。

四、计算机系统的组成

一个完整的计算机系统应是由硬件系统和软件系统两大部分组成（如图 1-29 所示）。

硬件就是泛指的实际的物理设备，主要包括运算器、控制器、存储器、输入设备和输出设备五部分。而只有硬件的裸机是无法运行的，还需要软件的支持。所谓软件，是指为解决问题而编制的程序及其文档。计算机软件包括计算机本身运行所需要的系统软件和用户完成任务所需要的应用软件。计算机是依靠硬件系统和软件系统的协同工作来执行给定任务的。

在计算机系统中，硬件是物质基础，软件是指挥枢纽、灵魂，软件发挥如何管理和使用计算机的作用。软件的功能与质量在很大程度上决定了整个计算机的性能。故软件和硬件一样，是计算机工作必不可少的组成部分。

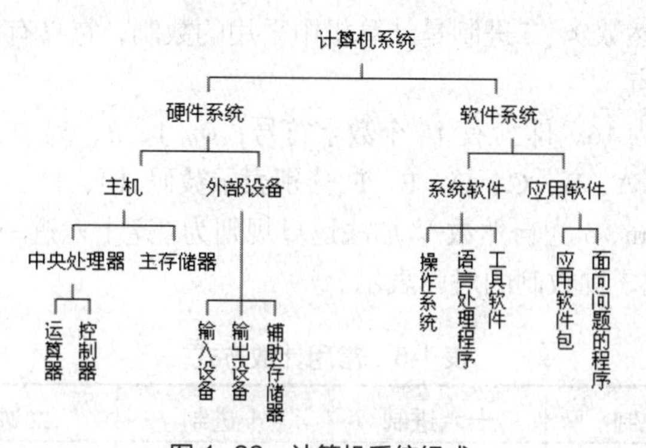

图 1-29　计算机系统组成

计算机组装完成后，首先要安装操作系统即系统软件，如 Windows XP、Windows 2000 Server 等；然后安装应用软件，如办公软件 Office 2003、Photoshop、3ds Max 等。

五、数制的基本概念

1．十进制计数制

其加法规则是“逢十进一”，任意一个十进制数值都可用 0、1、2、3、4、5、6、7、8、9

共 10 个数字符号组成的字符串来表示，这些数字符号称为数码，数码处于不同的位置代表不的数值。例如 720.30 可以写成 $7\times10^2+2\times10^1+0\times10^0+3\times10^{-1}+0\times10^{-2}$，此式称为按权展开表示式。

2．R 进制计数制

从十进制计数制的分析得出，任意 R 进制计数制同样有基数 N 和 R^i 按权展开的表示式。R 可以是任意正整数，如二进制 R 为 2。

（1）基数（Radix）。

一个计数所包含的数字符号的个数称为该数的基，用 R 表示。例如，对二进制来说，任意一个二进制数可以用 0、1 两个数字符表示，其基数 R 等于 2。

（2）位值（权）。

任何一个 R 进制数都是由一串数码表示的，其中每一位数码所表示的实际值的大小，除数码本身的数值外，还与它所处的位置有关，由位置决定的值就称为位值（或位权）。

位值用基数 R 的 i 次幂 R^i 表示。假设一个 R 进制数具有 n 为整数，m 位小数，那么其位权为 R^i，其中 i=−m~n−1。

（3）数值的按权展开。

任一 R 进制数的数值都可以表示为：各个数码本身的值与其权的乘积之和。例如，二进制数 1011 的按权展开为

$$1011B=1\times2^3+0\times2^2+1\times2^1+1\times2^0=11D$$

任意一个具有 n 位整数和 m 位小数的 R 进制数的按权展开为

$N(R)=d_{n-1}\times R^{N-1}+d_{n-2}\times R^{N-2}+\cdots+d_2\times R^2+d_1\times R^1+d_0\times R^0+d_{-1}\times R^{-1}+\cdots+d_{-M}\times R^{-M}$ 其中 d_i 为 R 进制的数码。

3．十、十六进制数的数码

（1）十进制和二进制的基数分别为 10 和 2，即“逢十进一”和“逢二进一”。它们分别含有 10 个数码（0、1、2、3、4、5、6、7、8、9）和两个数码（0、1）。位权分别为 10^i 和 2^i（i＝−m~n−1，m、n 为自然数）。二进制是计算机中采用的数制，它具有简单可行、运算规则简单、适合逻辑运算的特点。

（2）十六进制基数为 16，即含有 16 个数字符号：0、1、2、3、4、5、6、7、8、9、A、B、C、D、E、F。其中 A、B、C、D、E、F 分别表示数码 10、11、12、13、14、15，权为 16^i（i＝−m～n−1，其中 m、n 为自然数）。加法运算规则为“逢十六进一”。表 1−5 列出了 0~15 这 16 个十进制数与其他 3 种数制的对应表示。

表 1-5　常用计数方式

十进制	二进制	十六进制	十进制	二进制	十六进制
0	0000	0	8	1000	8
1	0001	1	9	1001	9
2	0010	2	10	1010	A
3	0011	3	11	1011	B
4	0100	4	12	1100	C

续表

十进制	二进制	十六进制	十进制	二进制	十六进制
5	0101	5	13	1101	D
6	011	6	14	1110	E
7	0111	7	15	1111	F

（3）非十进制数转换成十进制数。利用按权展开的方法，可以把任一数制转换成十进制数。只要掌握了数制的概念，那么将任一 R 进制数转换成十进制数的方法都是一样的。

（4）十进制整数转换成二进制整数。把十进制整数转换成二进制整数，其方法是采用“除二取余”法。具体步骤是：把十进制整数除以 2 得一商数和一余数；再将所得的商除以 2，又得到一个新的商数和余数；这样不断地用 2 去除所得的商数，直到商等于 0 为止。每次相除所得的余数便是对应的二进制整数的各位数码。第一次得到的余数为最低有效位，最后一次得到的余数为最高有效位。

把十进制小数转换成二进制小数，方法是“乘 2 取整”，其结果通常是近似表示。转换成二进制小数，方法是“乘 2 取整”，其结果通常是近似表示。上述的方法同样适用于十进制数对十六进制数的转换，只是使用的基数不同。

（5）二进制数与十六进制数间的转换。二进制数转换成十六进制数的方法是从个位数开始向左按每 4 位的组划分，不足 4 位的组以 0 补足，然后将每组 4 位二进制数代之以一位十六进制数字即可。

4．字符编码

字符是计算机的主要处理对象，在计算机中也是以二进制代码的形式来表示字符的。ASCII 码（American Standard Code for Information Interchange，美国标准信息交换码）是目前在微型计算机中最普遍采用的字符编码。见 ASCII 表（见表 1-6）。

计算机中常用的字符编码有 EBCDIC 码和 ASCII 码。IBM 系列大型机采用 EBCDIC 码，微型机采用的是 ASCII 码，是美国标准信息交换码，被国际化组织指定为国际标准。它有 7 位码和 8 位码两种版本。国际的 7 位 ASCII 码是用 7 位二进制数表示一个字符的编码，其编码范围从 0000000B~1111111B，共有 $2^7 = 128$ 个不同的编码值，相应可以表示 128 个不同的编码。

表 1-6　ASCII 码表

ASCII 值	控制字符	ASCII 值	控制字符	ASCII 值	控制字符	ASCII 值	控制字符
0	NUT	32	(space)	64	@	96	、
1	SOH	33	!	65	A	97	a
2	STX	34	”	66	B	98	b
3	ETX	35	#	67	C	99	c
4	EOT	36	$	68	D	100	d
5	ENQ	37	%	69	E	101	e
6	ACK	38	&	70	F	102	f
7	BEL	39	,	71	G	103	g

续表

ASCII 值	控制字符	ASCII 值	控制字符	ASCII 值	控制字符	ASCII 值	控制字符
8	BS	40	(	72	H	104	h
9	HT	41	)	73	I	105	i
10	LF	42	★	74	J	106	j
11	VT	43	+	75	K	107	k
12	FF	44	,	76	L	108	l
13	CR	45	–	77	M	109	m
14	SO	46	.	78	N	110	n
15	SI	47	/	79	O	111	o
16	DLE	48	0	80	P	112	p
17	DCI	49	1	81	Q	113	q
18	DC2	50	2	82	R	114	r
19	DC3	51	3	83	X	115	s
20	DC4	52	4	84	T	116	t
21	NAK	53	5	85	U	117	u
22	SYN	54	6	86	V	118	v
23	TB	55	7	87	W	119	w
24	CAN	56	8	88	X	120	x
25	EM	57	9	89	Y	121	y
26	SUB	58	:	90	Z	122	z
27	ESC	59	;	91	[	123	{
28	FS	60	<	92	\	124	|
29	GS	61	=	93	]	125	}
30	RS	62	>	94	ˆ	126	~
31	US	63	?	95	_	127	DEL

【项目总结】

通过项目一的学习，使我们认识了电脑硬件系统的组成以及电脑外围设备：移动存储、打印机、扫描仪等，同时也了解了这些设备在我们日常生活及工作中的应用，这些设备可以帮助我们更好地完成我们的工作，也成为了我们日常生活及工作的伙伴。

【拓展练习】

1. 1946 年首台电子数字计算机 ENIAC 问世后，冯・诺依曼（Von Neumann）在研制 EDVAC 计算机时，提出两个重要的改进，它们是________。

A. 引入 CPU 和内存储器的概念　　B. 采用机器语言和十六进制

C. 采用二进制和存储程序控制的概念　　D. 采用 ASCII 编码系统

2. 现代微型计算机中所采用的电子器件是________。

A. 电子管　　B. 晶体管

C. 小规模集成电路　　D. 大规模和超大规模集成电路

3. 办公室自动化(OA)是计算机的一项应用，按计算机应用的分类，它属于________。

A. 科学计算　　B. 辅助设计

C. 实时控制　　D. 信息处理

4. 在一个非零无符号二进制整数之后添加一个 0，则此数的值为原数的________。

A. 4 倍　　B. 2 倍

C. 1/2 倍　　D. 1/4 倍

5. 在标准 ASCII 码表中，已知英文字母 D 的 ASCII 码是 01000100，英文字母 B 的 ASCII 码是________。

A. 01000001　　B. 01000010

C. 01000011　　D. 01000000

6. 已知三个字符为：a、X 和 5，按它们的 ASCII 码值升序排序，结果是________。

A. 5、a、X　　B. a、5、X

C. X、a、5　　D. 5、X、a

7. 十进制数 55 转换成无符号二进制数等于________。

A. 111111　　B. 110111

C. 111001　　D. 111011

8. 根据汉字国标 GB2312－80 的规定，二级次常用汉字个数是________。

A. 3000 个　　B. 7445 个

C. 3008 个　　D. 3755 个

9. 若已知一汉字的国标码是 5E38，则其内码是________。

A. DEB8　　B. DE38

C. 5EB8　　D. 7E58

10. 区位码输入法的最大优点是________。

A. 只用数码输入，方法简单、容易记忆

B. 易记易用

C. 一字一码，无重码

D. 编码有规律，不易忘记

11. 计算机指令由两部分组成，它们是________。

A. 运算符和运算数　　B. 操作数和结果

C. 操作码和操作数　　D. 数据和字符

12. 在微型计算机的内存储器中不能用指令修改其存储内容的部分是________。

A. RAM　　B. Cache

C. DRAM　　D. RO

13. 下列各类计算机程序语言中，不属于高级程序设计语言的是________。

A. Visual Basic　　B. FORTAN 语言

C. Pascal 语言　　D. 汇编语言

14. 把用高级语言写的程序转换为可执行程序，要经过的过程叫作________。

A. 汇编和解释　　B. 编辑和链接

C. 编译和链接装配　　D. 解释和编译

15. 下列叙述中，正确的是________。

A. CPU 能直接读取硬盘上的数据

B. CPU 能直接存取内存储器

C. CPU 由存储器、运算器和控制器组成

D. CPU 主要用来存储程序和数据

16. 在 CD 光盘上标记有"CD－RW"字样，此标记表明这光盘________。

A. 只能写入一次，可以反复读出的一次性写入光盘

B. 可多次擦除型光盘

C. 只能读出，不能写入的只读光盘

D. RW 是 Read and Write 的缩写

17. 把内存中数据传送到计算机的硬盘上去的操作称为________。

A. 显示　　B. 写盘

C. 输入　　D. 读盘

18. 一个完整计算机系统的组成部分应该是________。

A. 主机、键盘和显示器

B. 系统软件和应用软件

C. 主机和它的外部设备

D. 硬件系统和软件系统

19. 通常打印质量最好的打印机是________。

A. 针式打印机　　B. 点阵打印机

C. 喷墨打印机　　D. 激光打印机

20. 随机存取存储器(RAM)的最大特点是________。

A. 存储量极大，属于海量存储器

B. 存储在其中的信息可以永久保存

C. 一旦断电，存储在其上的信息将全部消失，且无法恢复

D. 计算机中，只是用来存储数据的

21. 下列硬设备中，多媒体计算机所特有的是________。

A. 硬盘　　B. 视频卡

C. 鼠标器　　D. 键盘

22. 在计算机技术指标中，MIPS 用来描述计算机的________。

A. 时钟主频　　B. 运算速度

C. 存储容量　　D. 字长

23. 计算机辅助设计简称为________。

A. CAT　　B. CAM

C. CAI　　D. CAD

24. 机器人从计算机应用领域分类看，它属于________。

A. 过程控制　　B. 数据处理

C. 人工智能　　D. 计算机辅助设计

25. 下列的英文缩写和中文名字的对照中，错误的是________。

A. CAD——计算机辅助设计　　B. CAM——计算机辅助制造

C. CIMS——计算机集成管理系统　　D. CAI——计算机辅助教育

26. 下列不属于计算机特点的是________。

A. 存储程序控制，工作自动化　　B. 具有逻辑推理和判断能力

C. 处理速度快、存储量大　　D. 不可靠、故障率高

27. 计算机中访问速度最快的存储器是________。

A. RAM　　B. Cache

C. 光盘　　D. 硬盘

28. 存储 24×24 点阵的一个汉字需占存储空间________。

A. 192 字节　　B. 72 字节

C. 144 字节　　D. 576 字节

29. 一台计算机标有“P 4/2.4G”，其中的“2.4G”指的是________。

A. 一种微处理器的型号

B. 运算速度为每秒 2.4G 条指令

C. 运算速度为每秒 2.4G 条指令

D. 主频为 2.4GHz

30. 下列关于磁道的说法中，正确的一条是________。

A. 盘面上的磁道是一组同心圆

B. 由于每一磁道的周长不同，所以每一磁道的存储容量也不同

C. 盘面上的磁道是一条阿基米德螺线

D. 每个磁道有一编号，编号次序是由内向外逐渐增大

PART 2

项目二 Windows 操作系统应用——日常办公准备

计算机只有安装了操作系统后才能使用。目前个人计算机上安装最多的操作系统软件是 Microsoft 公司的 Windows 系列产品，其中 Windows 7 操作系统在硬件性能要求、系统性能、可靠性等方面，都较以往 Windows 版本操作系统有了较大变化，是目前最流行的操作系统。

【项目描述】

信翔国际旅游公司为员工刘青配发了一台工作用计算机，用来搜集、整理资料，正式工作前，刘青首先对计算机进行了一些设置、维护和准备工作。

【项目分解】

本项目可分解为 2 个学习任务，每个学习任务的名称和学时建议安排见表 2-1。

表 2-1　项目分解表

项目分解	学习任务名称	学　时
任务 1	进行个性化设置	2
任务 2	管理计算机上的文件	2

任务 1　进行个性化设置

【任务描述】

计算机发下来以后，刘青首先熟悉了 Windows 7 的工作环境及基本操作。并根据自己的喜好和需要对计算机进行了个性化设置。

【任务分析】

在个性化设置中，可以根据个人需要对计算机的主题、桌面的背景、屏幕保护程序等进行设置，还可以对日期和时间、鼠标、打印机等进行设置，其他的一些设置可以根据个人习惯和工作需要来进行，以提高工作效率。

【学习目标】

- 熟悉 Windows 7 的桌面组成

- 能对桌面进行个性化设置
- 熟悉窗口的组成及基本操作
- 能创建和管理用户账户
- 熟练对日期和时间、鼠标、打印机等进行设置

【任务实施】

一、更改桌面主题或背景

（1）在桌面空白处单击鼠标右键，在弹出的快捷菜单中选择【个性化】命令，打开“个性化”窗口，如图2-1所示。

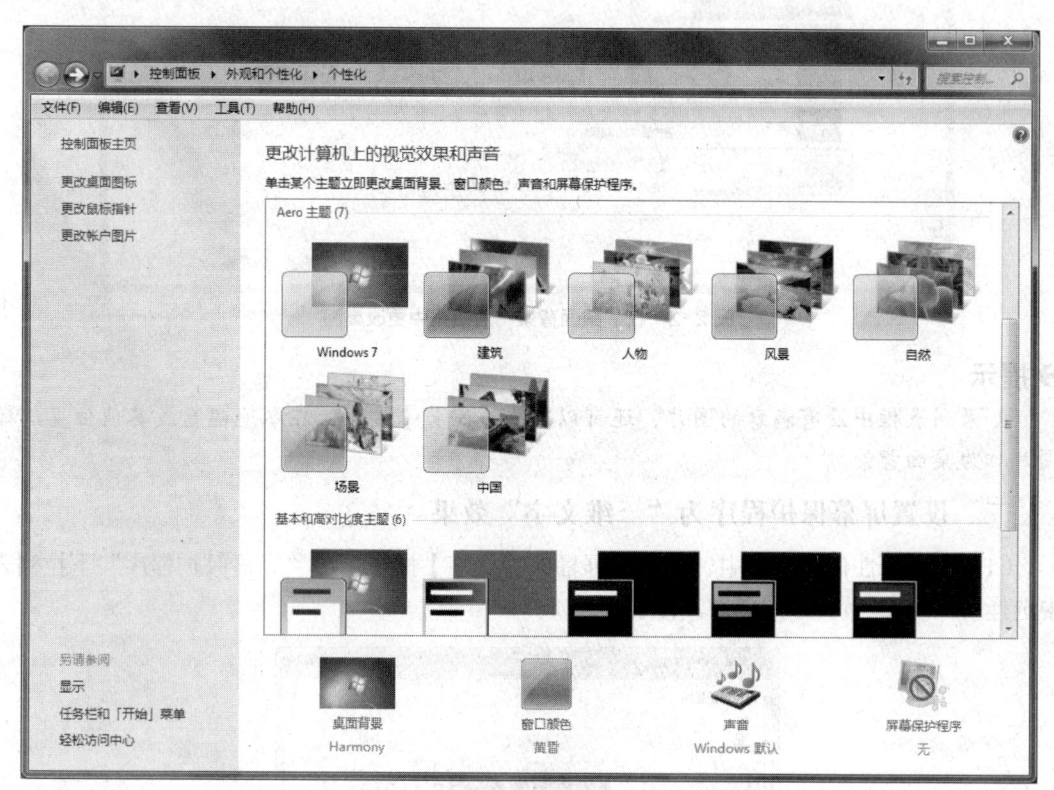

图2-1 “个性化”窗口

（2）在“个性化”窗口中可以选择“Aero主题”或“基本和高对比度主题”。“Aero主题”中的“Windows 7”样式是系统默认的外观样式。

（3）如果要更改桌面背景，则在“个性化”窗口中单击【桌面背景】按钮，在“桌面背景”对话框中，可以选择一幅或多幅系统中的图片。当选择了多幅图片作为桌面背景后，图片会定时自动切换。可以在“更改图片时间间隔”下拉列表框中设置切换的间隔时间，也可以选择“无序播放”复选框实现图片随机播放,在“图片位置”下拉列表中有【填充】、【适应】、【拉伸】、【平铺】和【居中】5个选项，可调整背景图片在桌面上的位置，如图2-2所示，单击【保存修改】按钮完成操作。

图 2-2 在“桌面背景”对话框中更改桌面

➔提示

如果列表框中没有满意的图片，还可以单击【浏览】按钮，在本地磁盘或其他位置选择图片作为桌面背景。

二、设置屏幕保护程序为“三维文字”效果

（1）在“个性化”窗口中，单击【屏幕保护程序】按钮，在“屏幕保护程序”下拉列表中选择“三维文字”，如图 2-3 所示。

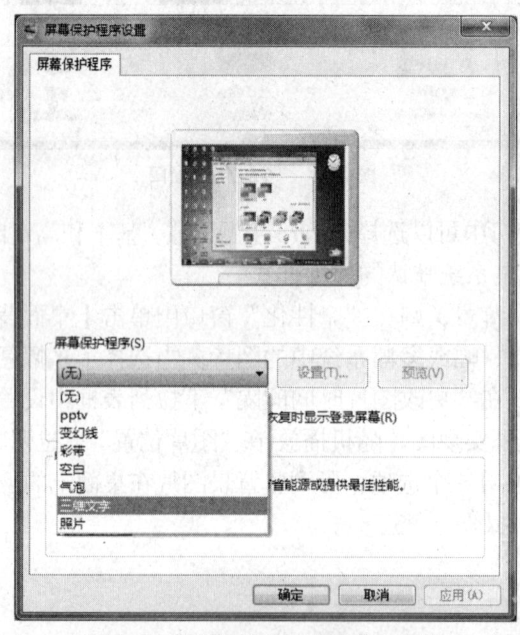

图 2-3 “屏幕保护程序设置”对话框

（2）在“屏幕保护程序设置”对话框中单击【设置】按钮，弹出“三维文字设置”对话框，在“自定义文字”文本框中输入文字“休息十分钟，缓解眼疲劳!”，如图 2-4 所示，单击【确定】按钮。

（3）可以根据个人喜好在“屏幕保护程序设置”对话框中设置“等待时间”和“在恢复时使用密码保护”选项，单击【确定】按钮，保存设置。

三、在桌面添加“时钟”小工具

（1）在桌面空白处单击鼠标右键，在弹出的快捷菜单中选择【小工具】命令，如图 2-5 所示，打开“小工具”窗口。

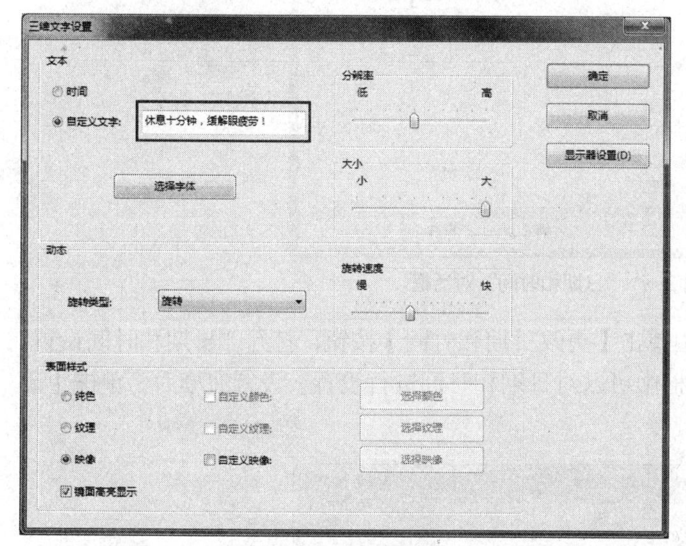

图 2-4 “三维文字设置”对话框

图 2-5 在快捷菜单中选择“小工具”选项

（2）在“小工具”窗口中的【时钟】按钮上右击，在快捷菜单中选择【添加】按钮，如图 2-6 所示。完成后，桌面右侧将显示“时钟”小工具。

图 2-6 “小工具”窗口

四、设置计算机的日期和时间

（1）在任务栏最右侧的【时间】按钮上单击鼠标右键，选择【调整日期/时间】命令,打开“日期和时间”对话框，如图 2-7 所示。

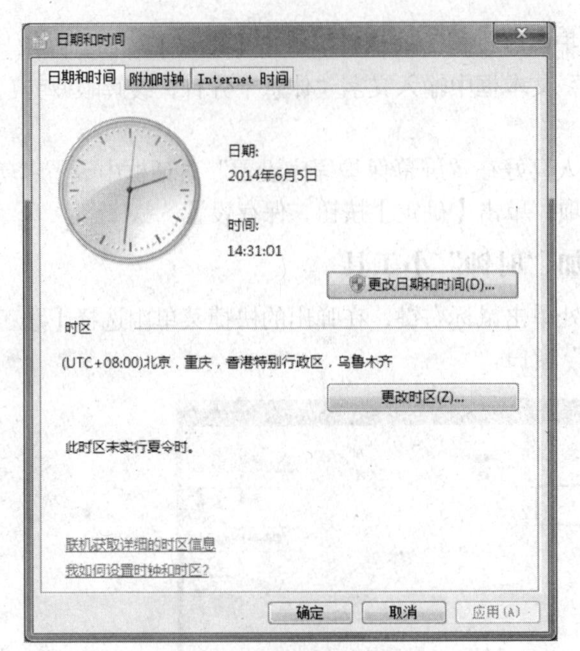

图 2-7 “日期和时间”对话框

（2）在“日期和时间”选项卡中单击【更改日期和时间】按钮，打开“日期和时间设置”对话框，如图 2-8 所示。在该对话框中可以对日期和时间进行设置。设置完毕后，单击【确定】按钮即可。

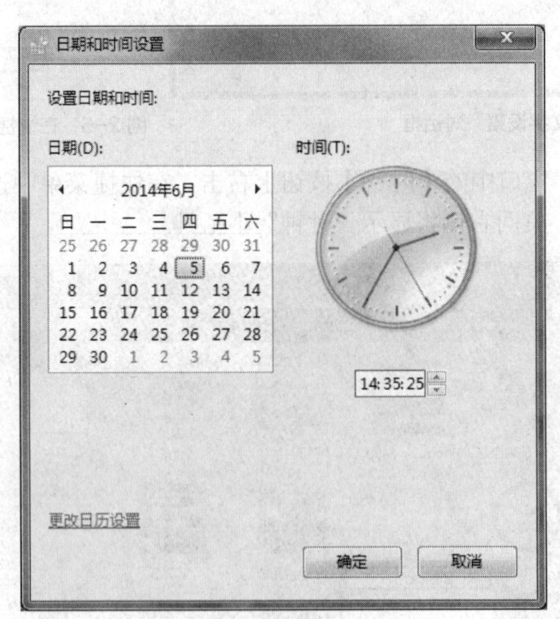

图 2-8 “日期和时间设置”对话框

五、设置鼠标滑轮垂直滚动一次滚动 5 行

在“个性化”窗口中，单击左侧的【更改鼠标指针】链接，打开“鼠标属性”对话框，单击“滑轮”选项卡，设置垂直滚动滑轮一次滚动行数为 5，如图 2-9 所示，单击【确定】按钮。

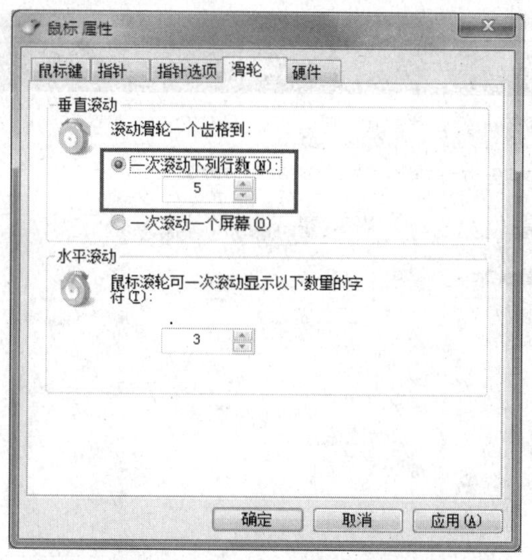

图 2-9 "鼠标 属性"对话框

六、添加惠普 5200 激光打印机

（1）单击【开始】/【设备和打印机】选项，弹出"设备和打印机"窗口，单击【添加打印机】按钮，启动添加打印机向导，如图 2-10 所示。

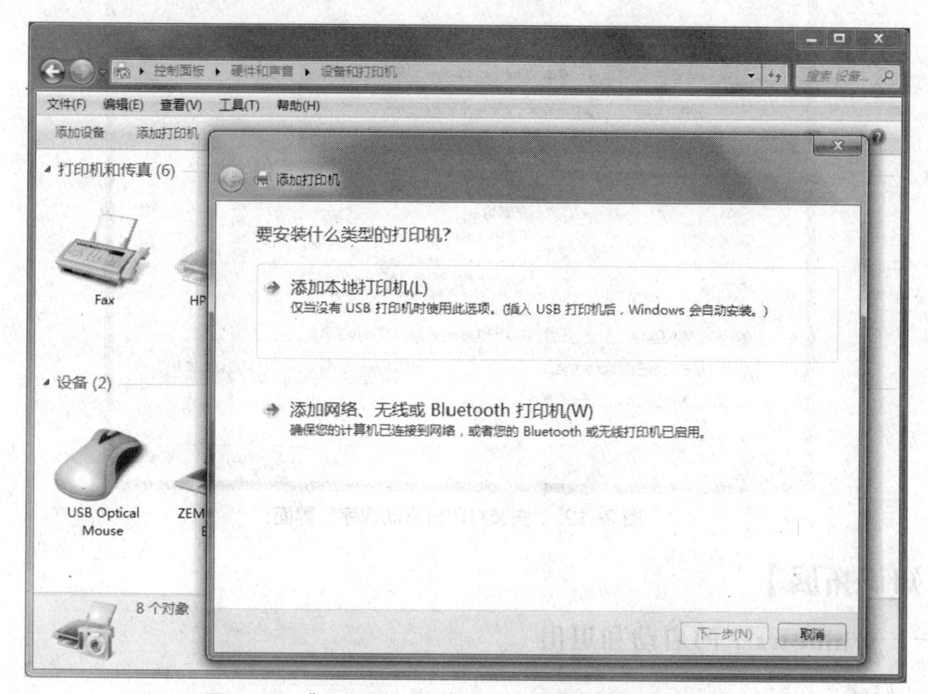

图 2-10 "设备和打印机"窗口和"添加打印机"向导

（2）选择【添加本地打印机】选项，单击【下一步】按钮，打开"选择打印机端口"界面，如图 2-11 所示。

（3）选择安装打印机使用的端口"LPT1"，单击【下一步】按钮，打开"安装打印机驱动程序"界面，在左侧"厂商"栏中选择"HP"，右侧"打印机"栏选择"HP Laserjet 5200Series PCL 5"，如图 2-12 所示，单击【下一步】按钮，然后按提示完成添加打印机操作。

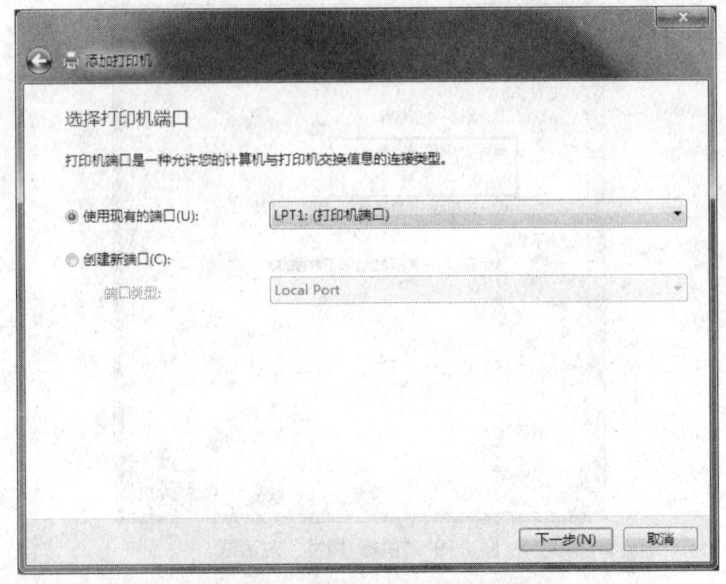

图 2-11 “选择打印机端口”界面

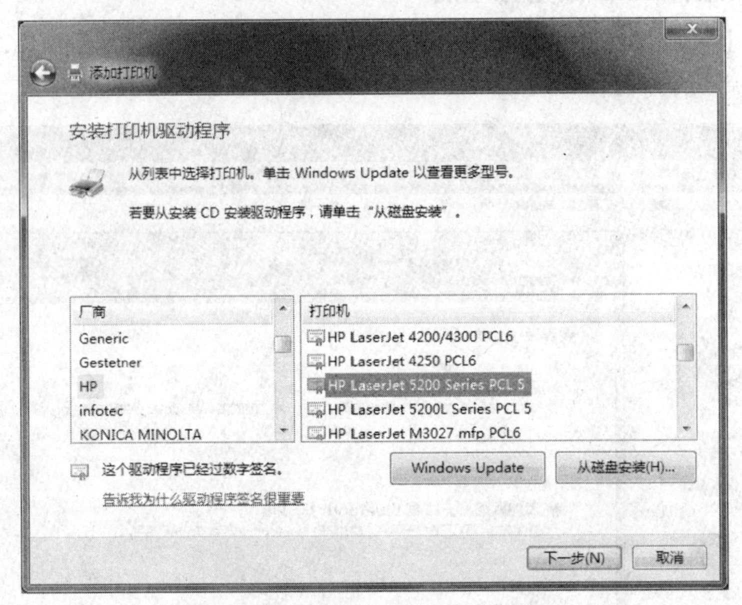

图 2-12 “安装打印机驱动程序”界面

【知识拓展】

一、Windows 7 的启动和退出

1．启动

安装好 Windows 7 操作系统的计算机，只要打开电源，系统会首先运行 BIOS 中的自检程序，如果检测硬件没有问题，则自动进入 Windows 7 的启动界面。经过短暂的欢迎画面，出现系统登录对话框。此时，选择对应的用户后即可进入系统桌面；如果没有设置多用户及登录密码，则不出现登录界面而直接进入系统。

2. 退出

Windows 7 是一个多任务操作系统，为避免造成数据丢失并保存必要的参数设置，必须按照下述操作步骤正确退出系统。

（1）关闭正在运行的所有应用程序窗口。

（2）单击【开始】按钮，在【开始】菜单中单击【关机】按钮。经过短暂的时间，系统自动安全地关闭电源。

如果只是希望重新启动 Windows 7 系统，则可以在【关机】按钮的关闭选项列表中单击【重新启动】按钮；如果只是想在一段时间内停止使用计算机，而又不想关机，则可以单击【休眠】按钮，让系统进入休眠状态，此时计算机以低能耗保持工作。

二、Windows 7 桌面组成及其操作

1. 桌面组成

启动 Windows 7 后，屏幕上显示的整个区域称为桌面，桌面由桌面背景、桌面图标、任务栏等组成，如图 2-13 所示。桌面是用户操作计算机的最基本界面，Windows 7 中所有的操作都是基于桌面的。

图 2-13　Windows 7 的桌面

2. 鼠标的基本操作

- 指向：将鼠标指针移动到要操作的对象上，为下一步操作做好准备。
- 单击左键：是指快速按一下鼠标左键，然后松开。一般用于选定对象或执行菜单命令等。
- 单击右键：是指快速按一下鼠标右键，然后松开。该操作通常会弹出所指对象的快捷菜单。
- 双击：是指快速连续地按两下鼠标按键。一般来说，双击都是指双击鼠标左键，该操作会打开与所指对象相关的窗口。
- 拖动：是将鼠标指针移动到操作对象上，按住鼠标按键不放，同时移动鼠标到其他位置，然后松开鼠标按键。按住鼠标左键拖动，在本窗口内用于移动对象，在不同窗口之间用于复制对象；按住鼠标右键拖动，在本窗口内可以选择移动或复制对象，在不同窗口之间用于复制对象。
- 三键或鼠标中间的滑轮：用于在窗口中浏览时滚动换行。

三、任务栏的操作

任务栏是位于桌面最下方的一个小长条，它显示了系统正在运行的程序、打开的窗口、当前时间等内容。

1．任务栏的组成

任务栏主要有【开始】按钮、快速启动按钮、任务按钮、通知区域和【显示桌面】按钮几部分组成，如图 2-14 所示。

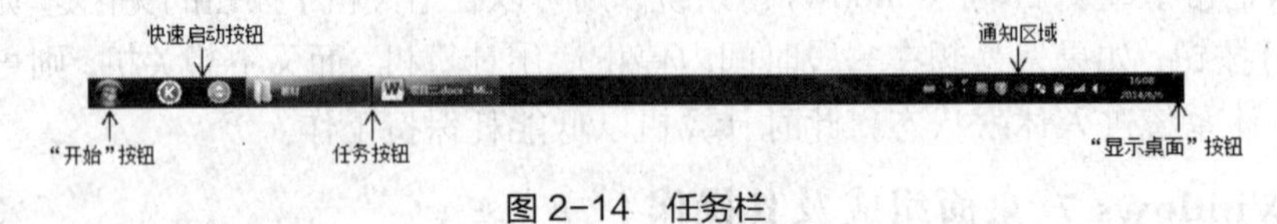

图 2-14　任务栏

（1）【开始】按钮。【开始】按钮位于任务栏的最左端，单击【开始】按钮可以弹出【开始】菜单。【开始】菜单由“固定程序”列表、“常用程序”列表、“所有程序”菜单、“搜索”框、“启动”菜单和“关闭选项”按钮区组成，如图 2-15 所示。

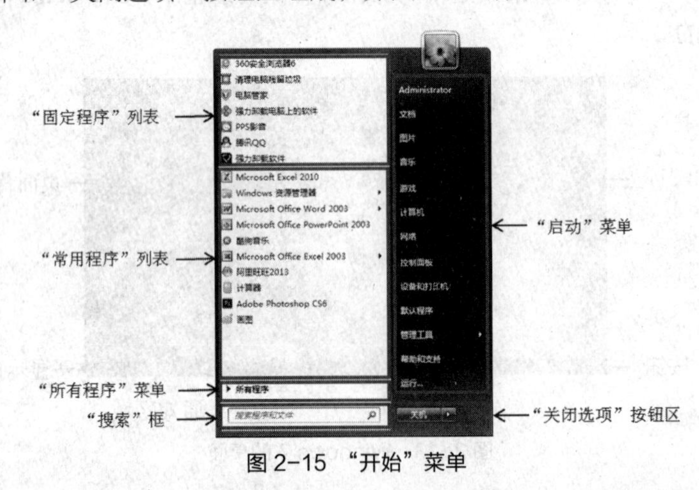

图 2-15　“开始”菜单

（2）【快速启动】按钮。【快速启动】按钮的功能就像是位于“任务栏”上的快捷方式，单击“快速启动”按钮上的图标即可运行该程序。

（3）【任务】按钮。每当打开一个窗口时，“任务栏”上就会出现一个对应的【任务】按钮，单击这些图标按钮可以在不同窗口间进行切换。

（4）通知区域。通知区域位于任务栏的右侧，除了系统时钟、音量、网络和操作中心等一组系统图标按钮之外，还包括一些正在运行的程序图标按钮。

（5）【显示桌面】按钮。【显示桌面】按钮位于任务栏的最右侧，作用是可以快速显示桌面，单击该按钮可以将所有打开的窗口最小化到任务按钮中。如果希望恢复显示打开的窗口，只需再次单击【显示桌面】按钮即可。

2．任务栏的设置

（1）任务栏的属性。

在任务栏上的空白处单击鼠标右键，在弹出的快捷菜单中选择【属性】命令，就可打开“任务栏和「开始」菜单属性”对话框，如图 2-16 所示，可对任务栏外观、位置、按钮、通知区域等进行设置。

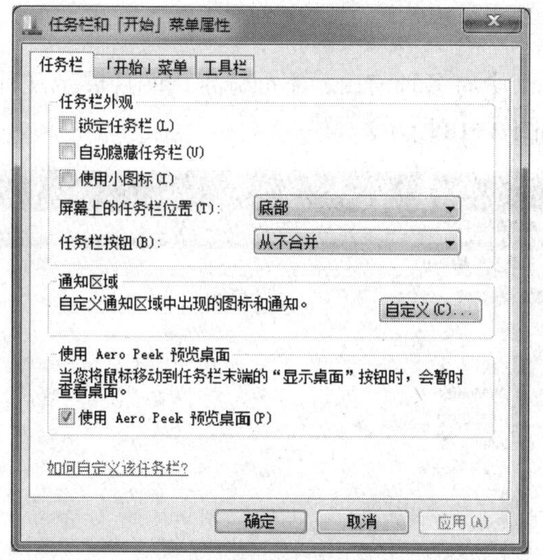

图 2-16 “任务栏和「开始」菜单属性”对话框

当选择“锁定任务栏”后，任务栏不能被随意移动或改变大小；选择“自动隐藏任务栏”后，当用户不对任务栏进行操作时，它将自动消失，当用户需要使用时，可以把鼠标放在任务栏的位置，它会自动出现。

（2）改变任务栏的位置和大小。

如果想把任务栏拖动到桌面的其他边缘时，先确定任务栏是否处于非锁定状态，然后在任务栏上的空白处按下鼠标左键拖动，到所需要的边缘释放，任务栏就会改变位置。

打开的窗口比较多时，在任务栏上显示的按钮会变得很小，这时，可以改变任务栏的宽度来显示所有的窗口。把鼠标放在任务栏的上边缘，当出现双箭头指示时，按下鼠标左键不放拖动到合适位置再松开手，即可改变任务栏的大小。

四、窗口的操作

打开每一个文件或应用程序时，都会出现一个窗口，窗口是用户进行操作时的重要组成部分，熟练地对窗口进行操作，会提高用户的工作效率。

1．窗口的组成

在 Windows 7 中有多种窗口，其中大部分都包括了相同的组件，如图 2-17 所示是一个标准的窗口，它由菜单栏、工具栏、地址栏、搜索栏等几部分组成。

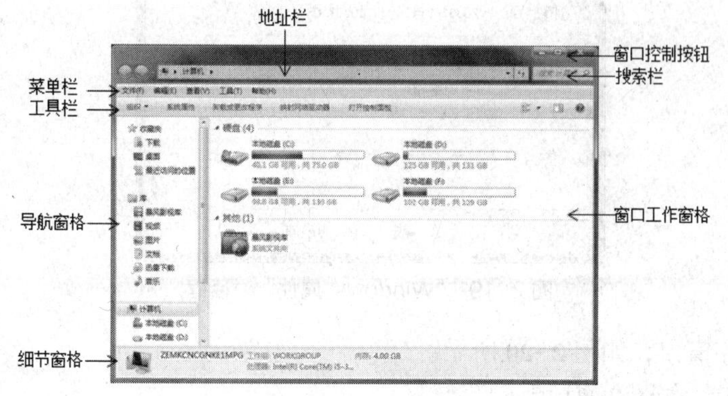

图 2-17 示例窗口

2．窗口的类型

上面提到在 Windows 7 中有多种窗口，下面分别用图片展示几种不同的窗口类型。

（1）文件夹窗口，如图 2-18 所示。

图 2-18　文件夹窗口

（2）对话窗口，即对话框，如图 2-19 所示。

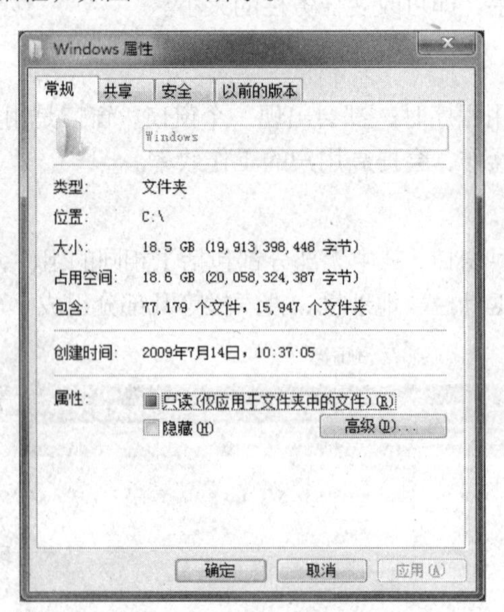

图 2-19　“Windows 属性”对话框

（3）应用程序窗口，如图 2-20 所示。

（4）文档窗口，如图 2-21 所示。

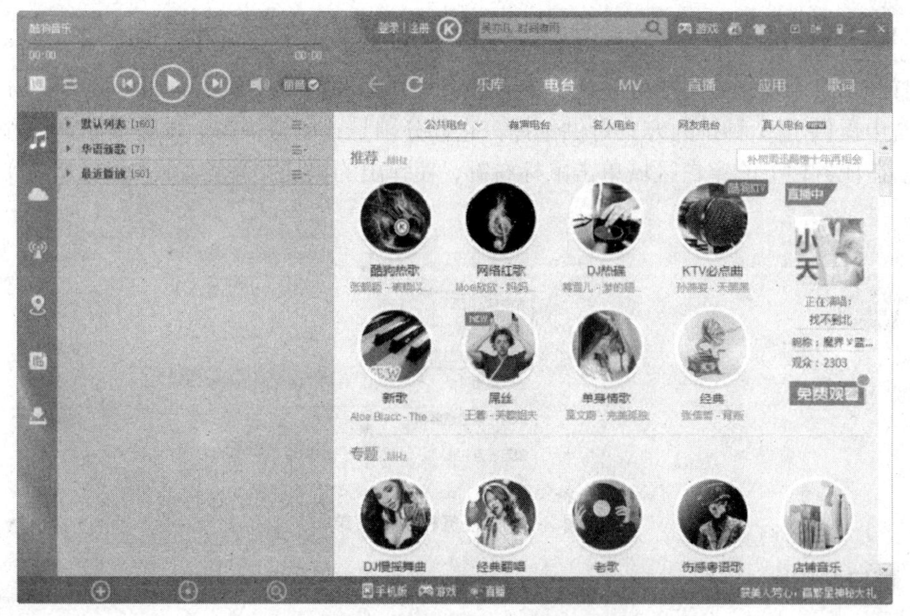

图 2-20 “酷狗音乐”应用程序窗口

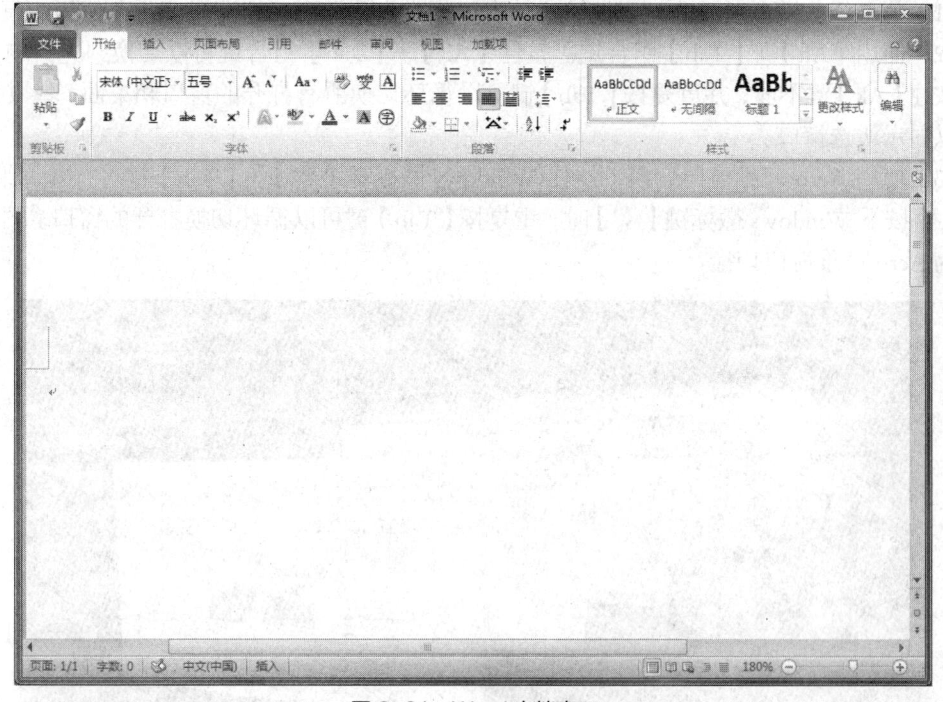

图 2-21 Word 文档窗口

3. 窗口的基本操作

窗口操作在 Windows 7 操作系统的使用中是很重要的一部分内容，不但可以通过鼠标使用窗口上的各种命令来操作，而且可以通过键盘对窗口进行操作。方法为:按住键盘上的【Alt】键的同时，按窗口上菜单名称旁括号内相应的字母键，即可打开该菜单；在菜单中通过上、下键选中菜单中的命令，选中命令后单击回车键完成该命令。

4．窗口的排列

当打开了多个窗口，需要全部处于显示状态时，就涉及窗口排列的问题了。在 Windows 7 操作系统中提供了 3 种排列方案可供选择，它们分别是：层叠窗口、堆叠显示窗口和并排显示窗口。在任务栏上的空白区域单击鼠标右键，在弹出的快捷菜单（如图 2–22 所示）中进行设置。

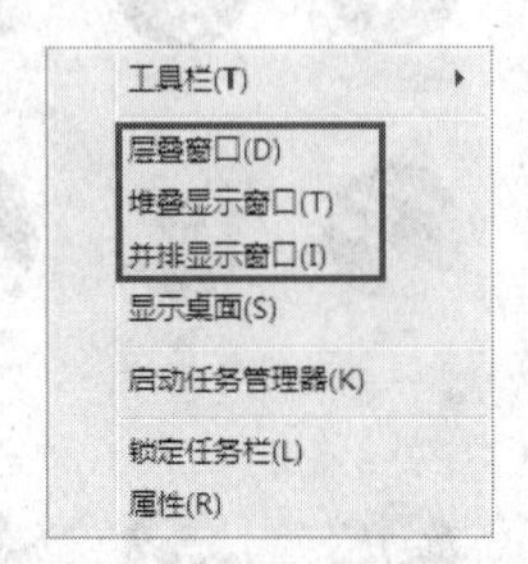

图 2–22　任务栏快捷菜单

5．窗口的切换

Windows 7 提供了多种窗口切换的方法，常用的方法如下。

（1）单击任务栏上对应的窗口按钮，该窗口将成为活动窗口，即当前正在使用的窗口。

（2）使用【Alt】+【Tab】组合键。按住【Alt】+【Tab】组合键可以切换到先前的窗口，如果按住【Alt】键不放，并重复按【Tab】键可以循环切换所有打开的窗口和桌面。释放【Alt】键可以显示所选窗口。

（3）使用 Aero 三维窗口切换。按住 Windows 徽标键【⊞】+【Tab】键可打开三维窗口切换。当按下 Windows 徽标键【⊞】时，重复按【Tab】键可以循环切换打开的窗口。图 2–23 所示为 Aero 三维窗口切换。

图 2–23　Aero 三维窗口切换

6．窗口的关闭

当不再需要使用某个窗口时，可以通过多种方法将该窗口关闭。

（1）单击窗口右上角的红色【关闭】按钮。

（2）选择窗口中的【文件】/【关闭】命令。

（3）按【Alt】+【F4】组合键关闭当前窗口。

（4）在窗口标题栏的空白区域单击鼠标右键，在弹出的快捷菜单中选择【关闭】命令。

（5）在任务栏内相应窗口的按钮上，单击鼠标右键，在弹出的快捷菜单中选择【关闭窗口】命令。

五、用户管理

用户管理是计算机安全管理的一项内容，通过设置用户账户和密码，可以控制登录到计算机上的用户，对计算机的安全起到保护作用。Windows 7用户账户类型主要有“管理员”、“标准用户”和“来宾账户”3种账户。

在Windows 7安装时初始的管理账户是Administrator账户，该账户就是管理员，也可以对其进行修改，它是可以对计算机进行系统更改、安装程序和访问计算机上的所有文件的账户。标准用户账户使用计算机的大多数功能。来宾账户针对在计算机上没有用户账户的人，可以临时使用计算机。

添加用户账户的步骤如下。

（1）单击【开始】/【控制面板】/【用户账户和家庭安全】/【用户账户】命令，打开“用户账户”对话框，如图2-24所示。

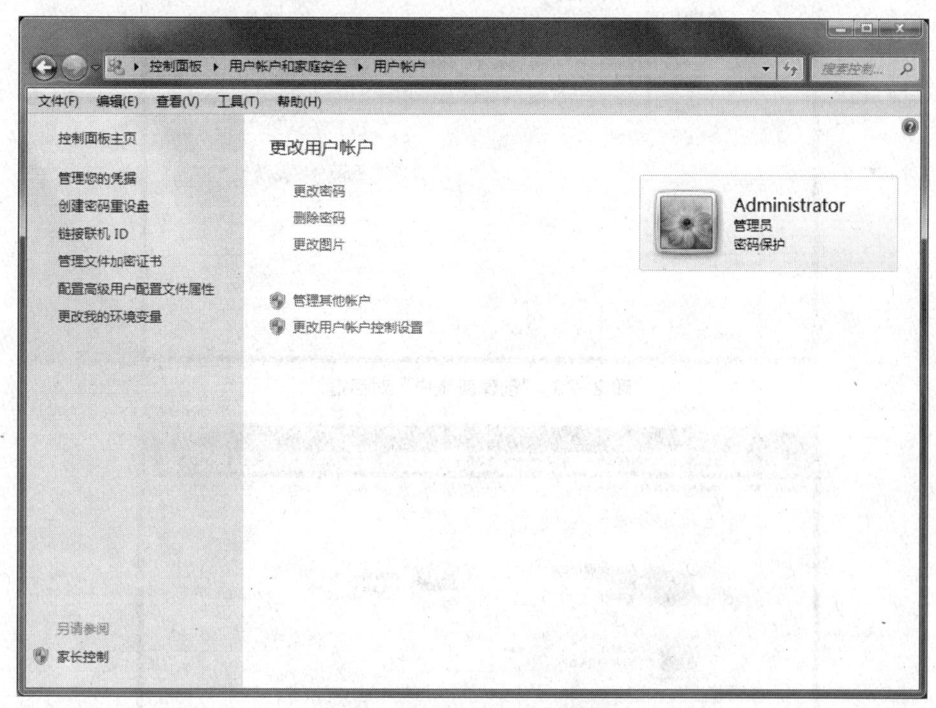

图2-24 “用户账户”对话框

（2）单击【管理其他账户】按钮，打开“管理账户”对话框，如图2-25所示。

（3）单击【创建一个新账户】按钮，输入账户名称“zhang”，选择【标准用户】账户类型，如图2-26所示。

（4）单击【创建账户】按钮，完成账户设置，如图2-27所示。

图 2-25 “管理账户”对话框

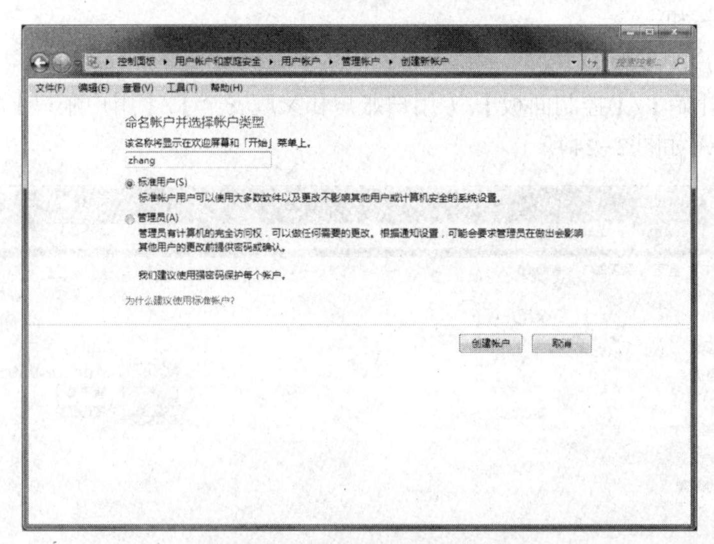

图 2-26 “创建新账户”对话框

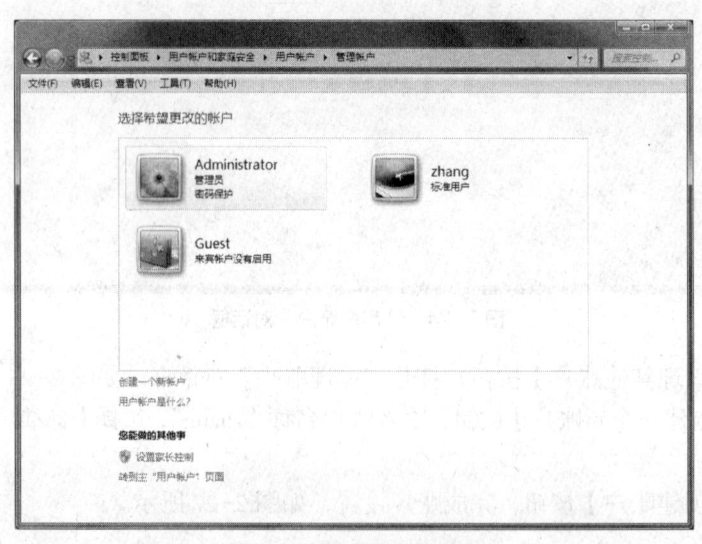

图 2-27 新账户创建完成

六、安装与卸载程序

单击【开始】/【控制面板】/【程序】/【程序和功能】命令打开“程序和功能”对话框，如图 2-28 所示。

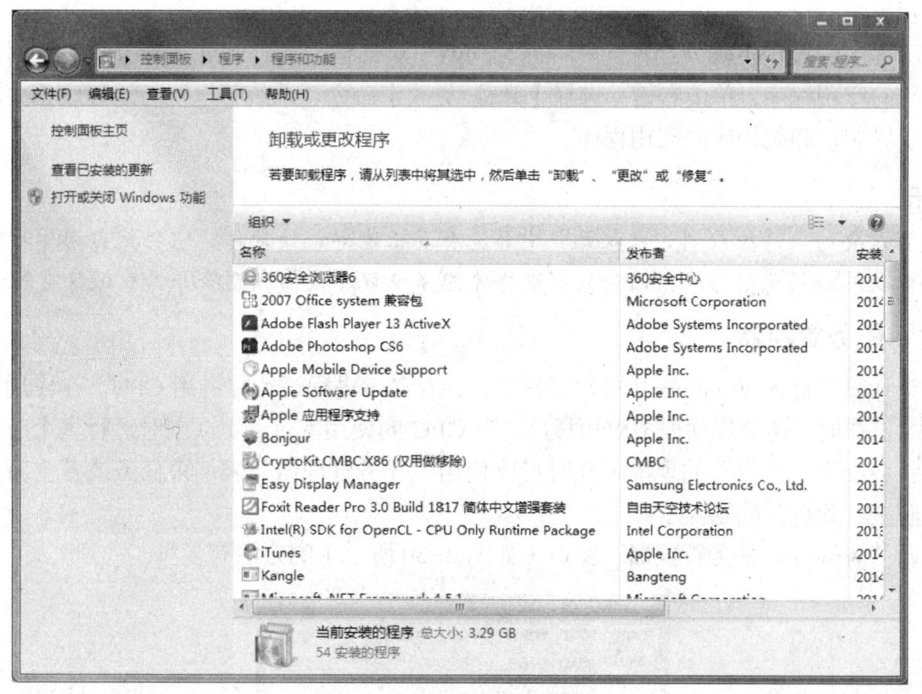

图 2-28 “程序和功能”对话框

1．添加或删除 Windows 组件

在“程序和功能”对话框中单击【打开或关闭 Windows 功能】按钮。打开“Windows 功能”对话框，如图 2-29 所示。

在“打开或关闭 Windows 功能”列表框中勾选要添加的组件；如果要删除原来安装过的组件，就将组件名称前面的“√”取消掉，单击【确定】按钮，完成组件的安装或删除操作。

图 2-29 “Windows 功能”对话框

2. 删除程序

在使用计算机的过程中，会经常安装其他应用软件来满足使用需求，安装的程序会占用计算机的硬盘空间，当不再需要使用该软件时，可以通过删除程序释放磁盘空间，提高计算机的利用率。

删除程序的操作步骤为：打开“程序和功能”对话框，在“卸载或更改程序”列表中选择要删除的应用程序，单击右键，选择【卸载/更改】命令，系统将运行与该程序相关的卸载向导，引导用户卸载相应的应用程序。

➔提示

将不需要的软件拖放到“回收站”中并没有真正地卸载该软件，它仍然占用磁盘空间。不需要的软件必须正确卸载，因为只有这样才能保证程序被彻底删除并释放磁盘空间。

七、任务管理器

启动计算机进入 Windows 7 操作系统后，会有许多进程运行并占用 CPU。在应用计算机进行各项工作时，还会启动很多应用程序。当 CPU 的使用率过高，或同时运行多个应用程序时，往往会出现“死机”的现象，此时可以使用“任务管理器”来结束任务或者重新启动计算机，解决“死机”问题。

打开“Windows 任务管理器”窗口（如图 2–30 所示）的方法有多种。

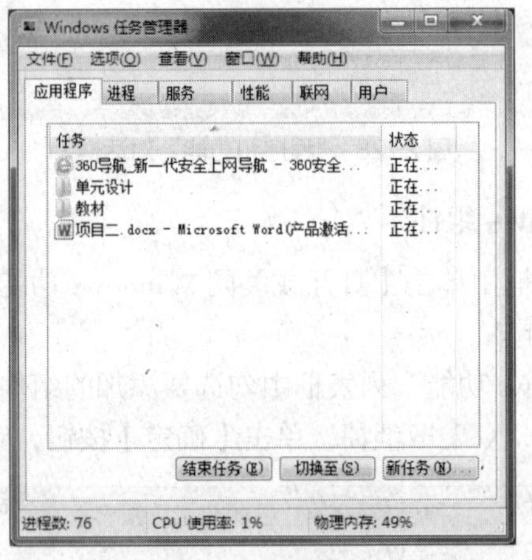

图 2–30 “Windows 任务管理器”窗口

方法一：按【Ctrl】+【Alt】+【Del】组合键，选择【启动任务管理器】命令。

方法二：鼠标右键单击任务栏的空白处，在快捷菜单中选择【启动任务管理器】命令。

方法三：使用【Ctrl】+【Shift】+【Esc】组合键。

在“应用程序”选项卡的任务列表框中，显示了当前计算机正在运行的应用程序，不能正常运行的应用程序状态为“未响应”。可以选中某项任务后，单击【结束任务】按钮直接关闭该应用程序。

八、常用的组合键

在 Windows 7 中，一般能用鼠标控制的操作都可以用键盘来实现，个别情况下需要多个键组合来完成某项操作。根据个人习惯可以选择性地使用键盘操作，常用的组合键及其功能如表 2–2 所示。

表 2-2 常用组合键及其功能

常用组合键	功能描述
Ctrl+S	保存
Ctrl+W	关闭程序
Ctrl+N	新建
Ctrl+O	打开
Ctrl+Z	撤销
Ctrl+F	查找
Ctrl+X	剪切
Ctrl+C	复制
Ctrl+V	粘贴
Ctrl+A	全选
Ctrl+[	缩小文字
Ctrl+]	放大文字
Ctrl+B	粗体
Ctrl+I	斜体
Ctrl+U	下划线
Ctrl+Shift	输入法切换
Ctrl+空格键	中英文切换
Ctrl+Home	光标快速移到文件头
Ctrl+End	光标快速移到文件尾
Ctrl+拖动文件	复制文件
Alt+F4	关闭当前程序
Alt+Tab	任务栏窗口之间切换
Alt+Esc	任务栏非最小化窗口之间切换
Delete	删除
Shift+Delete	永久删除所选项且不放到“回收站”中
Shift+空格键	全角/半角切换
Print Screen	将当前屏幕复制到剪贴板
Alt+Print Screen	将当前活动窗口复制到剪贴板

九、磁盘清理

（1）单击【开始】/【所有程序】/【附件】/【系统工具】/【磁盘清理】命令，打开“选择驱动器”对话框，选择需要清理的磁盘，以 C 盘为例，如图 2-31 所示。

（2）单击【确定】按钮，弹出“磁盘清理”对话框，如图 2-32 所示，稍后便弹出“(C:)的磁盘清理”对话框，选择“磁盘清理”选项卡，如图 2-33 所示。

（3）单击【确定】按钮，弹出“磁盘清理”确认对话框，如图 2-34 所示。单击【删除文件】按钮，完成磁盘清理任务。

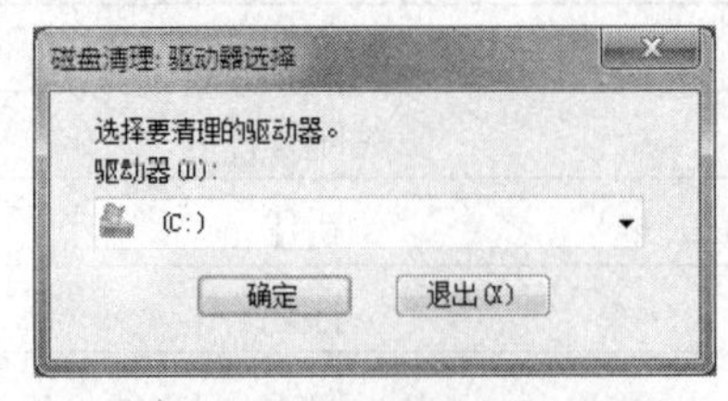

图 2-31 “驱动器选择”对话框

图 2-32 “磁盘清理”对话框

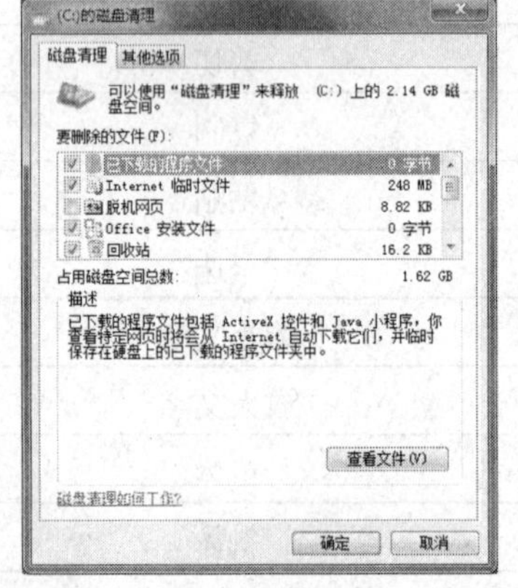

图 2-33 “(C:) 的磁盘清理”对话框

图 2-34 “磁盘清理”对话框

十、磁盘碎片整理程序

（1）单击【开始】/【所有程序】/【附件】/【系统工具】/【磁盘碎片整理程序】命令，打开“磁盘碎片整理程序”对话框，如图 2-35 所示。

（2）单击【分析磁盘】按钮，分别对各个磁盘进行分析，查看是否需要对磁盘进行碎片整理，若需要，选中该磁盘，单击【磁盘碎片整理】按钮，即开始对该磁盘碎片进行整理。

图 2-35 “磁盘碎片整理程序”对话框

➔提示

在 Windows 7 系统中，各个磁盘碎片整理是可以同时进行的，这样可以大大缩短磁盘碎片整理所需要的时间。

任务 2　管理计算机上的文件

【任务描述】

刘青发现自己的计算机上存放的文件杂乱无章，为了管理和查找方便就需要对磁盘上的文件和文件夹进行整理。

【任务分析】

为了管理使用方便，可以将同一类的文件存放到一个文件夹中，并明确命名。刘青在 D 盘创建了“信翔国际旅游公司”文件夹，并创建了子文件夹，将文件分门别类地放到不同的文件夹中，并对其进行相应的设置和操作。

【学习目标】

- 熟悉文件及文件夹操作
- 会使用搜索功能
- 会创建快捷方式
- 会使用附件工具

【任务实施】

一、在 D 盘创建名为“信翔国际旅游公司”的文件夹

在桌面上双击“计算机”图标，打开“计算机”窗口，如图 2-36 所示。

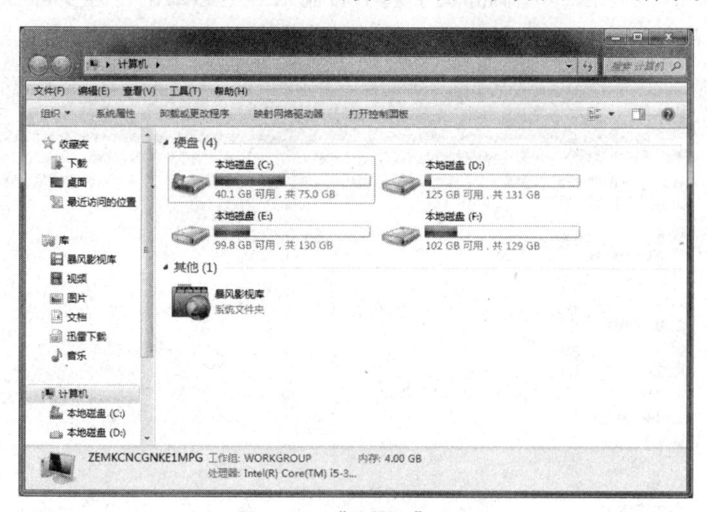

图 2-36 “计算机”窗口

在“计算机”窗口中双击【本地磁盘（D:）】图标，即可打开“本地磁盘（D:）”窗口，在窗口空白区域单击鼠标右键，在弹出的快捷菜单中选择【新建】/【文件夹】命令，如图 2-37 所示，出现新建文件夹后输入“信翔国际旅游公司”并按回车键确认。

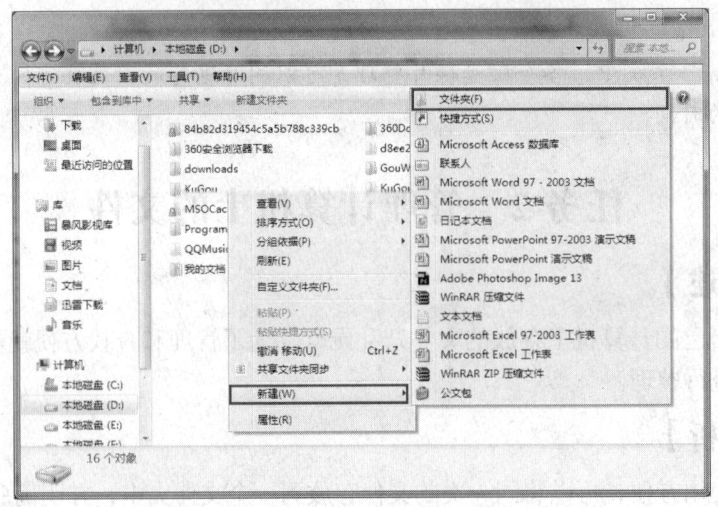

图 2-37 创建“信翔国际旅游公司”文件夹

二、在“信翔国际旅游公司”文件夹中创建 3 个子文件夹，名称分别为“word”、“excel”和“powerpoint”，并在“word”子文件夹中再创建一个名为“其他”的文件夹

在“信翔国际旅游公司”文件夹上双击打开此文件夹，在窗口空白处单击鼠标右键，在弹出的快捷菜单中选择【新建】/【文件夹】命令，出现新建文件夹后输入“word”，并按回车键确认，如图 2-38 所示。其他 3 个文件夹的创建方法同上。

三、在“word”文件夹中创建 3 个后缀为“.docx”的文件，名称分别为“七彩云南行程安排”，“七彩云南景点浏览”，“员工基本信息登记表”

在“word”文件夹上双击打开此文件夹，在窗口中空白处单击鼠标右键，在弹出的快捷菜单中选择【新建】/【Microsoft Word 文档】命令，如图 2-39 所示。若默认的文件名中包含扩展名“.docx”，则将“.”左侧的文字选中后输入“七彩云南行程安排”并按回车键，即创建了“七彩云南行程安排.docx”文件。其他 3 个文件的创建方法同上。

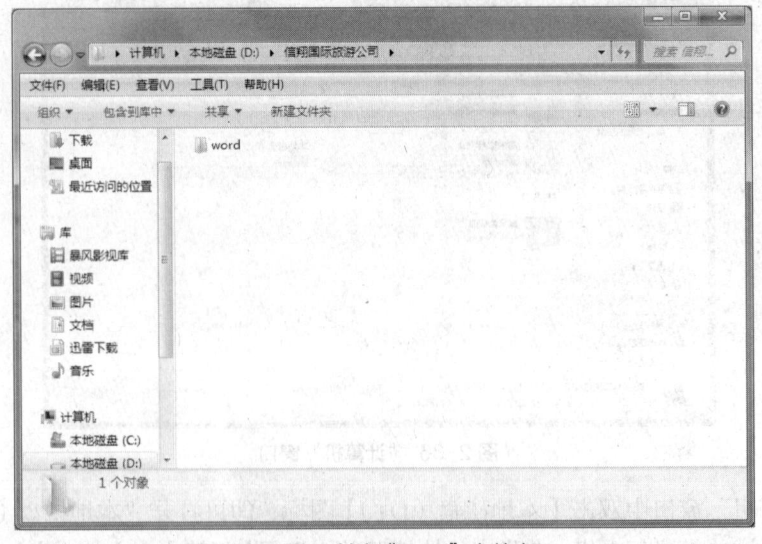

图 2-38 创建“word”文件夹

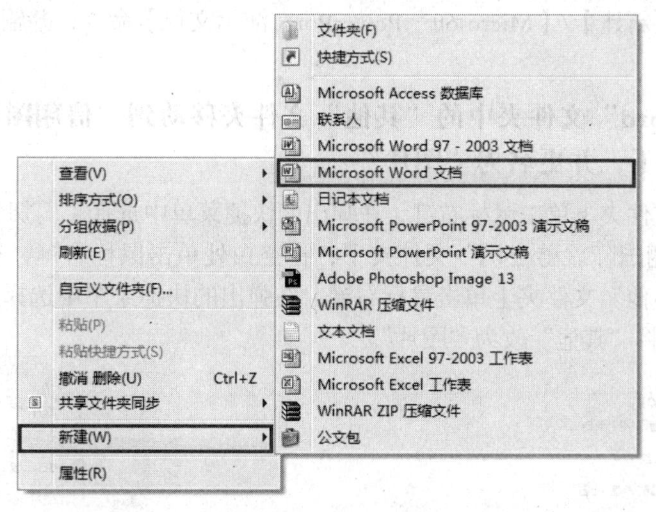

图 2-39 “新建”菜单

➔提示

若默认的文件名中不包含扩展名“.docx”，则将默认文件名的全部文字选中输入“七彩云南行程安排”，即可创建“七彩云南行程安排.docx”文件。

四、在“excel”文件夹中创建一个名为“各部门业绩统计表”的“.xlsx”文件

在“excel”文件夹上双击打开此文件夹，在窗口中空白处单击鼠标右键，在弹出的快捷菜单中选择【新建】/【Microsoft Excel 工作表】命令，如图 2-40 所示，并输入文件名“各部门业绩统计表”。

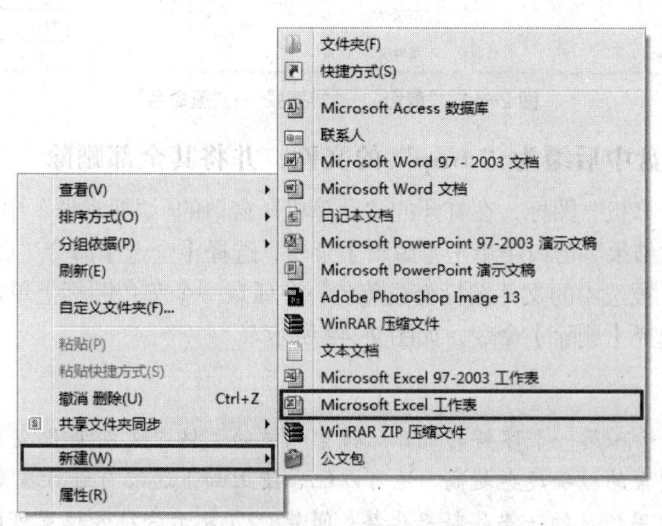

图 2-40 “新建”菜单

五、在“powerpoint”文件夹中创建一个名为“云南四日游线路攻略”的“.pptx”文件

在“powerpoint”文件夹上双击打开此文件夹，在窗口中空白处单击鼠标右键，在弹出的

快捷菜单中选择【新建】/【Microsoft PowerPoint 演示文稿】命令，并输入文件名“云南四日游线路攻略”。

六、将“word”文件夹中的“其他”文件夹移动到“信翔国际旅游公司”文件夹下，并更名为“图片”

在“其他”文件夹上单击鼠标右键，在弹出的快捷菜单中选择【剪切】命令（Ctrl+X），然后返回到“信翔国际旅游公司”文件夹下，在空白处单击鼠标右键，选择【粘贴】命令（Ctrl+V）。在“其他”文件夹上单击鼠标右键，在弹出的快捷菜单中选择【重命名】命令，如图 2-41 所示，将“其他”改为“图片”。

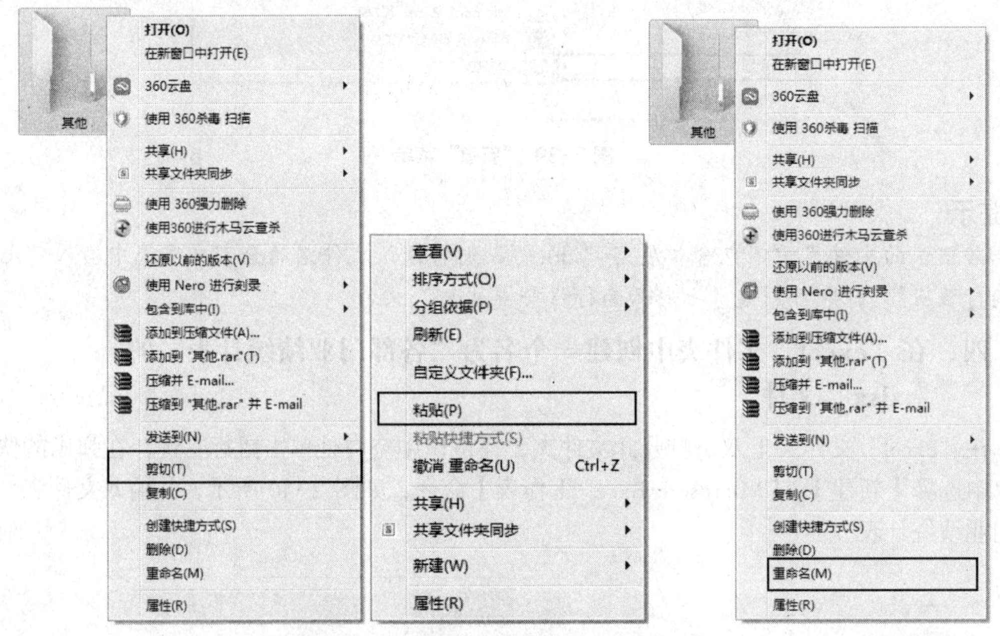

图 2-41 “剪切”→“粘贴”→“重命名”

七、搜索硬盘中后缀为“.tmp”的文件，并将其全部删除

（1）双击“计算机”图标，在打开的“计算机”窗口的 “搜索框”中输入“.tmp”。

（2）在“搜索结果”窗口中单击【编辑】菜单，选择【全选】命令（Ctrl+A），将搜索出的所有文件选中，被选中的文件图标变成蓝色，在任意一个蓝色图标上单击鼠标右键，在弹出的快捷菜单中选择【删除】命令，如图 2-42 所示。

➔提示

Windows 7 在输入第一个字符时就开始搜索相关的文件或文件夹,随着在“搜索框”中输入的文字越多，搜索的精确度也越高。还可以配合使用如下通配符进行搜索：星号（*）表示该符号的位置可以用任意的一串字符来代替；问号（?）表示该符号位置可以用任意的一个字符来代替。

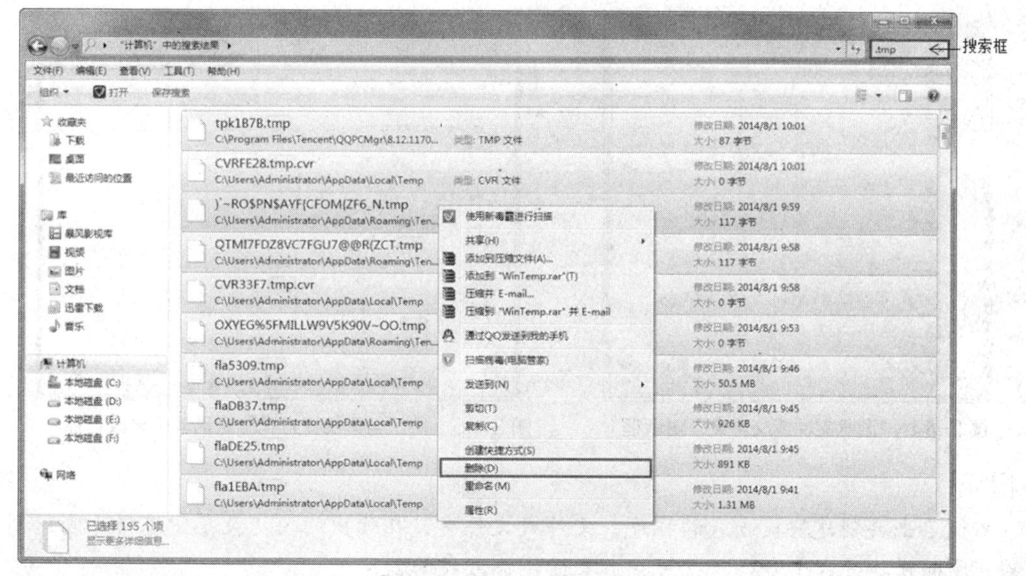

图 2-42　删除选中文件

八、在桌面创建“信翔国际旅游公司”的快捷方式，并将快捷方式的名称改为“信翔国旅”

（1）在桌面空白处单击鼠标右键，在弹出的快捷菜单中选择【新建】/【快捷方式】命令，弹出“创建快捷方式”对话框，如图 2-43 所示。

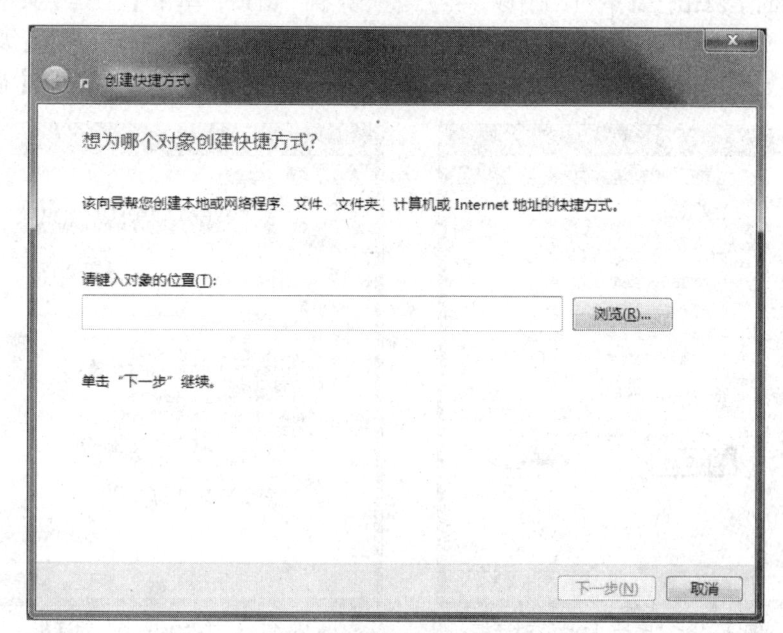

图 2-43　“创建快捷方式”对话框

（2）单击【浏览】按钮，弹出“浏览文件或文件夹”对话框，选择“信翔国际旅游公司”所在路径，如图 2-44 所示。

（3）单击【确定】按钮，再单击【下一步】按钮，在“创建快捷方式”对话框中将快捷方式的名称改为“信翔国旅”，如图 2-45 所示，单击【完成】按钮。

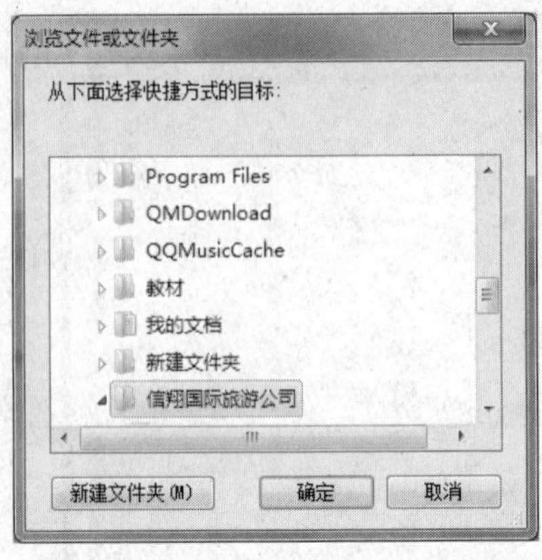

图 2-44 “浏览文件或文件夹”对话框

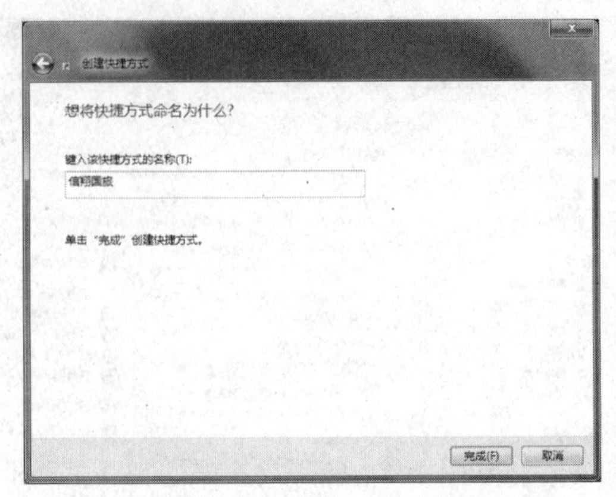

图 2-45 在“创建快捷方式”对话框中更改名称

➔提示

右键单击要创建快捷方式的程序、文件或文件夹，在弹出的快捷菜单中选择【发送到】下的【桌面快捷方式】命令，也可完成桌面快捷方式的创建。

九、将“图片”文件夹的属性设置为隐藏，并设置文件夹选项为“不显示隐藏的文件和文件夹”

（1）在“图片”文件夹上单击鼠标右键，在弹出的快捷菜单中选择【属性】命令，弹出“图片属性”对话框，在属性栏中勾选“隐藏”属性，如图 2-46 所示，单击【确定】按钮。

（2）在桌面上双击“计算机”图标，打开“计算机”窗口，单击【工具】菜单，选择【文件夹选项】命令，打开“文件夹选项”对话框，单击“查看”选项卡，在“高级设置”列表框中选中“不显示隐藏的文件、文件夹或驱动器”项，如图 2-47 所示，单击【确定】按钮。

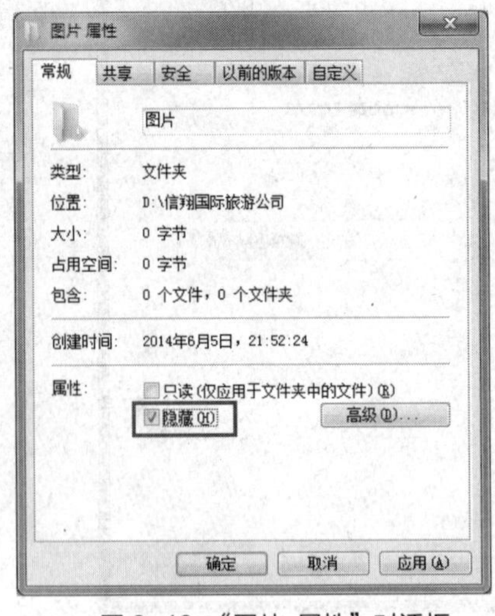

图 2-46 “图片 属性”对话框

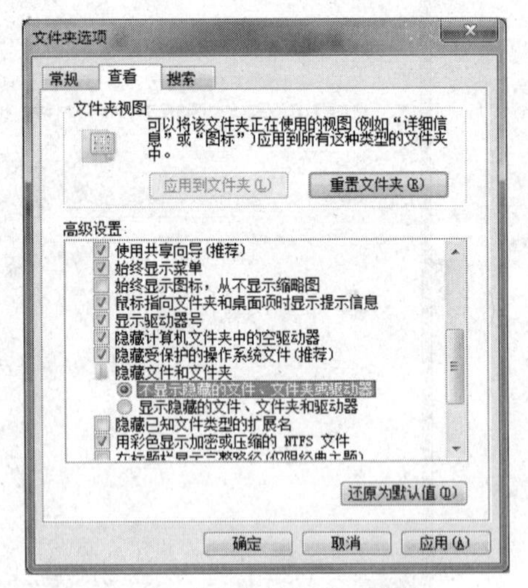

图 2-47 “文件夹选项”对话框

【知识拓展】

一、Windows 7 资源管理器的使用

资源管理器是计算机管理系统资源的重要工具，利用它可以查看本计算机的所有资源，特别是它提供的树型文件系统结构，使我们能更清楚、更直观地认识计算机的文件和文件夹。

在资源管理器中还可以对文件进行各种操作，如打开、复制、移动等。相比 WindowsXP 系统，Windows 7 资源管理器界面功能设计更周到，页面功能布局也较多，内容更加丰富。

1．打开“Windows 资源管理器”

打开“Windows 资源管理器”的常用方法如下。

（1）右键单击【开始】按钮，选择【打开 Windows 资源管理器】选项。

（2）单击【开始】按钮，选择【所有程序】/【附件】/【Windows 资源管理器】命令。

（3）单击桌面上的“计算机”图标或者任何一个文件夹，都可以打开 Windows 资源管理器。

2．“Windows 资源管理器”窗口及操作

在“资源管理器”窗口（如图 2-48 所示）中可以看出，其左侧的导航窗格显示了系统资源的目录树，它偏重于强调资源的上下级关系。在导航窗格中，若磁盘或文件夹前面有“▷”号，表明该磁盘或文件夹有下一级子文件夹。单击该“▷”号可展开其所包含的子文件夹，当展开磁盘或文件夹后，“▷”号会变成“◢”号，表明该磁盘或文件夹已展开。单击“◢”号，可折叠已展开的内容。

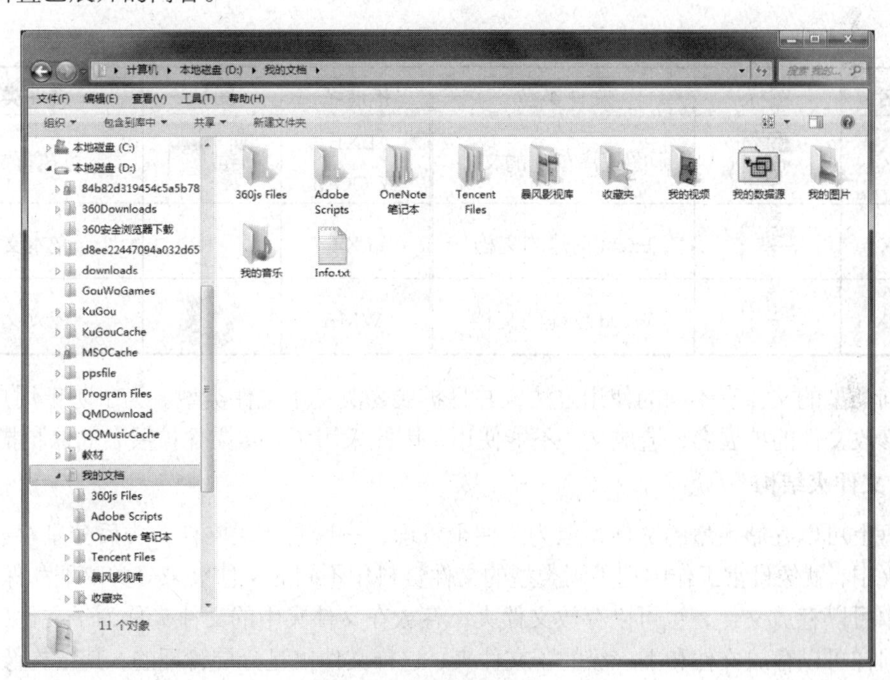

图 2-48 “资源管理器”窗口

二、文件与文件夹概述

1．文件与文件夹的概念

文件就是用户赋予了名字并存储在磁盘上的信息的集合，它可以是用户创建的文档，也可以是可执行的应用程序或一张图片、一段声音等。文件夹是系统组织和管理文件的一种形式，是为方便用户查找、维护和存储而设置的，用户可以将文件分门别类地存放在不同的文件夹中。

2．文件与文件夹命名的有关规则

● 格式：文件的名称由文件主名和扩展名这两部分组成，其中：主文件名与扩展名之间

用小数点隔开，如果文件名中包含多个小数点，则最右端一个小数点后面的部分是扩展名。文件夹只需要有文件夹名称，而不需要扩展名。

- 文件或文件夹命名时，最多由 255 个字符组成。这些字符可以是字母、数字、空格、汉字和一些特定符号，其中英文字母不区分大小写。
- 文件或文件夹的命名中不允许使用下列具有特殊含义的字符（如\/: * ?” <>|）。
- 在同一存储位置不允许有文件名（包括扩展名）完全相同的文件，也不允许有文件夹名称相同的文件夹。

3．文件类型

根据文件的不同用途，可将文件分为程序文件和文档文件两类。在 Windows 7 中，系统是根据文件的扩展名进行分类的，同时用不同的图标进行标识。所谓程序文件就是扩展名为.com、.exe 等的文件，其显示图标由程序作者设定。文档文件是由程序文件创建的，其扩展名一般由应用程序指定，图标则由系统指定。表 2–3 列出了一些常见文档文件的扩展名及其图标。

表 2-3　常见文档文件的扩展名及其图标

扩展名	图标	文件类型	扩展名	图标	文件类型
.BMP		画图程序创建的文件	.EXE 或.COM	或	可执行文件
.XLSX		Excel 创建的文档	.TXT		文本文件
.DOCX		Word 创建的文档	.WMA		视频文件

不同类型的文件有不同的使用方法，并且扩展名决定了文件类型。为了防止用户不小心删除或修改文件的扩展名，造成文件不能使用，因此采用了隐藏文件扩展名的保护措施。

4．文件夹结构

磁盘上可以存储大量的文件，但为了便于管理，一般将相关文件分类后分别存放在不同的文件夹中，就像日常工作中把不同类型的文件资料用不同的文件夹来分类整理和保存一样。文件夹中可以存放文件，也可以存放文件夹，存放在文件夹中的文件夹称为子文件夹。子文件夹中同样可以存放文件和下一级的子文件夹，这样文件夹是分层管理的，其结构像一棵树，又称树型结构。

三、文件或文件夹的操作

1．文件或文件夹的基本操作注意事项

- 若要一次移动或复制多个相邻的文件或文件夹，可以先选择起始文件或文件夹，再按住【Shift】键选择末尾文件或文件夹；若要一次移动或复制多个不相邻的文件或文件夹，可按住【Ctrl】键选择多个不相邻的文件或文件夹；若非选文件或文件夹较少，可先选择非选文件或文件夹，然后单击【编辑】/【反向选择】命令即可；若要选择所有的文件或文件夹，可单击【编辑】/【全部选定】命令或按【Ctrl】+【A】组合键。

- 在进行重命名操作之前，必须关闭此文件或文件夹。除上述方法外，也可在文件或文件夹名称处直接单击两次（两次单击时间间隔稍长一些，避免形成双击），使其处于编辑状态，键入新的名称进行重命名操作。

2．更改文件或文件夹属性

文件和文件夹都有其自身特有的信息，包括文件或文件夹的名称、类型、位置、大小、创建日期、只读、隐藏等，这些信息统称为文件或文件夹的属性。根据用户需要，可以设置相应的属性。若将文件或文件夹设置为“只读”属性，则该文件或文件夹不允许更改和删除；若将文件或文件夹设置为“隐藏”属性，则该文件或文件夹在常规显示中将不被看到。

更改文件或文件夹属性的操作步骤如下。

鼠标右键选中要更改属性的文件或文件夹，在弹出的快捷菜单中选择【属性】命令，在打开的“属性”对话框中选择“常规”选项卡，如图 2-49 所示。在该选项卡的“属性”选项组中选定需要的属性复选框后，单击【确定】按钮即可。

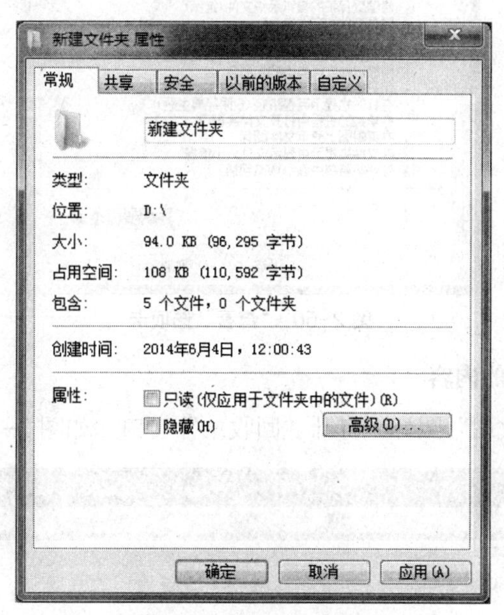

图 2-49 “常规”选项卡

四、文件夹选项设置

“文件夹选项”能够改变文件或文件夹的显示方式。打开“文件夹选项”对话框的方法有以下 3 种。

方法一：单击【开始】/【控制面板】/【外观和个性化】/【文件夹选项】命令，即可打开“文件夹选项”对话框。

方法二：在任意窗口中，单击【工具】/【文件夹选项】命令，打开“文件夹选项”对话框。

方法三：在任意窗口中,单击【组织】菜单，在下拉列表中选择【文件夹和搜索选项】，打开“文件夹选项”对话框，选择“查看”选项卡，如图 2-50 所示。

在“高级设置”中可以设置不显示属性已经设置为“隐藏”的文件和文件夹；可以通过取消“隐藏已知文件类型的扩展名”来显示文件的扩展名；可以完成是否在文件夹提示中显示文件大小信息等各项设置。

五、回收站的使用

在 Windows 7 系统安装好后，会在桌面上显示“回收站”图标。“回收站”是用来存放被删除的文件的。当“回收站”为空的时候图标就像一个空的垃圾桶，当“回收站”中有了被删除的文件时，图标中的“垃圾桶”里就有了白色的“垃圾”。

“回收站”中所有被删除的文件均按删除的时间顺序排列，最近删除的放在最上面，当队列溢出时，最先删除的将被永久删除。对“回收站”的操作如下。

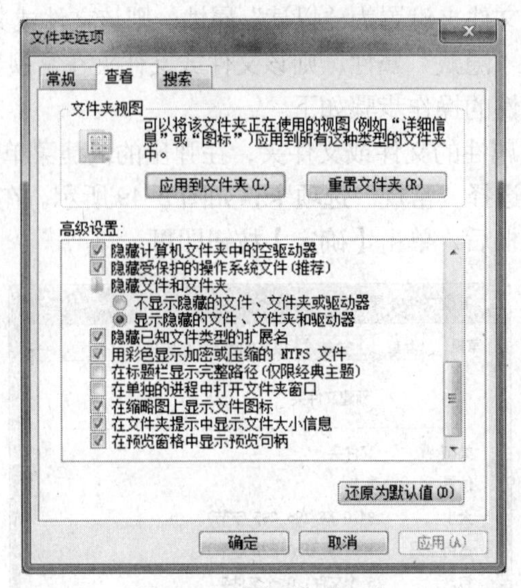

图 2-50 “查看”选项卡

1. 查看“回收站”的内容

双击桌面上的“回收站”图标，打开“回收站”窗口，如图 2-51 所示。

图 2-51 “回收站”窗口

2．还原被删除的文件或文件夹

在“回收站”窗口中选中要还原的文件或文件夹，单击鼠标右键，在弹出的快捷菜单中选择【还原】命令，文件或文件夹将还原到被删除之前的位置。

➔提示

如果被删除的文件原来所在位置的文件夹也已被删除，则将重新建立该文件夹并存放还原的文件。

3．清空“回收站”的内容

如果“回收站”中的文件已不再需要，为了释放磁盘空间可以将“回收站”清空，也就意味着“回收站”里的内容彻底删除不能再还原。可以在打开的“回收站”窗口的工具栏中单击【清空回收站】，或者在该窗口的【文件】菜单中选择【清空回收站】，或者在桌面上鼠标右键单击“回收站”图标，在弹出的快捷菜单中选择【清空回收站】。这时会弹出“删除多个项目”对话框，如图 2-52 所示，选择【是】则彻底删除“回收站”中的所有内容。

图 2-52 “删除多个项目”对话框

4．“回收站”的属性设置

所有磁盘中的文件被删除时都会放入“回收站”吗？连接到计算机上的移动磁盘中的文件被删除时，会放入“回收站”中以备需要时还原吗？答案是否定的。通过“回收站”的属性设置可以显示出仅有本地磁盘可以设置“回收站”，而移动磁盘或者软盘都不能设置“回收站”空间。对“回收站”的属性设置操作如下。

在桌面上用鼠标右键单击“回收站”图标，在弹出的快捷菜单中选择【属性】命令，会打开“回收站 属性”对话框，如图 2-53 所示。

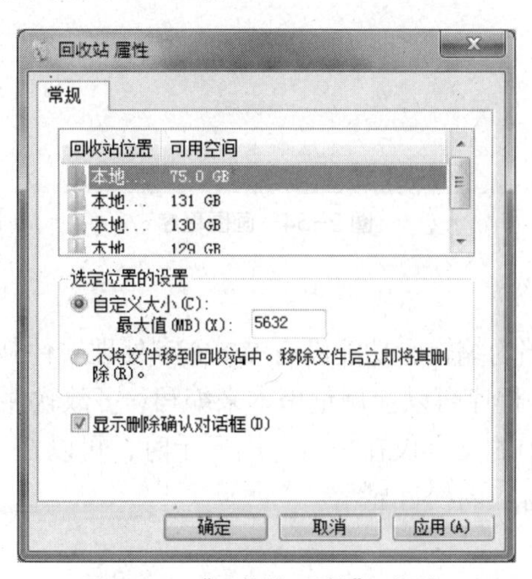

图 2-53 “回收站 属性”对话框

在该对话框的“常规”选项卡中，可以自定义“回收站”所占磁盘空间的大小，而且还可以根据需要对某磁盘不设置“回收站”，选中“不将文件移到回收站中。移除文件后立即将其删除”选项时，该磁盘的文件一旦删除就是彻底删除，无法还原。选中“显示删除确认对话框”选项时，在删除文件时会有相应的对话框提示。各项设置好后，单击【确定】按钮即可。

六、画图

“画图”程序是一个位图编辑器，如图 2-54 所示，用户可以自己绘制图画，也可以对已保存的图片进行修改和编辑，在编辑完成后，可以保存为“.bmp”、“.jpg”、“.png”或“.gif”等格式。用户还可以将绘制好的图画保存为 24 位位图“*.bmp”格式，并设置为墙纸，使自己计算机的桌面独一无二。

➔提示

键盘上的“Print Screen”键是用来捕捉当前显示器屏幕上显示的画面的。通过单击此键即可把当前屏幕作为图片放入剪贴板中，在“画图”窗口中选择【粘贴】命令或者单击鼠标右键选择“粘贴”命令等方法，即可把抓屏的图片粘贴到相应位置，再进行编辑。

图 2-54　画图程序

七、记事本

记事本用于纯文本文档的编辑，功能没有 Word 字处理软件强大，因其使用方便、快捷，所以应用较多。例如，一些程序可以使用记事本来编写，多数软件的 read me 文件以记事本的形式保存。当需要记事本中的文字仅在一行之内显示时，可以在【格式】菜单中选择【自动换行】命令，使文字在该窗口内换行显示。

八、写字板

写字板也是一个文字处理程序，其功能比记事本要强一些，除了可以处理文本文件，还可以处理其他格式（如 RTF 和 DOCX 格式）的文件，但比 Word 的功能要差很多。所以适用于比较短小的以文字为主的文档编辑和排版工作。

九、计算器

Windows 7 操作系统中自带的计算器可以帮助用户完成多种数据计算，计算器分为“标准型”、“科学型”、“程序员”和“统计信息”四种类型。“标准型”用以完成常用的简单算术运算；“科学型”用以完成一些高级的函数计算；“程序员”类型可以在不同的进制之间转换；“统计信息”类型可以做一些统计计算。打开计算器，可以通过“查看”菜单选择所需类型，如图 2-55 所示。

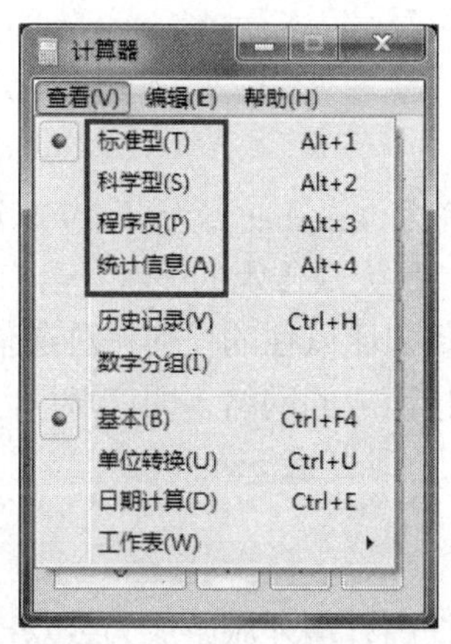

图 2-55 计算器“查看”菜单

【项目总结】

本项目通过为新用户设置桌面环境，熟悉了 Windows 7 用户环境的配置，了解了常用硬件的配置、程序的安装和卸载的基本方法。通过对文档资料的整理，掌握了文件和文件夹的创建、移动、复制等操作，为提高日常工作效率打下了基础。

【拓展练习】

1. 打开“个性化”窗口，并更改主题。
2. 将桌面图标按项目类型进行排列。
3. 在桌面上添加“日历”小工具。
4. 在 Windows 文件夹下 huow 文件夹中创建名为 dbp8.txt 的文件，并设置为隐藏属性。
5. 将 Windows 文件夹下 jpneq 文件夹中的 aeph.bak 文件复制到 Windows 文件夹下的 maxd 文件夹中，文件名为 mahf.bak。
6. 为 Windows 文件夹下 mpeg 文件夹中的 deval.exe 文件建立名为 kdev 的快捷方式，并存放在 Windows 文件夹下。
7. 将 Windows 文件夹下 erpo 文件夹中 sgacyl.dat 文件的隐藏属性取消，并移动到 Windows 文件夹下，改名为 admicr.dat。
8. 搜索 Windows 文件夹下第二个字母是 n 的文件，然后将其删除。

PART 3 项目三 网络应用——开发旅游路线

国际互联网（Internetwork，简称 Internet），始于 1969 年的美国，又称因特网，是全球性的网络，是一种公用信息的载体，是大众传媒的一种。具有快捷性、普及性，是现今最流行、最受欢迎的传媒之一。这种大众传媒比以往的任何一种通信媒体都要快。互联网是由一些使用公用语言互相通信的计算机连接而成的网络，即广域网、局域网及单机按照一定的通信协议组成的国际计算机网络。

【项目描述】

近年来随着人民生活水平的提高，境外旅游成为公众出行娱乐的一大热点。信翔国际旅游公司开发了一条新的旅游线路，以满足公众的需求，并提高公司的经济收入。在新的旅游线路发布之前，刘青接到任务，对其他旅行社的旅游线路进行调研，并完善新开发线路的旅行计划及服务项目。

【项目分解】

本项目可分解为 3 个学习任务，每个学习任务的名称和建议学时安排见表 3-1。

表 3-1　项目分解表

项目分解	学习任务名称	学　时
任务 1	资料收集	1
任务 2	资源共享	2
任务 3	网络安全	1

任务 1　资料收集

【任务描述】

目前，市场上旅游公司繁多，旅游线路更是五花八门、日新月异。所以，在营销部门对旅游市场进行调研之前，首先要了解目前市场上热门的旅游城市有哪些。如果去世界各地走访调查，会耗费许多时间、金钱。因此，在网上收集资料是非常必要的。

【任务分析】

Internet 包罗的信息非常丰富，涉及人们生活、工作和学习等各个方面的信息是应有尽有，且还有相当一部分大型数据库是免费提供的。用户可在 Internet 中查找到最新的科学文献和资料，也可在 Internet 中获得休闲、娱乐和家庭技艺等方面的最新动态，还可从 Internet 下载到大量免费的软件。正由于网上的资料浩如烟海，纷繁复杂，不可能知道所有所需资料所在网站的网址，那该怎么办呢？网络还提供了一个很好的工具，专门用来搜索网上的信息，就是搜索引擎。

如果能利用搜索引擎找到需要的资料，并保存下来，就能满足分析数据、得出结论的要求。

【学习目标】

- 认识互联网
- 使用搜索引擎进行信息搜索
- 下载并保存网页信息

【任务实施】

一、打开 IE 浏览器

当计算机连接到 Internet 后，还需要一个专门在网上浏览信息的工具（浏览器），才能打开相关的网页并浏览信息。目前使用最广泛的浏览器是微软公司的 Microsoft Internet Explorer，简称 IE。双击桌面上的图标，即可启动 IE 浏览器。

二、使用搜索引擎查找信息

网上信息浩如烟海，获取有用的信息就如大海捞针，所以需要一种优异的搜索服务，将网上繁杂的内容整理成为可以随心所用的信息。使用搜索引擎可以帮助人们快速地完成这一复杂任务。如何使用搜索引擎呢？

（1）以百度网为例，在“地址栏”里输入“http://www.baidu.com”，然后按【回车键】就可以进入百度网站，如图 3-1 所示。

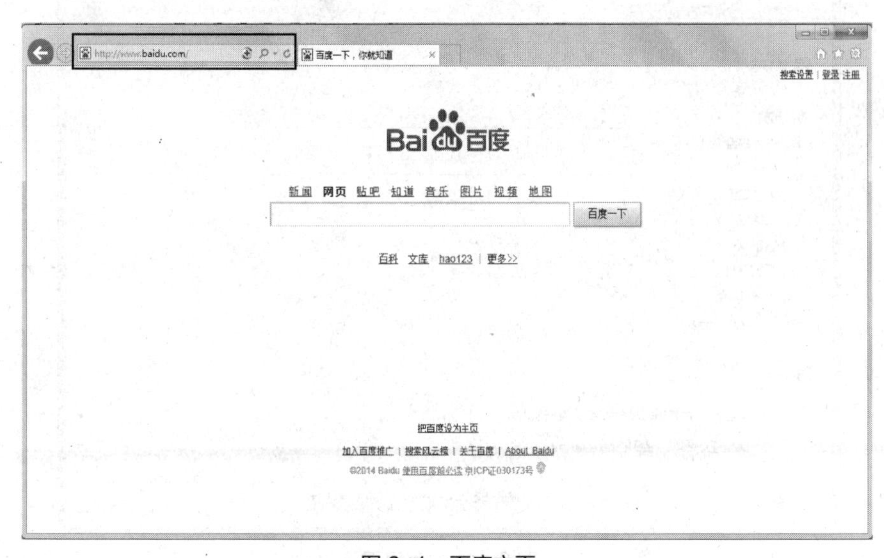

图 3-1 百度主页

2. 在百度网页的搜索框中输入要查询的内容“世界热门旅游城市”，然后按【回车键】或在网页中单击【百度一下】按钮，会弹出如图 3-2 所示的网页，在该网页上显示了所有关于热门旅游城市的主题网站，单击相应的网站链接即可进入该网站。

图 3-2　百度搜索页

三、信息保存

1．保存网页

找到信息所在的网页后，将该网页保存下来，以便做进一步的数据处理。在浏览器的“菜单栏”单击【文件】/【另存为】按钮，会弹出如图 3- 3 所示的“保存网页”窗口，在此窗口中可以修改保存网页文件的位置、网页文件的名称、网页文件的类型。

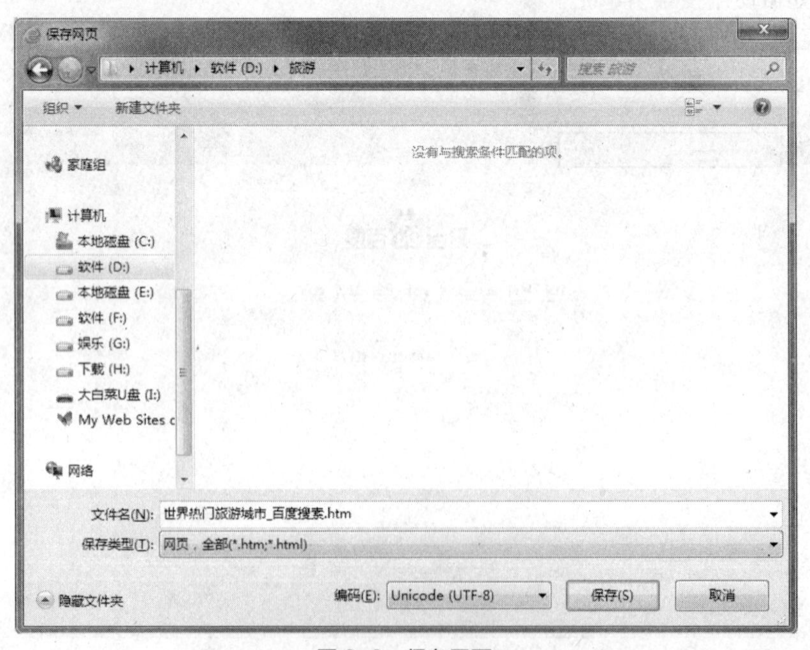

图 3-3　保存网页

➔提示

网页文件保存类型

❖ “网页，全部（*.htm;*.html）”。此格式将按照网页文件原始格式保存所有文件，比如网页中包含的图片等。保存后的网页将生成一个同名的文件夹，用于保存网页中的图片等信息。

❖ “Web 档案，单一文件（*.htm）”。相对于第一种文件格式来说，此格式可以将网页文件所有信息保存在一个文档中，并不生成同名文件夹，但是需要系统安装有 Outlook Express 5.0 以上版本才能使用。

❖ “网页，仅 Html（*.htm;*.html）”。此格式只是单纯保存当前 HTML 网页，不包含网页中含有的图片、声音或其他文件。

❖ “文本文件（*.txt）”格式。如果保存为文本文件格式，IE 浏览器将自动将网页中的文字信息提取出来，并保存在一个文本文件中。

2．保存网页图片、文字

（1）保存网页中的图片，将鼠标指针放到图片位置，单击【鼠标右键】，在弹出的菜单中单击【图片另存为】，会弹出如图 3- 4 所示的“保存图片”窗口，在此窗口中可以修改图片的文件名、保存位置以及保存类型。

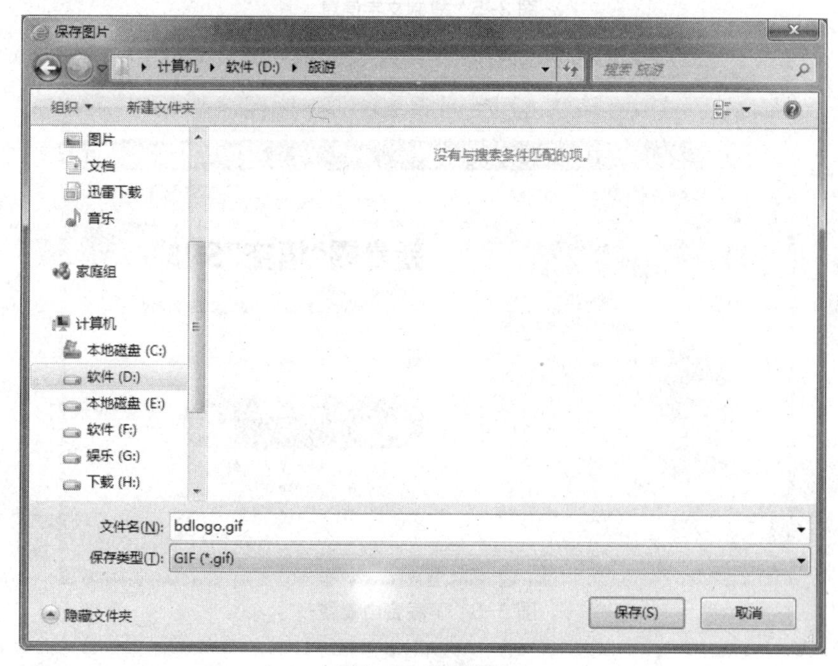

图 3-4　保存图片

（2）保存网页中的文字，将鼠标指针放到文字位置，按住【鼠标左键】一直拖动到需要保存文字的结尾部分，然后单击【鼠标右键】/【复制】，最后将复制的内容粘贴到已经准备好的文本文档或 Word 文档中，如图 3-5 所示。

3．软件下载

有些网页内建立了软件下载的超链接，用户可以直接通过超链接进行下载，如图 3- 6 所示。单击该软件的下载链接，弹出“文件下载”对话框，可选择下载方式，如图 3-7 所示。

单击【保存】按钮，文件将直接保存到默认位置，或【保存】旁边的下拉菜单中单击【另存为】，会弹出如图 3-8 所示的“另存为”对话框。在此对话框中可以修改文件保存的位置和文件名。

图 3-5　复制文字信息

图 3-6　下载金山毒霸

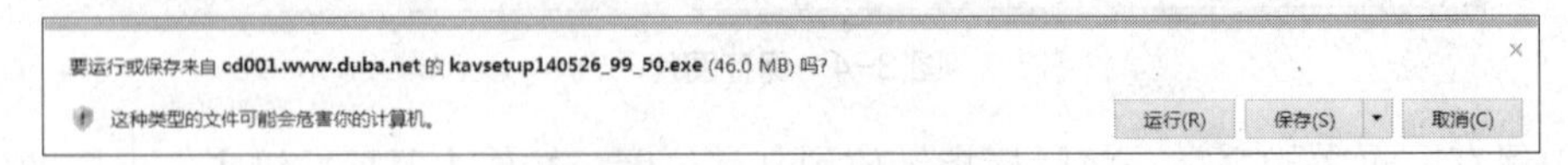

图 3-7　“文件下载”对话框

【拓展知识】

一、收藏夹

网上的世界很精彩，如果要把一些感兴趣的网页记下来，常常用到浏览器中自带的网页收藏夹功能把网页添加到收藏夹。操作方法如下：单击 IE 浏览器“菜单栏”中的【收藏夹】/【添加到收藏夹】按钮，会弹出如图 3-9 所示的“添加收藏”窗口，在此窗口中可以修改网页保存的名称和位置。

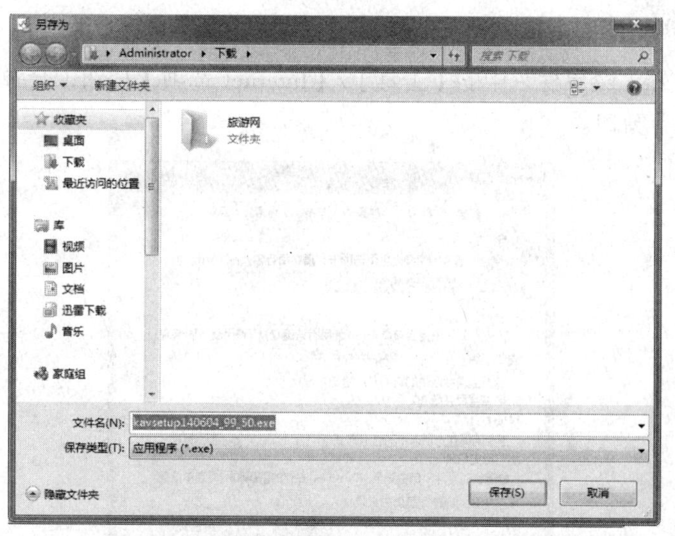

图 3-8 “另存为”对话框

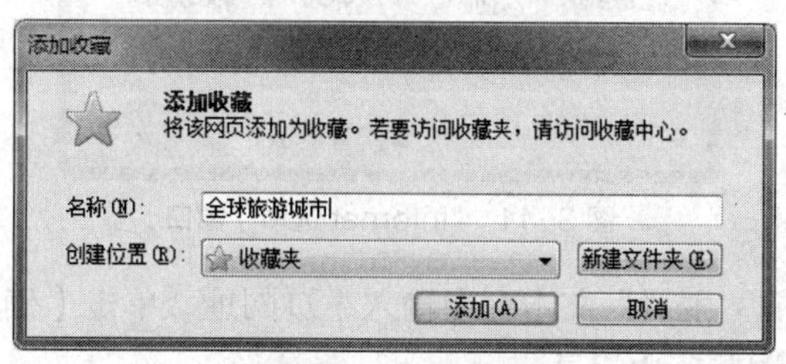

图 3-9 添加收藏

随着上网时间的增长，“IE 收藏夹”中存放了大量的网页地址，查看起来很不方便，所以要定期整理“IE 收藏夹”中的记录。单击 IE 浏览器“菜单栏”中的【收藏夹】/【整理收藏夹】按钮，会弹出如图 3-10 所示的“整理收藏夹”窗口，在此窗口可以修改收藏夹中记录的保存位置和名称，而且还可以删除多余的记录。

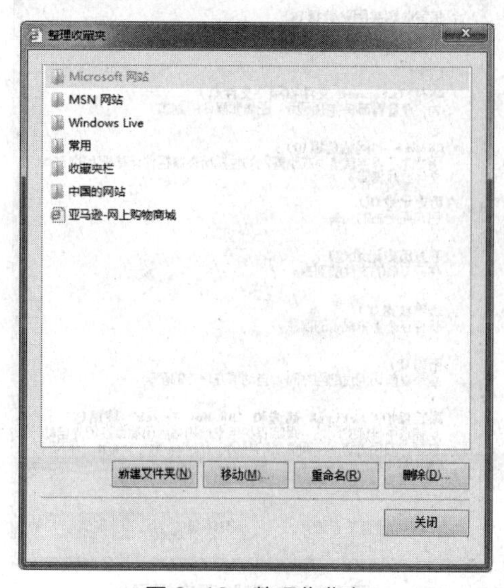

图 3-10 整理收藏夹

二、Internet 选项

1．修改 IE 浏览器的主页

单击 IE 浏览器“菜单栏”中的【工具】/【Internet 选项】按钮，会弹出如图 3-11 所示的“Internet 选项”窗口。

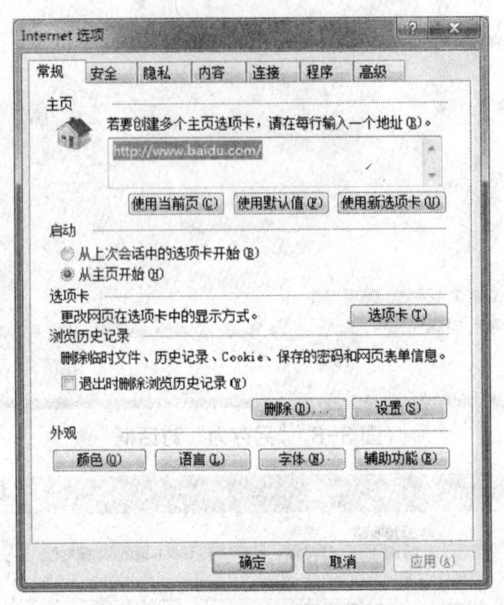

图 3-11 “Internet 选项”窗口

在“常规”选项下的“主页”文本框中输入主页网址，单击【确定】按钮即可完成设置。

2．删除 IE 浏览器浏览历史记录

在“常规”选项下单击“浏览历史记录”栏中的【删除（D）】按钮，会弹出的如图 3- 12 所示的“删除浏览历史记录”对话框，在此对话框中可选择要删除的项目，然后单击【删除（D）】即可。

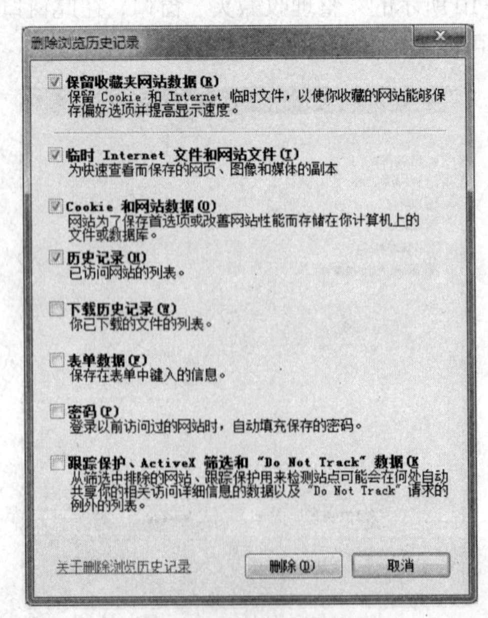

图 3-12 删除历史记录

3．设置IE浏览器的安全级别

在“安全”选项卡中，可以分别对“Internet”、“本地 Internet”、“可信站点”、“受限站点”四个区域进行设置，通过对滑块调整进行安全级别的更改，单击“确定”按钮即可生效，如图 3-13 所示。

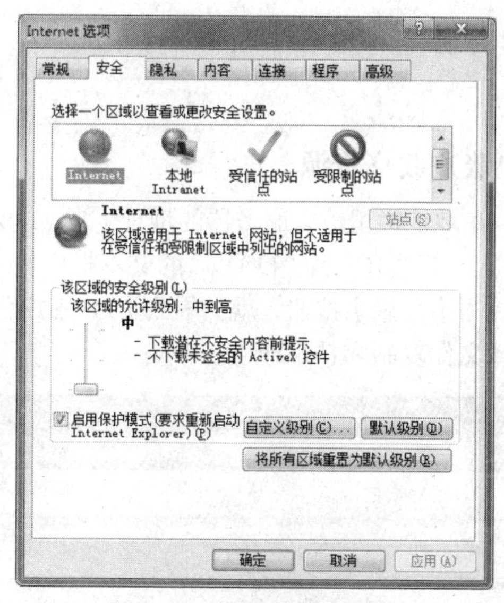

图 3-13　Internet 安全级别

任务 2　资源共享

【任务描述】

刘青需要将找到的网页资料与公司其他同事进行交流、总结，但是一些同事在别的小组或者是在异地工作，如何才能将资料传输给他们？刘青找到了两种解决办法：第一，应用 Internet 提供的文件传输服务（File Transfer Protocol，FTP），来实现资源共享；第二，应用电子邮箱，给异地的同事发 E-mail。

【任务分析】

一、文件传输服务（File Transfer Protocol，FTP）

Internet 是一个巨大的资源和信息库，通过 FTP，可以传送任何类型的文件，如文本文件、声音文件、图像文件和视频等，同时，几乎可以通过 FTP 获得需要的任何应用程序。网络中文件传输实际上是一个比较复杂的过程，因为网络中的计算机存储的格式可能不同，不同系统间的文件命名规则不同，不同操作系统的访问控制方法不同。FTP 提供文件传输的一些基本服务，是一种面向连接的可靠服务。由于信翔国际旅游公司的服务器给每个部门都分配了一个 FTP 的账号，所以可以直接将文件上传到指定的部门账号里。

二、电子邮箱

要进行邮件的收发，必须获得自己的邮箱。网络上提供的邮箱通常分为两种，即收费邮箱和免费邮箱。收费邮箱一般容量较大，可靠程度较高，但是要收取一定的费用。免费邮箱相对而言容量较小，服务也较少，但由于它是免费的，所以刘青决定用免费邮箱发送结论。

【学习目标】

- 使用 FTP 实现资源共享
- 申请注册电子邮箱
- 使用电子邮箱收发电子邮件

【任务实施】

一、使用 FTP 用户账户共享资源

打开“计算机”窗口，在地址栏里输入服务器的地址（192.168.0.110），会弹出如图 3-14 所示的“登录身份”对话框。在“用户名（U）”后的文本框中输入用户账户，“密码（P）”后的文本框中输入密码，单击【登录】按钮，就会看到 FTP 用户账户中的文件和文件夹，要进行下载和上传操作，选择文件复制和粘贴即可。

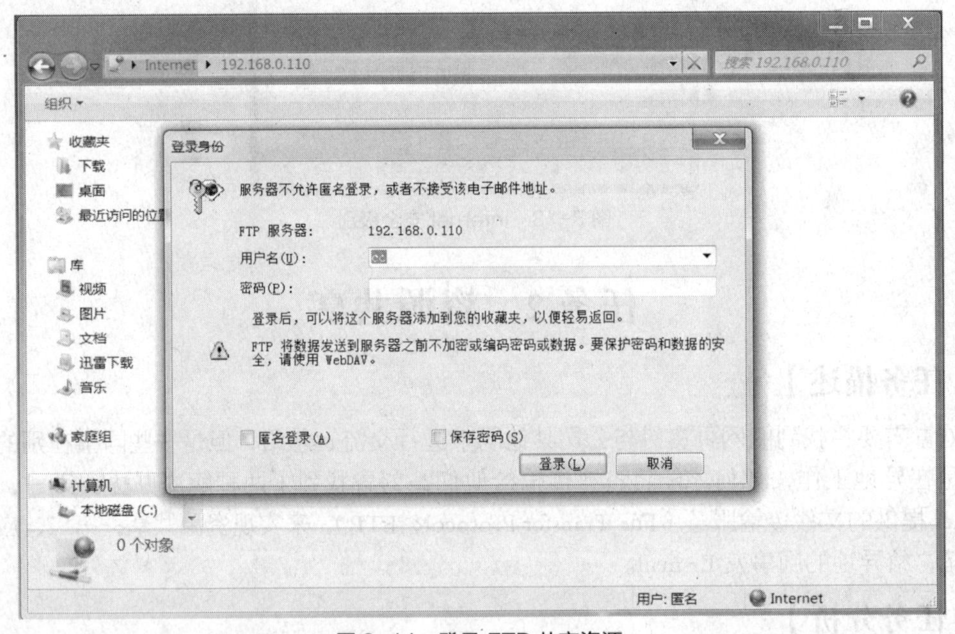

图 3-14　登录 FTP 共享资源

➔提示

FTP 使用注意事项。

❖ 避免出现零字节文件。在上传时，不要随意中途停止操作，最好不要中途下线。

❖ 需上传的文件过大时要先压缩，这样会大大节省上传和别人下载的宝贵时间。

❖ 因为 FTP 站是多用户系统，因此对于同一个目录或文件，不同的用户拥有不同的权限。如果不能上传或下载某些文件，或者抓下来的文件是零字节，一般是因为用户的权限不够。

二、使用电子邮箱收发 E-mail

1．申请免费电子邮箱（以 126 邮箱为例）

在地址栏中输入“mail.126.com”进入 126 免费邮箱主页，单击【注册】按钮，进入如图 3-15 所示的注册页面，在“邮件地址”后的文本框中输入准备使用的地址“xinxiangliuqing”

（不包括“@”和“@”以后的所有内容），如果没有提示“所输的用户名已经被注册，请重新设置用户名”则继续填写密码及验证码，然后单击【立即注册】，会弹出“再次输入验证码”的窗口，输入完毕后，单击提交，完成邮箱注册。

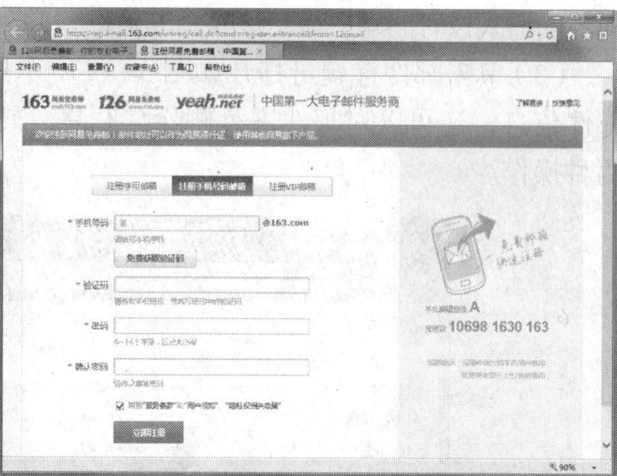

图 3-15　注册邮箱

2. 使用电子邮件发送 E-mail

（1）登录 126 免费邮箱网站，输入用户名和密码进入邮箱。

（2）单击“写信”按钮，打开编辑邮件页面，如图 3-16 所示。

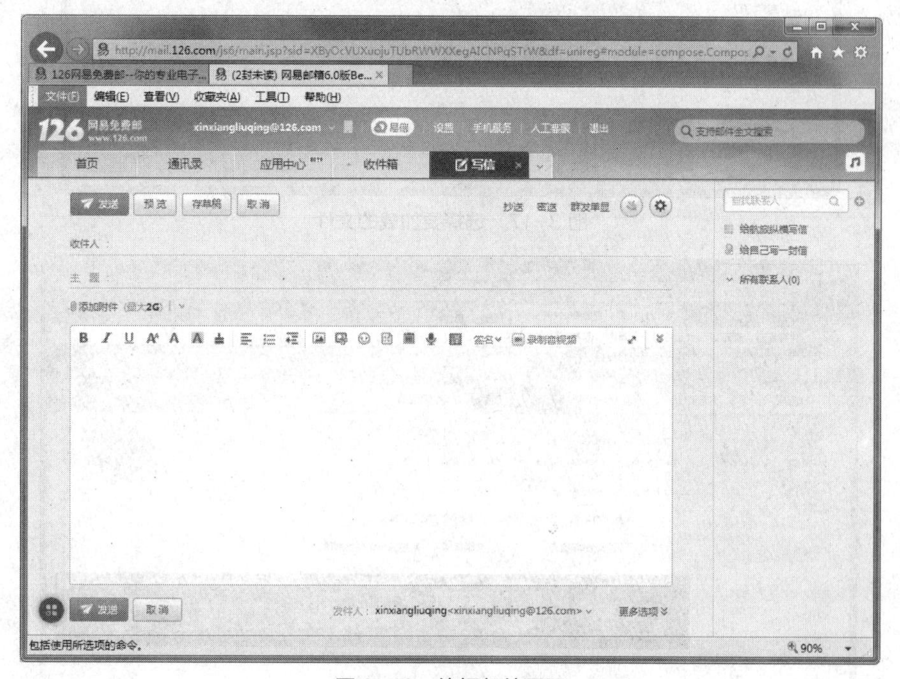

图 3-16　编辑邮件页面

（3）在“收件人”处填写收件人的邮箱地址，并输入“主题”和“内容”即完成邮件编辑。如果想发送文字以外的其他信息，如文档、图片、音视频，则可单击【添加附件】按钮，会弹出如图 3-17 所示的“选择要加载的文件”对话框，在文件夹中找到需要发送的文件，单击【打开】，即可上传至信件中。

（4）写好邮件内容后，单击【发送】按钮，如果收件人地址存在，系统会提示“发送成功”。

3．接收邮件

（1）登录 126 免费邮箱网站，输入用户名和密码进入邮箱。

（2）单击文件夹列表中的【收件箱】按钮，打开收件箱，查看已经接收到的邮件。收件箱以列表的形式按时间顺序显示接收到的信件，并列出了每封邮件的发送信息，如图 3–18 所示。

（3）单击邮件标题可打开如图 3–19 所示的阅读邮件窗口，在此窗口中可以阅读接收到的邮件信息，还可以对邮件进行删除、回复、转发等操作，附件可以进行“打开”和“下载”两种操作。

图 3–17　选择要加载的文件

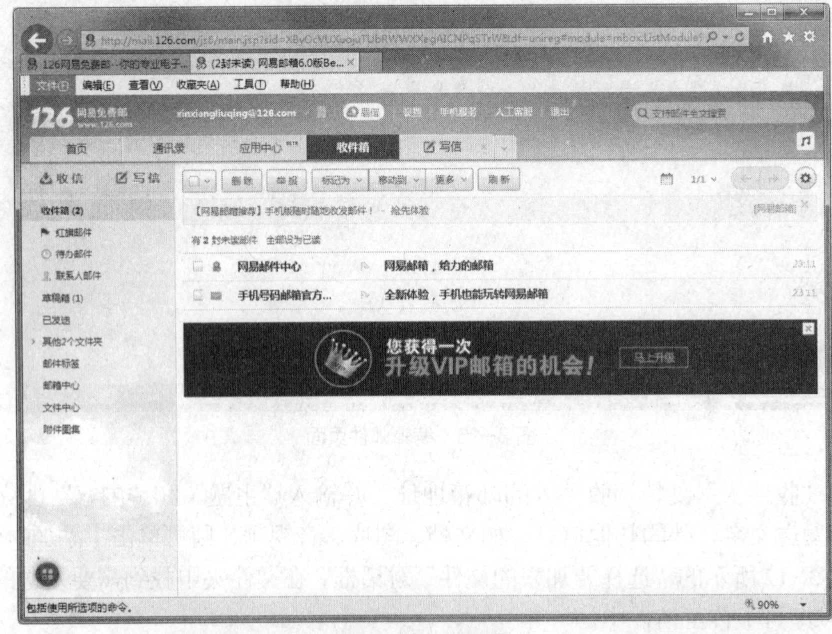

图 3–18　收件箱

图 3-19 阅读邮件

任务 3 网络安全

【任务描述】

市场部刘青在接收下载完刘青发来的电子邮件，并在网络上查阅了一些相关的资料信息后，发现平时运行好端端的计算机，突然变得迟钝起来，反应缓慢，出现蓝屏甚至死机。重新启动之后，竟然不能登录网页，这很有可能是计算机中病毒的症状，对计算机进行病毒的查杀是个解决的好办法。

【任务分析】

随着信息技术的飞速发展，网络及网络信息安全技术已经影响到了社会各个领域。以网络方式获取和传播信息已成为现代信息社会的重要特征之一。网络技术的成熟使得网络连接更加容易，人们在享受网络带来的便利的同时，网络的安全也日益受到威胁。安全的需求不断向社会的各个领域扩展，人们需要保护信息，使其在存储、处理或传输过程中不被非法访问或删改，以确保自己的利益不受损害。信翔国际旅游公司所有的计算机都已下载杀毒软件安装程序，下面就以金山杀毒软件为例，来修复一下刘青的计算机吧。

【学习目标】

- 认识网络安全
- 了解什么是计算机病毒
- 了解计算机病毒的防范措施

【任务实施】

一、网络安全

1. 什么是网络安全

网络安全是指网络系统的硬件、软件及其系统中的数据受到保护，不因偶然的或者恶意的原因而遭受到破坏、更改、泄露，系统能连续可靠正常地运行，且网络服务不中断。网络安全从其本质上来讲就是网络上的信息安全，凡是涉及网络上信息的保密性、完整性、可用性、真实性和可控性的相关技术和理论都是网络安全的研究领域。

2. 网络中的不安定因素

- 网络系统的脆弱性：网络的开放性决定了网络信息系统先天的脆弱性，可能软件系统自身有缺陷，也可能受到黑客的攻击。
- 对网络系统的攻击：在未经用户同意的情况下将信息泄露给攻击者；攻击者对系统中的数据进行篡改；对系统或设备实施攻击活动；内部人员恶意和非恶意攻击。
- 有害程序的威胁：计算机病毒；陷门（预先在某个系统或某个文件中设置机关，引诱用户掉入，将自己机器上的秘密自动传送到对方计算机上）。

3. 网络安全的防范措施

- 数据加密技术：是将传输的数据转换成杂乱无章的数据，只有合法的用户才能恢复数据，接收到正确的信息。
- 数字签名技术：在网络环境中，使用数字签名技术来模拟日常生活中的亲笔签名。将信息发送人的身份与信息传送结合起来，可以保证信息在传输过程中的完整性，并提供信息发送者的身份认证，以防止信息发送者的抵赖行为。
- 防火墙技术：是一种专门用于保护网络内部安全的系统，其工作原理如图 3-20 所示。

防火墙的作用是在内部网络和外部网络之间构建网络通信的监控系统，以达到保障网络安全的目的。当然，防火墙本身也存在许多的局限性，如防火墙不能防范不经过防火墙的攻击，且很难防范来自于网络内部的攻击以及病毒的威胁。

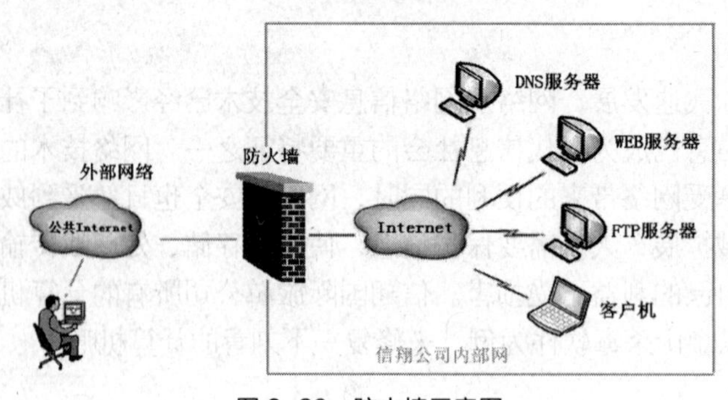

图 3-20 防火墙示意图

二、计算机病毒

计算机病毒（Computer Virus）是编制或在计算机程序中插入的破坏计算机功能或毁坏数据，影响计算机使用，并能自我复制的一组计算机指令或程序代码。

1．计算机病毒的特征

计算机病毒最重要的特征是破坏性和传染性，它还具有潜伏性、隐蔽性、可激活性和不可预见性。另外，下面这两个特征缺其一则不能叫作病毒。

- 一种人为特制的程序，不能独立以一个文件形式存在，通过非授权入侵而隐藏、依附于别的程序。当调用该程序时，此病毒首先运行，并造成计算机系统运行管理机制失常或系统瘫痪。
- 具有自我复制能力，能将自身复制到其他程序中。

2．计算机病毒的危害

计算机病毒的危害主要表现在以下几方面。

- 磁盘可用空间突然变小，或系统不能识别磁盘设备。
- 系统蓝屏或突然死机又自动启动。
- 程序或数据无缘无故地丢失，找不到文件。
- 发现来历不明的隐含文件。
- 运行速度明显减慢，如长时间访问磁盘等现象。
- 出现一些无意义的画面问候语，不能登录网络。

总之，计算机病毒轻则造成系统运行失常、系统瘫痪，更为严重的会彻底毁灭软件系统，甚至是硬件系统。

3．计算机病毒的防范

随着网络的发展和应用，计算机病毒在网络上的传播速度越来越快，种类越来越多，破坏性越来越强，所以有必要了解和掌握计算机病毒的防范措施。

（1）计算机病毒的预防措施主要包括以下几种。

- 不要随意下载来路不明的可执行文件或邮件中附带的文件。
- 使用聊天工具时，不要轻易打开陌生人发送过来的网页链接。
- 安装防火墙，实时监控病毒的入侵，对内部网络进行保护。
- 安装杀毒软件，并定期更新查杀计算机病毒。
- 对重要的文件进行备份。

（2）计算机病毒的清除。

一旦发现计算机病毒，应立即清除。可选用杀毒软件进行清除，操作简单，常见的杀毒软件有 360 杀毒软件、诺顿杀毒软件、瑞星杀毒软件、金山毒霸等。

三、对计算机病毒进行全面查杀

金山毒霸软件安装成功后，启动杀毒程序。单击“首页”中的【一键云查杀】对计算机进行扫描，结束后若发现威胁，选择“立即处理”，清除病毒，如图 3- 21 所示。

【拓展知识】

一、计算机网络的概念

定义:计算机网络是指将地理位置不同的具有独立功能的多台计算机及其外部设备，通过通信线路连接起来，在网络操作系统、网络管理软件及网络通信协议的管理和协调下，实现资源共享和信息传递的计算机系统。如图 3–22 所示。

图 3-21 金山毒霸

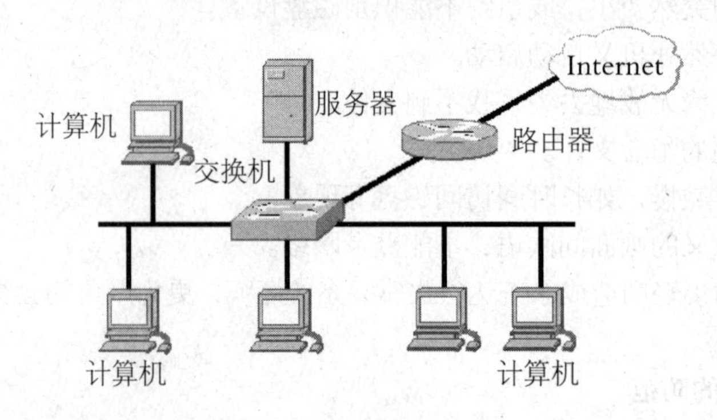

图 3-22 网络构成图

二、计算机网络功能与应用

计算机网络最基本的功能是“资源共享”，“资源共享”是组建计算机网络的主要目的之一。这里的共享指的是共享“软件”和“硬件”资源。除此之外，它还有如下主要功能。

1．数据通信

利用计算机网络实现在不同地方的计算机之间的快速安全的数据交换和数据处理。主要提供传真、电子邮件、电子数据交换（EDI）、电子公告牌（BBS）、远程登录和浏览等数据通信服务。

2．资源共享

凡是能入网用户均能享受网络中各个计算机系统的全部或部分软件、硬件和数据资源，通过网络使各种资源得到合理的调整，缓解用户资源缺乏引起的矛盾。而当网络中的某台计算机负担过重时，网络又可以将新的任务交给较空闲的计算机完成，均衡负载，从而提高了每台计算机的可用性。

3．分布处理

通过算法将大型的综合性问题交给不同的计算机同时进行处理。用户可以根据需要合理选择网络资源，就近快速地进行处理。

4．提高网络的安全性

网络中的每台计算机都可通过网络相互成为后备机。一旦某台计算机出现故障，它的任务就可由其他的计算机代为完成，这样可以避免在单机情况下，一台计算机发生故障引起整个系统瘫痪的现象，从而提高网络系统的可靠性。

三、计算机网络的类型分类

计算机网络的分类方法有很多种类，分类标准有根据网络使用的传输技术分类、根据网络的拓扑结构分类、根据网络协议分类等。不同的分类标准只能从某一方面反映网络的特征。

1．根据覆盖的空间范围和节点分布分类

（1）局域网（Local Area Network，LAN）。

指在某一区域内由多台计算机互联成的计算机组。一般是方圆几千米以内，最大不能超过 1 万米。局域网可以实现文件管理、应用软件共享、打印机共享、工作组内的日程安排、电子邮件和传真通信服务等功能。

局域网是封闭型的，可以由办公室内的两台计算机组成，也可以由一个公司内的上千台计算机组成。

（2）广域网（Wide Area Network，WAN）。

通常跨接很大的物理范围，所覆盖的范围从几十公里到几千公里，它能连接多个城市或国家，或横跨几个洲并能提供远距离通信，形成国际性的远程网络。也称远程网（Long Haul Network）。

（3）城域网（Metropolitan Area Network，MAN）。

是在一个城市范围内所建立的计算机通信网，简称 MAN。属宽带局域网。由于采用具有有源交换元件的局域网技术，网中传输时延较小，它的传输媒介主要采用光缆，传输速率在 100 兆比特/秒以上。

MAN 的一个重要用途是用作骨干网，通过它将位于同一城市内不同地点的主机、数据库，以及 LAN 等互相联接起来，这与 WAN 的作用有相似之处，但两者在实现方法与性能上有很大差别。

2．按交换方式

（1）线路交换网络（Circurt Switching）。

线路交换方式与电话交换方式的工作过程很类似。在线路交换中，两台计算机通过通信子网进行数据交换之前，首先要在通信子网中建立一个实际的物理线路连接。

（2）报文交换网络（Message Switching）。

这种方式不要求在两个通信节点之间建立专用通路。节点把要发送的信息组织成一个数据包——报文，该报文中含有目标节点的地址，完整的报文在网络中一站一站地向前传送。

（3）分组交换网络（Packet Switching）。

分组交换是以分组为单位进行传输和交换的，它是一种存储-转发交换方式，即将到达交换机的分组先送到存储器暂时存储和处理，等到相应的输出电路有空闲时再送出。

3．按网络拓扑结构

网络拓扑是网络中各种设备之间的连接形式。主要应用有星型网络、树形网络、总线型网络、环型网络和网状网络。

（1）星型网络。

是用集线器或交换机作为网络的中央节点，网络中的每一台计算机都通过网卡连接到中央节点，计算机之间通过中央节点进行信息交换，各节点呈星状分布而得名。

星型结构是目前在局域网中应用得最为普遍的一种，在网络应用中几乎都是采用这一方式。传输介质是双绞线，如图 3-23 所示。

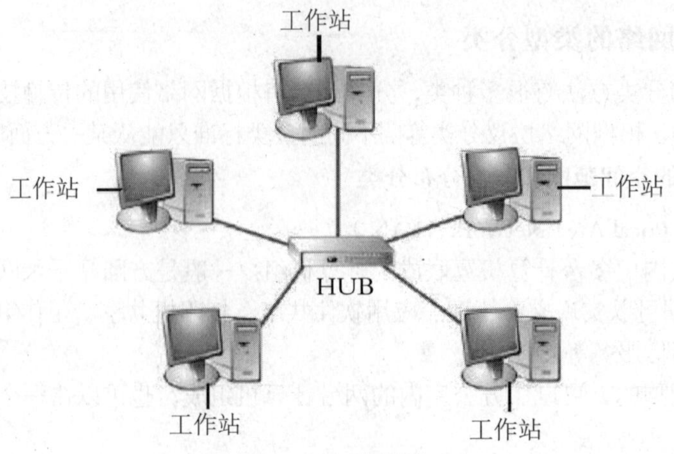

图 3-23　星型网络

（2）环形网络。

网络中的每一节点是通过环中继转发器（RPU）与它左右相邻的节点串行连接，在传输介质环的两端各加上一个阻抗匹配器就形成了一个封闭的环路，这样在逻辑上就相当于形成了一个封闭的环路，"环形"结构的命名起因就在于此，如图 3-24 所示。

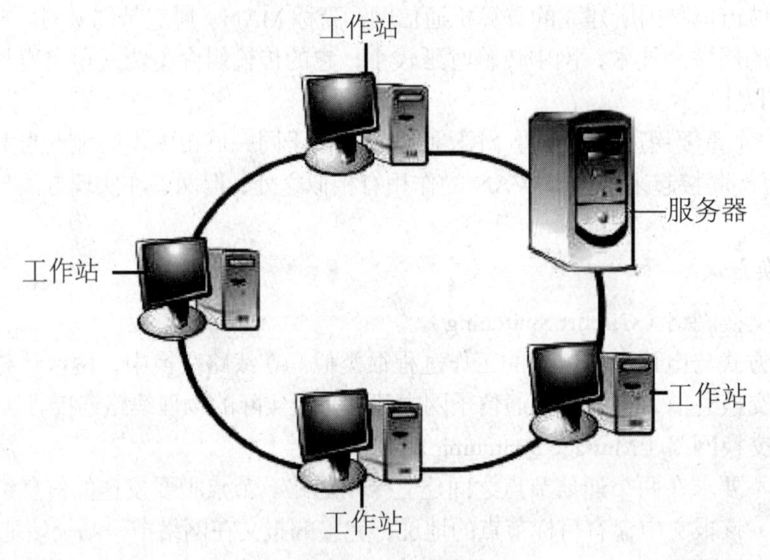

图 3-24　环形网络

（3）树形网络。

树形拓扑从总线拓扑演变而来，形状像一棵倒置的树，顶端是树根，树根以下带分支，每个分支还可再带子分支。

树形网络的特点：树形网络也叫多星级型网络。树形网络是由多个层次的星型结构纵向连接而成，树的每个节点都是都是计算机或转接设备。一般来说，越靠近树的根部，节点设备的性能就越好。与星型网络相比，树形网络总长度短，成本较低，节点易于扩充，但是树形网络复杂，与节点相连的链路由故障时，对整个网络的影响较大，如图 3-25 所示。

（4）总线型网络。

总线型拓扑结构是指采用单根传输线作为总线，所有工作站都共用一条总线。总线型拓扑结构的优点是电缆长度短，布线容易，便于扩充；其缺点主要是总线中任一处发生故障将导致整个网络的瘫痪，且故障诊断困难，如图 3-26 所示。

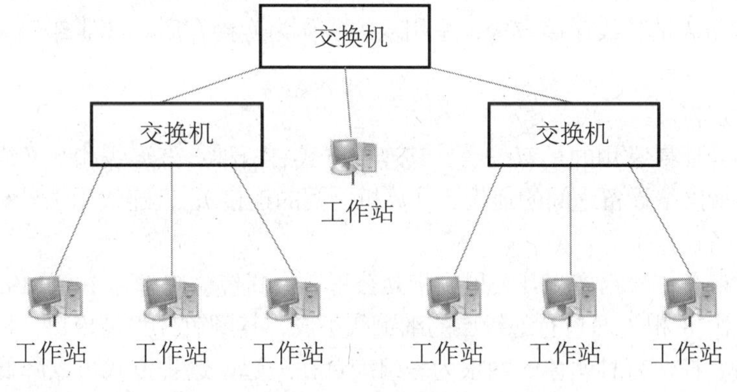

图 3-25 树形网络

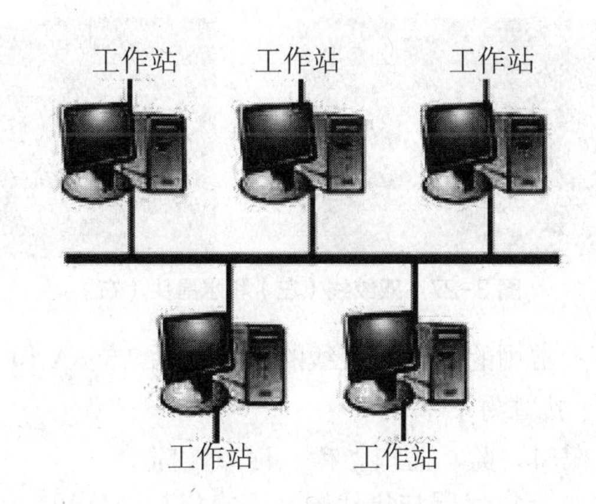

图 3-26 总线型网络

四、计算机网络的连接

1．计算机网络的组网设备

（1）网络接口卡。

网络接口卡又称网卡或网络适配器，插在计算机主板的扩展槽上，用来将计算机和传输介质连接起来，负责将用户要传递的数据转换为网络上其他设备能够识别的格式，通过传输介质传输。

（2）传输介质。

传输介质是指在网络中传输信息的载体，通过接口，双方可以通过传输介质传输模拟信号或数字信号。传输介质分为有线传输介质和无线传输介质两大类。目前常用的传输介质是双绞线和同轴电缆传输电信号，光纤传输光信号。

（3）交换机。

交换机是一种解决电信号转发的网络设备。它可以为接入交换机的任意两个网络节点提供独享的电信号通路。最常见的交换机是以太网交换机。其他常见的还有电话语音交换机、光纤交换机等。

2. 网络的连接方式

网络连接方式分为有线和无线两种，公司对不同的部门使用不同的连接方式。财务部门和管理部门采用的是有线连接方式，是用双绞线作为连接介质。其他部门采用的是无线连接方式。

（1）有线连接。

有线连接介质最常用的是双绞线，其连接方式有两种：直连线和交叉线。交叉线用于同种设备相连（如网络设备之间的连接、计算机之间的连接）；直连线用于异种设备连接（如计算机与网络设备连接）。

双绞线的最长传输距离为几公里到十几公里，最高传输速率为 100 Mbit/s。

双绞线是由 8 根外面包有绝缘层的细铜线组成，其颜色分别是橙白、橙、绿白、绿、蓝白、蓝、棕白、棕，每种颜色的两根为一组绞合在一起，这种方式可以降低信号的受干扰程度。一般与 RJ-45 水晶头配合使用，如图 3-27 所示。

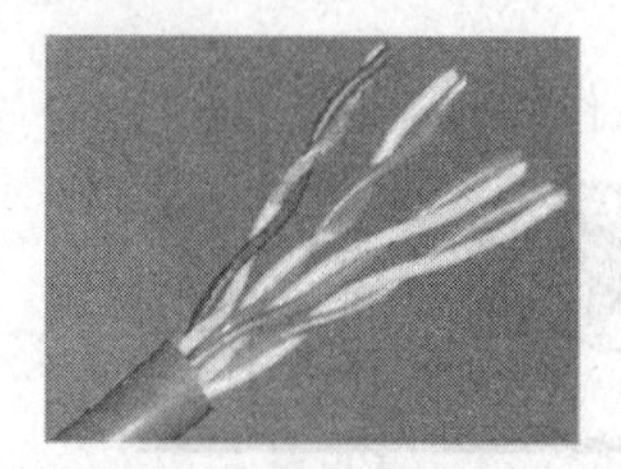

图 3-27　双绞线（左）和水晶头（右）

在制作网线时，国际上常用的制作双绞线的标准包括 T568A 和 T568B 两种。在实际应用中 T568B 比 T568A 的抗干扰性好。

T568A：绿白、绿、橙白、蓝、蓝白、橙、棕白、棕

适用范围：电脑与电脑、集线器与集线器、交换机与交换机。

T568B:橙白、橙、绿白、蓝、蓝白、绿、棕白、棕

适用范围：电脑与 ADSL 猫、ADSL 猫与 ADSL 路由器的 WAN 口、电脑与电脑、集线器与集线器、交换机与交换机。

（2）无线连接是指使用无线连接的互联网登录方式。它使用无线电波作为数据传送的媒介。速度和传送距离虽然没有有线线路上网优秀，但它以移动便捷为杀手锏，深受广大商务人士喜爱。无线上网现在已经广泛地应用在商务区、大学、机场，及其他各类公共区域，其网络信号覆盖区域正在进一步扩大。

五、网络通信协议

网络通信协议为解决连接不同操作系统和不同硬件体系结构的一种网络通用语言。

常用的协议有 NetBEUI、IPX/SPX 及其兼容协议、TCP/IP。

TCP/IP （传输控制协议/网际协议）是目前最常用的一种通信协议。TCP/IP 具有很强的灵活性，支持任意规模的网络，几乎可连接所有服务器和工作站。

TCP/IP 有独立的标准化组织支持改进，它不属于任何一个国家或公司，是全球人民共同拥有的一种标准协议。

在使用 TCP/IP 协议的网络中，需要设置正确的“IP 地址”、“子网掩码”、“默认网关”及 DNS 服务器（域名解析服务器）。在局域网中，只需设置 “IP 地址”、“子网掩码”、“默认

网关”就可以实现局域网内的数据通信。经过近30年的发展，主要有两个版本：IPv4协议和IPv6协议，它们的最大区别在于地址的表示方式不同。目前广泛使用的是IPv4协议，即IP地址第四版本，在本书中IP地址是指IPv4地址。

六、IP地址与域名

1. IP地址

在TCP/IP中，IP是最重要的。IP地址被用来给网络上的每一台电脑编一个编号。日常见到的是每台联网的电脑上都需要有IP地址，才能正常通信。我们可以把网络中的“每个电脑”比作“一个人”，那么“IP地址”就相当于“这个人的身份证编号”，而网络中的路由器，就相当于电信局的“程控交换机”。

（1）IP地址的结构。

IP地址的长度为32位(共有2^{32}个IP地址)，分为4段，每段用一个十进制数字表示，每段数字范围为0～255，段与段之间用句点隔开。其结构如图3-28所示。

网络号	主机号

图3-28 IP地址结构

（2）IP地址的分类。

为了充分利用IP地址空间，按网络规模的大小主要分为3类：A类地址、B类地址和C类地址，如图3-29所示。

类别	单个网络中的主机数	整个主机总数	IP范围	适用的网络规模
A类	16 387 064	2 064 770 064	1.0.0.1～126.255.255.254	大型网络
B类	64 516	1 048 872 096	128.0.0.1～191.255.255.254	中型网络
C类	254	524 386 048	192.0.0.1～223.255.255.254	小型网络

图3-29 IP地址的分类

IP地址由各级因特网管理组织进行分配为不同的类别。共分为5类：A网络地址、B网络地址、C网络地址、D网络地址和E网络地址，D类和E类网络地址留做特殊用途。

由于因特网的快速增长，IP地址已经无法满足需要。为了解决IPv4协议所遇到的问题，一个新的协议标准——IPv6诞生了。IPV6地址长度为128位，地址空间增大了2的96次方倍，IPv6的出现可以从技术上一劳永逸地解决实名制这个问题，因为那时IP地址资源将不再紧张，可以直接给用户分配一个固定IP地址，这样实际就实现了实名制，也就是一个真实用户和一个IP地址的一一对应。

2. 域名

IP地址记忆困难，不能在第一时间知道对方的名称和性质，所以引进用字符型来表示网络中的某台主机的实际通信地址的命名方式。通过域名管理系统DNS（Domain Name System）来翻译成对应的IP地址。

域名地址体现出层次型的管理方法，各层次间用圆点“.”隔开。从右到左分为第一级域名，第二级域名，……，主机名。

格式为：主机名.……. 第二级域名. 第一级域名

第一级域名是国家或地区的代码，是除美国外代表主机所在的位置，如图3-30所示。第二级域名是组织机构的行业属性，如图 3-31 所示。

域名代码	意　义	域名代码	意　义
AO	安哥拉	MO	中国澳门
BR	巴西	TN	突尼斯
CN	中国	TW	中国台湾
CL	智利	UK	英国

图 3-30　常用的一级域名标准代码

域名代码	组织机构	域名代码	组织机构
COM	商业机构	NET	网络支持组织
GOV	政府机构	INT	国际组织
MIL	军事部门	WEB	WEB 相关业务
EDU	教育部门	ORG	非营利组织

图 3-31　常见组织机构域名

例如：pku.edu.cn 是北京大学的域名，pku 是北京大学的缩写，edu 表示教育机构，cn 表示中国大陆。

【项目总结】

通过信息的搜索、保存、发送及设置网络安全的操作，可以掌握运用浏览器访问网络，使用搜索引擎从网络众多的信息中搜索有用资料的方法，还可以掌握运用 IE 浏览器申请网页电子邮箱，发送普通邮件及带附件的邮件的方法。在使用网络的过程中，还要学会如何防范网络病毒。

【拓展练习】

1. 下列叙述中，正确的是________。
   A. Word 文档不会带计算机病毒
   B. 计算机病毒具有自我复制的能力，能迅速扩散到其他程序上
   C. 清除计算机病毒的最简单办法是删除所有感染了病毒的文件
   D. 计算机杀病毒软件可以查出和清除任何已知或未知的病毒
2. 下列关于计算机病毒的叙述中，正确的是________。
   A. 计算机病毒的特点之一是具有免疫性
   B. 计算机病毒是一种有逻辑错误的小程序
   C. 反病毒软件必须随着新病毒的出现而升级，提高查、杀病毒的功能
   D. 感染过计算机病毒的计算机具有对该病毒的免疫性
3. 正确的 IP 地址是________。
   A. 202.202.1　　B. 202.257.14.13
   C. 202.2.2.2.2　　D. 202.112.111.1
4. 计算机网络中常用的有线传输介质有________。
   A. 激光，光纤，同轴电缆　　B. 双绞线，红外线，同轴电缆

C. 光纤，同轴电缆，微波　　D. 双绞线，光纤，同轴电缆

5. 计算机网络的主要目标是实现________。

A. 快速通信和资源共享　　B. 共享文件和收发邮件

C. 文献检索和网上聊天　　D. 数据处理和网络游戏

6. 下列关于因特网上收/发电子邮件优点的描述中，错误的是________。

A. 不受时间和地域的限制，只要能接入因特网，就能收发电子邮件

B. 方便、快速

C. 费用低廉

D. 收件人必须在原电子邮箱申请接收电子邮件

7. 用户名为 XUEJY 的正确电子邮件地址是________。

A. XUEJY　@　bj163.com　　B. XUEJYbj163.com

C. XUEJY#bj163.com　　D. XUEJY@bj163.com

8. 通常网络用户使用的电子邮箱建在________。

A. 用户的计算机上　　B. 发件人的计算机上

C. ISP 的邮件服务器上　　D. 收件人的计算机上

9. 下列关于电子邮件的说法，正确的是________。

A. 收件人必须有 E-mail 地址，发件人可以没有 E-mail 地址

B. 发件人必须有 E-mail 地址，收件人可以没有 E-mail 地址

C. 发件人和收件人都必须有 E-mail 地址

D. 发件人必须知道收件人住址的邮政编码

10. 能保存网页地址的文件夹是______。

A. 收藏夹　　B. 收件箱　　C. 公文包　　D. 我的文档

11. 调制解调器（Modem）的主要技术指标是数据传输速率，它的度量单位是______。

A. dpi　　B. kB　　C. MIPS　　D. Mbit/s

12. Internet 提供的最常用、便捷的通信服务是______。

A. 文件传输（FTP）　　B. 远程登录（Telnet）

C. 万维网（WWW）　　D. 电子邮件（E-mail）

13. 在计算机网络中，英文缩写 LAN 的中文名是______。

A. 无线网　　B. 广域网　　C. 城域网　　D. 局域网

14. 目前网络传输介质中传输速率最高的是______。

A. 双绞线　　B. 同轴电缆　　C. 光缆　　D. 电话线

15. 在计算机网络中，通常把提供并管理共享资源的计算机称为______。

A. 网桥　　B. 服务器　　C. 工作站　　D. 网关

16. 根据 Internet 的域名代码规定，域名中的______表示商业组织的网站。

A. com　　B. org　　C. net　　D. gov

17. 打开 HTTP://www.sjziei.com 页面，浏览网页，找到“学院概况”-“学院简介”的链接，单击进入子页面详细浏览，将该网页学院简介中文字部分复制到新建的文本文件“学院简介.txt”中,保存文件。

18. 给李经理发邮件，以附件的方式发送公司的简介。李经理的 E-mail 地址是：392825389@qq.com

主题为：信翔国际旅游公司推广。

正文内容为：李经理，您好！附件里是信翔国际旅游公司的推广，请查看。

附件为：推广.txt。

19. 使用百度网搜索“热门旅游城市”，从搜索结果中打开任一网页，并将网页以“文本文件（*.txt）”格式保存。

20. 在126免费邮箱网站，申请自己的电子邮箱。

PART 4 项目四 Word 文字处理——七彩云南旅游资讯编排

Word 2010 是 Microsoft 公司办公软件 Microsoft Office 2010 的重要组件之一。使用它可以制作出文字、表格、图文混排等电子文档，Word 2010 主要用于设计制作通知、计划、总结、日程表、宣传单、邀请函或论文等。为了全面掌握 Word 软件的使用，以公司员工在实际工作中遇到的工作任务为主线，特设本学习项目。

【项目描述】

信翔国际旅游公司最近新推出了"七彩云南九五至尊"旅游路线，为了新路线的宣传和推广，所以公司员工要准备的资料比较多，需要制作路线行程安排、景点浏览、自助游攻略等电子文档。

【项目分解】

本项目可分解为 4 个学习任务，每个学习任务的名称和建议学时安排见表 4-1。

表 4-1 项目分解表

项目分解	学习任务名称	学 时
任务 1	制作七彩云南九五至尊行程安排	4
任务 2	制作七彩云南景点浏览	4
任务 3	制作信翔员工基本信息登记表和统计表	4
任务 4	编排云南自助游攻略	4

任务 1 制作七彩云南九五至尊行程安排

【任务描述】

信翔国际旅游公司最近新推出了"七彩云南九五至尊"旅游路线，带游客领略云南的自然风景，体验云南少数民族文化特色和风土人情。为此公司需要对此路线制定详尽的行程安排，要求内容简洁、条理清晰，能够让客户一目了然，为此公司职员利用 Word 软件编辑并设计了一份《七彩云南九五至尊行程安排》，样张如图 4-1 所示。

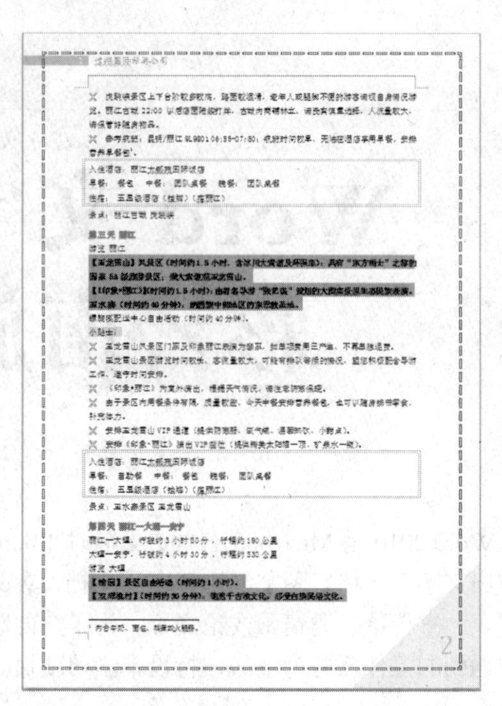

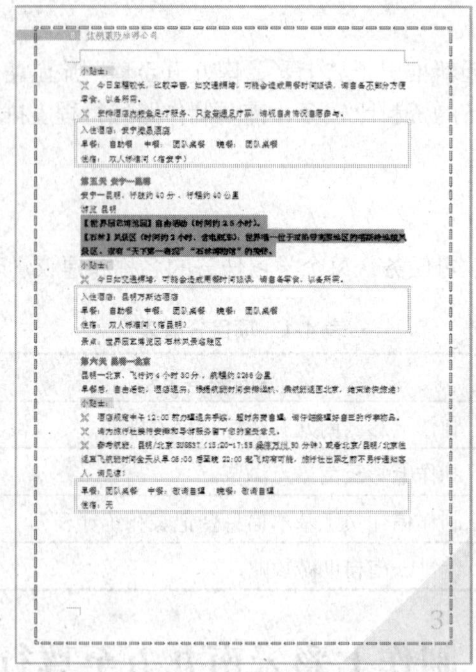

图 4-1 “七彩云南九五至尊行程安排”样张

【任务分析】

行程安排一般包括线路特色、每天的行程安排以及提醒游客需要注意的地方等，在格式设置上比较正式，做到简洁大气、目标明确、重点突出，不要设置得太过华丽。整个制作过程包括文字录入、字体格式设置、段落格式设置、添加项目符号和编号、页眉和页脚、脚注和尾注，设置分栏、边框和底纹等。

【学习目标】

- 新建和保存 Word 文档
- 设置字体、段落格式以及突出显示
- 格式刷的应用
- 查找和替换
- 插入特殊符号、脚注或尾注
- 设置边框和底纹
- 设置分栏、制表位
- 插入并设置项目符号和编号
- 插入并设置页眉、页脚和页码
- 页面设置及打印

【任务实施】

一、新建和保存文档

1．新建文档

单击【开始】/【所有程序】/【Microsoft Office】/【Microsoft Office Word 2010】，Word 应用程序在启动的同时新建了一个空白的 Word 文档。Word 2010 界面如图 4-2 所示。

图 4-2　Word 2010 界面

Word 2010 还为用户提供了许多模板，如传真、信函、博客文章、书法字帖等，可以帮助用户快速创建含有格式的文档，通过【文件】/【新建】命令来创建。

➔提示

Word 2010 中的模板分为内置模板与在线模板两大类。在内置模板中，除了可以直接使用“空白文档”、“博客文章”、“书法字帖”之外，单击“模板样本”按钮可以显示本地计算机上所有的可用模板；单击“我的模板”按钮可以打开【新建】对话框，显示自定义的模板。

另外，Word 2010 也允许使用在线模板，如证书、奖状、名片、日历等，但前提是计算机接入互联网，否则不可用。

2．保存文档

单击【文件】选项卡，选择【保存】命令或者单击快速访问工具栏中的【保存】按钮，打开【另存为】对话框，在对话框左侧选择“本地磁盘（D:)”，“文件名”输入框中输入“七彩云南行程安排”，“保存类型”中指定为“Word 文档（*.docx)”，如图 4-3 所示，最后单击【保存】按钮。

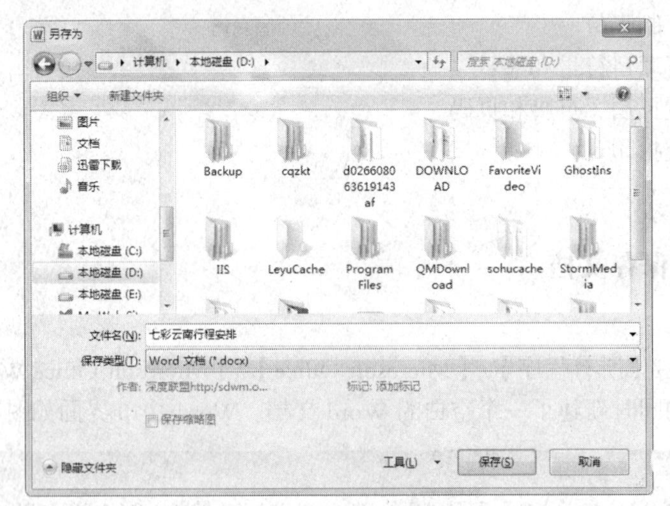

图 4-3 “另存为”对话框

二、录入文字

录入文字是新建文档后对文档内容操作的第一步。所有文字均从文档左侧开始录入，在录入过程中进行自动换行、自动换页。一段文字录入完毕后，使用回车符进入下一段文字的起始位置。回车符也称作段落标记，代表着一个段落。文字全部录入完毕后，再统一调整格式，这样可以提高工作效率。

1．录入文档中的标点符号

七彩云南行程安排中涉及的标点符号输入说明如表 4-2 所示。

表 4-2 符号说明

英文输入法	中文输入法
[]	【】
\	、
<>	《》
" "	“”
_	——
^	……

2．插入特殊符号

输入七彩云南行程安排中的“•”符号，可单击【插入】选项卡中的【符号】按钮，然后单击【其他符号】弹出【符号】对话框，在弹出的对话框的“符号”选项卡中选择“Wingdings”字体，然后选择所需符号，单击【插入】按钮，如图 4-4 所示。

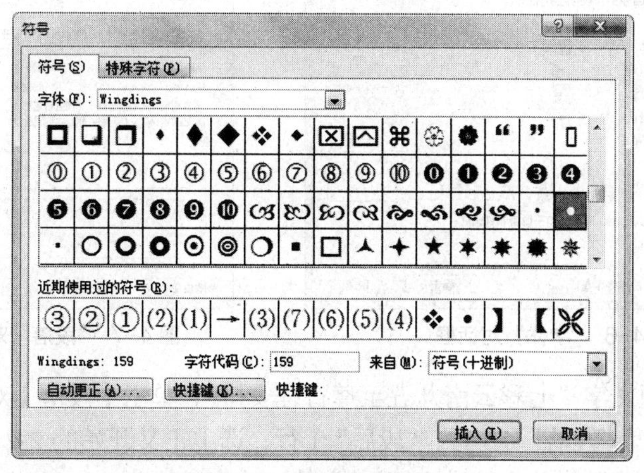

图 4-4 “符号”对话框

三、对七彩云南行程安排进行格式设置

文字录入完成后，要让文档看上去美观、条理清晰、风格统一，需要进一步对文档进行字体、段落、页面等格式设置。

1．字体格式设置

选中第 1 行标题文字“七彩云南九五至尊行程安排”，单击【开始】选项卡，在【字体】组中【字体】下拉列表中选择“华文新魏”，【字号】下拉列表中选择“二号”，【字体颜色】下拉列表中选择“蓝色”，如图 4-5 所示。单击【字体】对话框启动器，弹出【字体】对话框，单击“高级”选项卡，选择“间距”下拉列表中的“加宽”，右侧“磅值”输入“1 磅”，如图 4-6 所示。

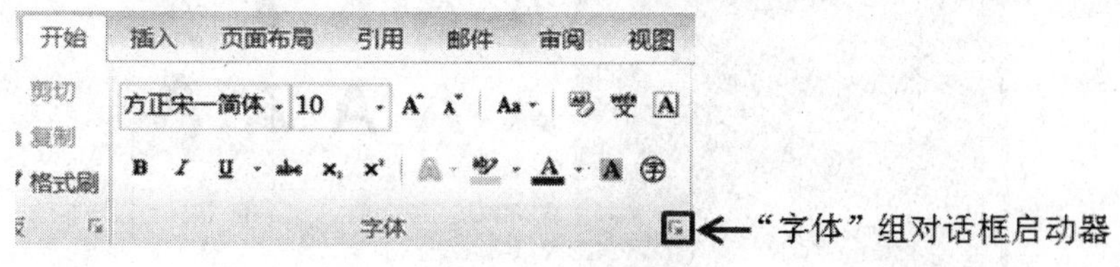

图 4-5 “字体”组

选中正文部分，设置字体为宋体，字号为五号。

2．段落格式设置

选中第 1 行标题文字“七彩云南九五至尊行程安排”，单击【开始】选项卡，在【段落】组中单击“居中”按钮，单击【段落】对话框启动器，弹出【段落】对话框，如图 4-7 所示，单击“缩进和间距”选项卡，选择“行距”下拉列表中的“固定值”，“设置值”文本框中输入“18 磅”。

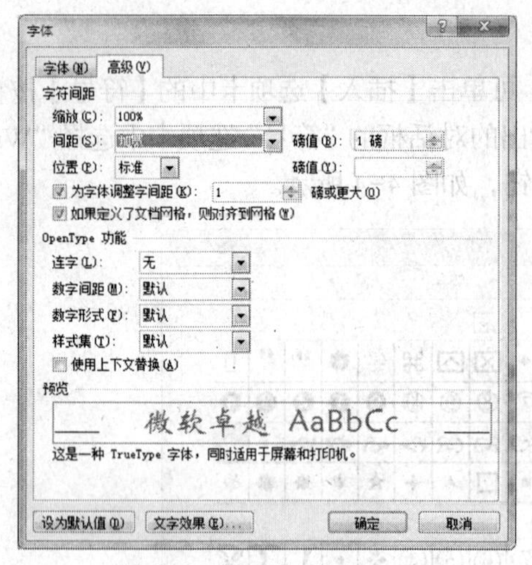

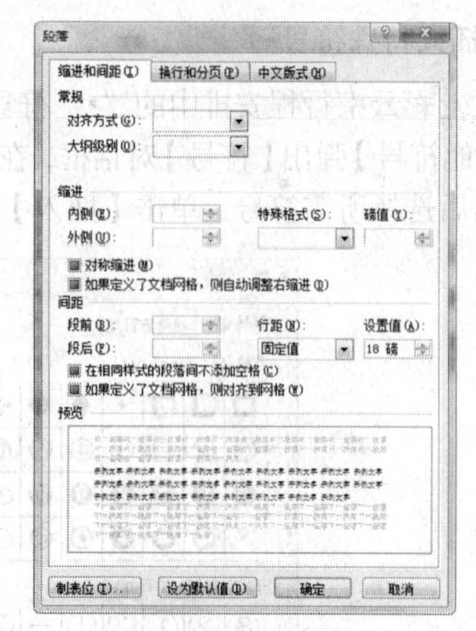

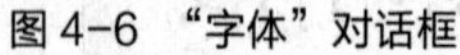

图 4-6 “字体”对话框　　　　图 4-7 “段落”对话框

选中第 1 行标题文字“七彩云南九五至尊行程安排”，单击【段落】对话框启动器，弹出【段落】对话框，设置“段前”0.5 行，“段后”1 行；选中正文开始的 2～5 行，在【段落】对话框中设置“特殊格式”为首行缩进，“磅值”为 2 个字符。

选中文本“线路特色”，单击【字体】组中“文本效果”下拉按钮，选择第 1 行第 2 列样式，如图 4-8 所示，在【段落】对话框中设置段前为 0.5 行。

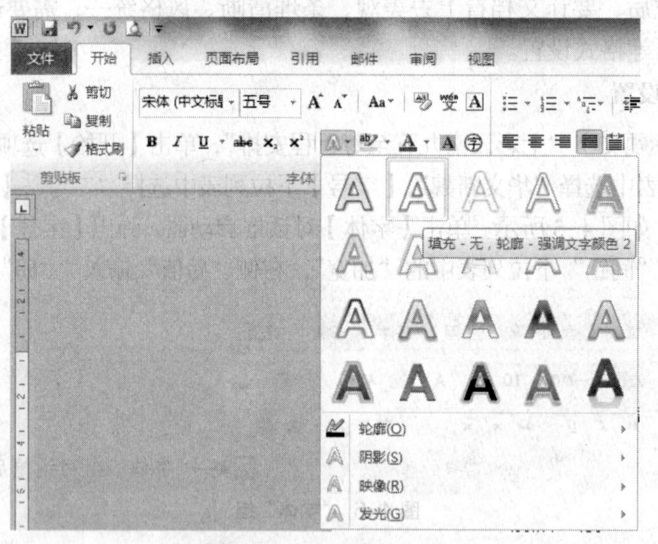

图 4-8 “文本效果”设置

➔提示

❖ 在【段落】对话框中“行”与“磅”可以相互改写。

❖ 只设置一段的格式，把光标定位在该段内即可；同时设置多段格式，要先选中多段文字，再进行段落格式设置。

3．设置以不同颜色突出显示文本

为了起到醒目的作用，可以给文字设置突出显示。选中“【虎跳峡】(时间约 1.5 小时)……看江一条龙。”文字，单击【开始】选项卡，单击【字体】组中【以不同颜色突出显示文本】

下拉按钮，单击“鲜绿”按钮，如图 4-9 所示。

图 4-9 “以不同颜色突出显示文本”设置

4．设置边框和底纹

选中第 1 页中“参考酒店……（宿昆明）”3 行文字，单击【开始】选项卡【段落】组中【边框和底纹】下拉按钮，选择【边框和底纹】命令，如图 4-10 所示，弹出【边框和底纹】对话框，选择“边框”选项卡，在左侧“设置”中选择“三维”，中间“样式”为第 10 种样式，“颜色”为“橙色”，“宽度”为“1.5 磅”，右侧“应用于”选择“段落”，如图 4-11 所示。

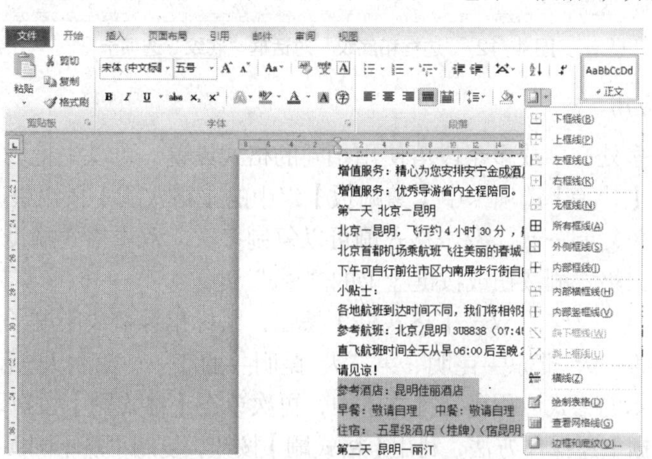

图 4-10 “边框和底纹” 下拉按钮

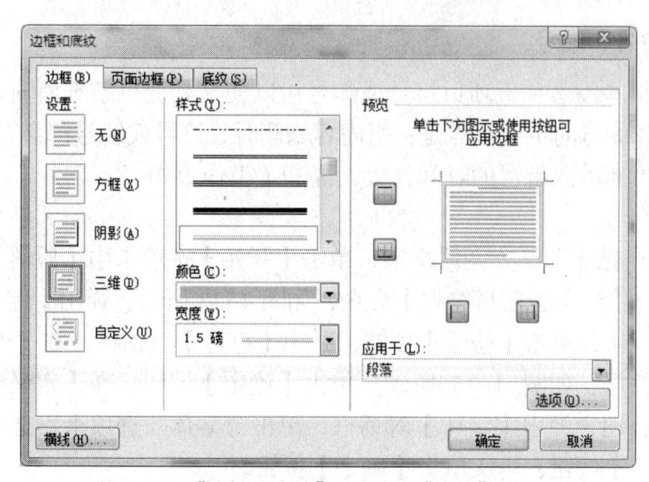

图 4-11 “边框和底纹” 对话框“边框”选项卡

➔提示

在边框选项卡中选择“设置”为“自定义”可以设置四周各不相同的边框线。

选中第 1 页中“小贴士:”文字，单击【开始】选项卡中【段落】组中【边框和底纹】的下拉按钮，选择【边框和底纹】命令，弹出【边框和底纹】对话框，选择“底纹”选项卡，在左侧“填充”处选择“黄色”，右侧“应用于”选择“文字”，如图 4-12 所示。

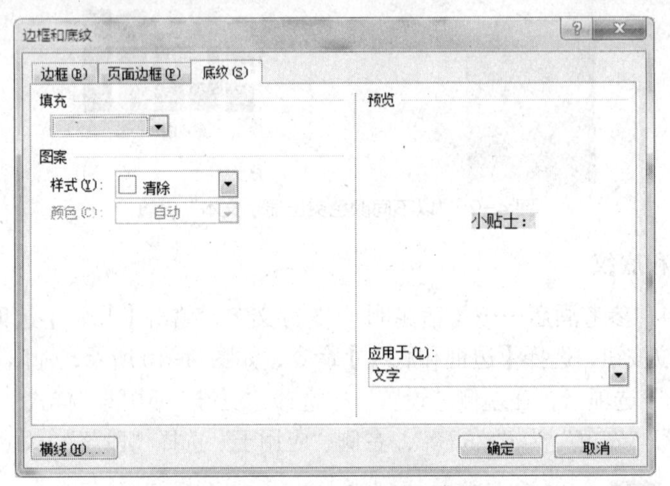

图 4-12 “边框和底纹”对话框“底纹”选项卡

5．格式刷的应用

如果文档中有多处文字或多个段落使用相同的格式设置，可以先把一处文本或一个段落格式设置好，使用【开始】选项卡中【剪贴板】组中的【格式刷】按钮快速复制格式。

单击格式刷只可复制一次，双击格式刷可以复制多次。双击格式刷设置完成后取消复制功能时必须再次单击格式刷按钮或按键盘上的“Esc”键。

选中“线路特色”文字，双击【格式刷】按钮，鼠标指针变成小刷子，然后用带刷子的鼠标指针分别在“第一天 北京—昆明、第二天 昆明—丽江……第六天 昆明—北京”文本上拖动，即可把源文本的格式应用到目标文本中，再次单击【格式刷】按钮取消复制功能。

参照样张，依据上述操作方法，利用【格式刷】按钮，复制“以不同颜色突出显示文本”、“边框”和“底纹”格式。

6．设置项目符号和编号

制作文档时给某些段落加上项目符号或编号可以使文档变得条理清晰，使读者浏览时一目了然。项目符号和编号的主要优点是：当内容增删时，符号或编号都会自动进行相应调整，使用编号还省去了重新输入编号的时间，大大提高了工作效率。

（1）插入项目符号。

选中第 1 页“小贴士”下方两段文字，单击【开始】选项卡中【段落】组中的【项目符号】下拉按钮，选择【定义新项目符号】命令，如图 4–13 所示，弹出【定义新项目符号】对话框，如图 4–14 所示，单击【符号】按钮，弹出【符号】对话框，在“Wingdings”字体集中选择样张所示的符号，如图 4–15 所示，单击【确定】按钮，在【定义新项目符号】对话框中单击【字体】按钮，弹出【字体】对话框，单击“字体”选项卡，选择“字体颜色”为“绿色”，单击【确定】按钮，再次单击【确定】按钮。

图 4-13 “项目符号”下拉按钮

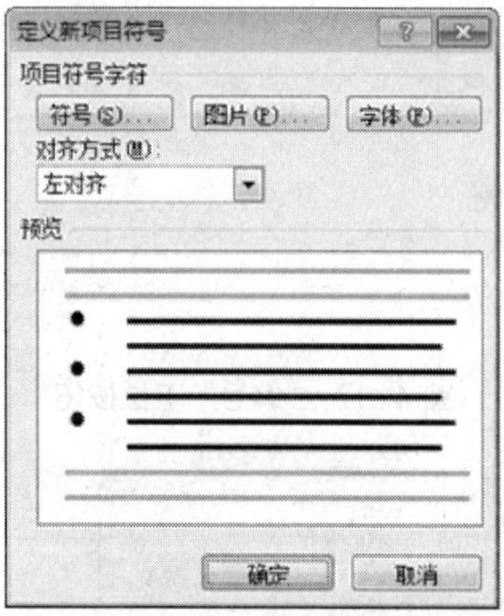

图 4-14 “定义新项目符号”对话框

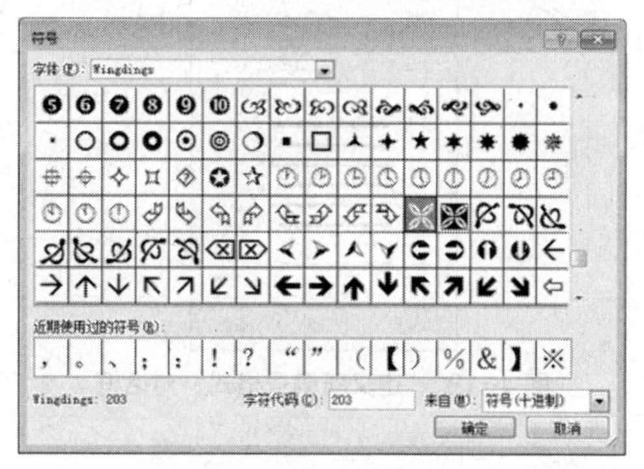

图 4-15 “符号”对话框

将鼠标光标置于设置项目符号段落的任意位置，单击鼠标右键，选择【调整列表缩进】命令，弹出【调整列表缩进量】对话框，在“项目符号位置”文本框中输入“0 厘米”，在“文本缩进”文本框中输入“0 厘米”，如图 4-16 所示，单击【确定】按钮。

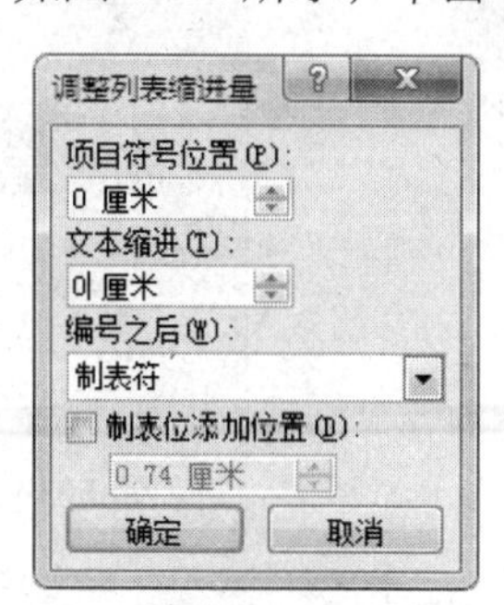

图 4-16 “调整列表缩进量”对话框

（2）插入编号。

选中“线路特色”下方的 8 个段落，单击【开始】选项卡中【段落】组中的【编号】下拉按钮，选择【定义新编号格式】命令，如图 4-17 所示，弹出【定义新编号格式】对话框，将“编号格式”文本框中 1 后面的“.”改为“、”，如图 4-18 所示，单击【确定】按钮。

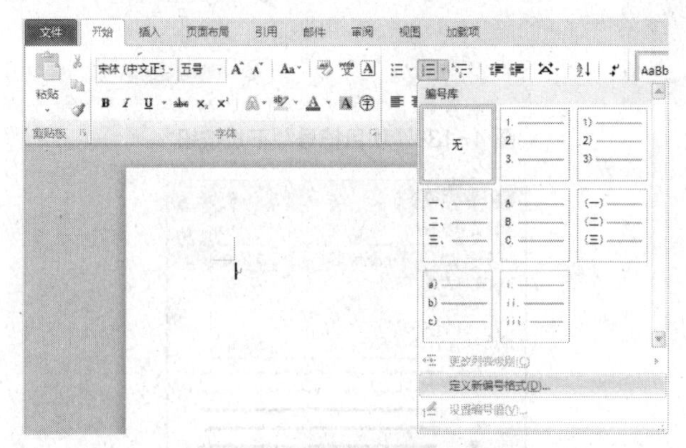

图 4-17 “编号”下拉按钮

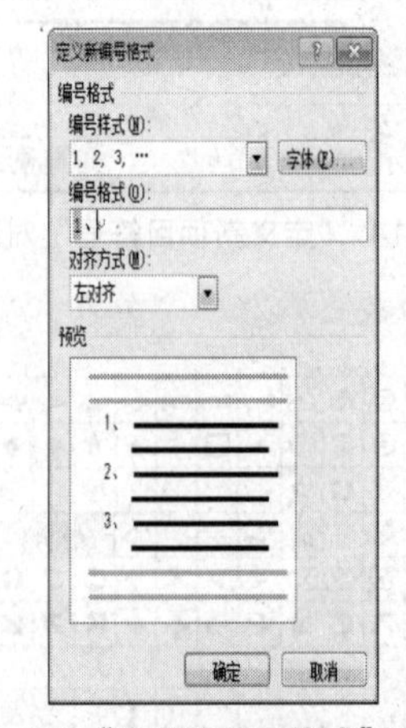

图 4-18 “定义新编号格式”对话框

7．设置分栏

选中正文中 2~5 行文字，单击【页面布局】选项卡中【页面设置】组中的【分栏】下拉按钮，选择【更多分栏】命令，如图 4-19 所示，弹出【分栏】对话框，在“预设”中单击“两栏”，在“宽度和间距”中的“间距”文本框中输入“2 字符”，如图 4-20 所示，单击【确定】按钮。

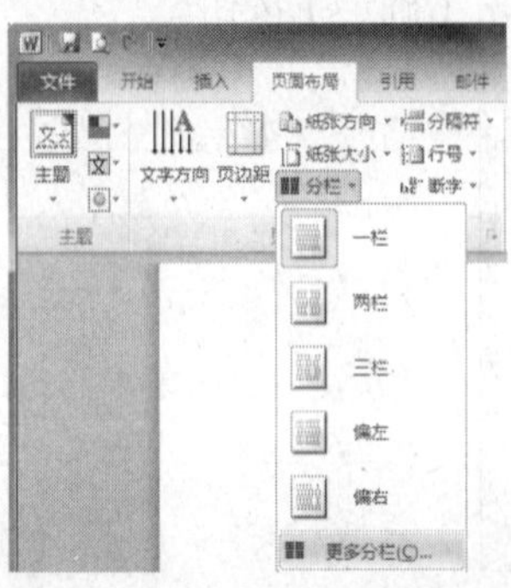

图 4-19 “分栏”下拉按钮

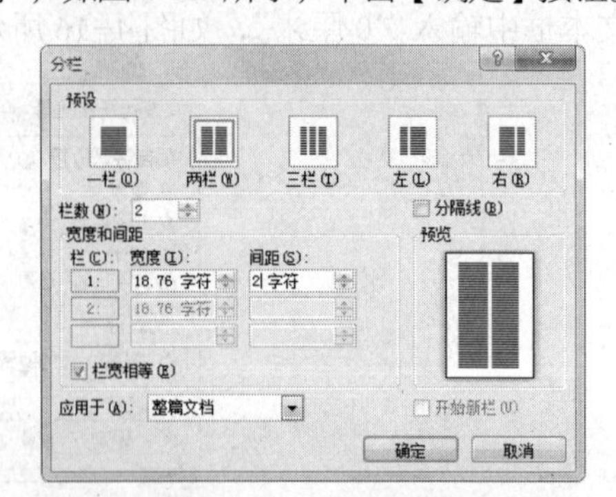

图 4-20 “分栏”对话框

➔提示

❖ 当要分的栏数大于3时，可在“栏数”右侧的文本框内输入数字。

❖ 当给文档末尾内容分栏时，在文档末尾添加一个回车符，选中末尾内容但不包含新生成的段落标记，然后再进行分栏，才能使内容均匀分在两侧。

8．查找—替换命令应用

单击【开始】选项卡中【编辑】组中的【替换】按钮，弹出【查找和替换】对话框，单击“替换”选项卡，在“查找内容”的文本框中输入“参考”，在“替换为”文本框中输入“入住”，单击“全部替换”按钮，如图4-21所示，在弹出的对话框中单击【确认】按钮即可。

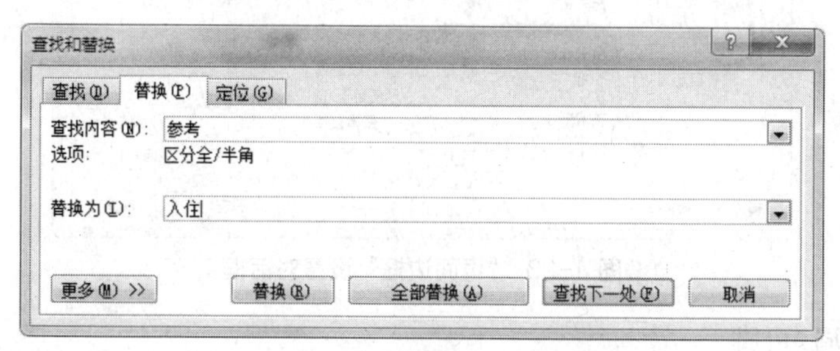

图4-21 “查找和替换”对话框

9．插入脚注/尾注

选中第2页中的“营养早餐包”，单击【引用】选项卡中【脚注】组中的【插入脚注】按钮，光标跳转到页面底端，同时出现“1”，在其右侧输入“内含牛奶、面包、鸡蛋或火腿肠。”如需对脚注/尾注的格式设置，可以单击【脚注】组的对话框启动器，弹出【脚注和尾注】对话框，如图 4-22所示，对其进行设置。

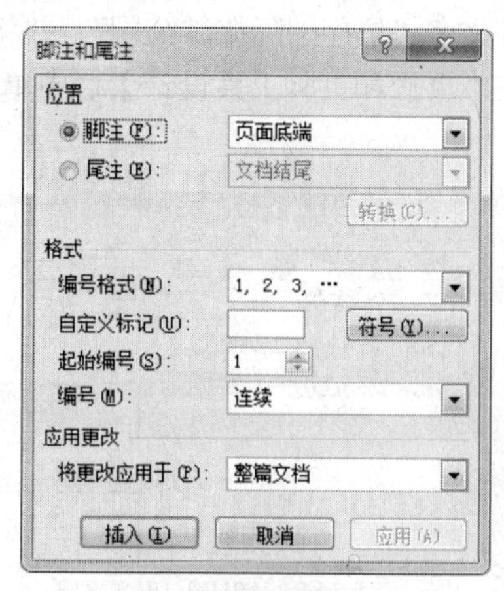

图 4-22 “脚注和尾注”对话框

➔提示

❖ 选中脚注内容可对其进行格式设置。

❖ 当删除文档中脚注编号时，页面底端的相应注解会一并被删除。

10．设置页面边框

单击【开始】选项卡中【段落】组中的【边框和底纹】按钮，弹出【边框和底纹】对话框，或者单击【页面布局】选项卡中【页面背景】组中的【页面边框】按钮，也可以弹出【边框和底纹】对话框，单击“页面边框”选项卡，在“艺术型”下方的下拉列表中选择样张所示样式，“宽度”设置为“6 磅”，“颜色”设置为“红色”，如图 4-23 所示，单击【确定】按钮。

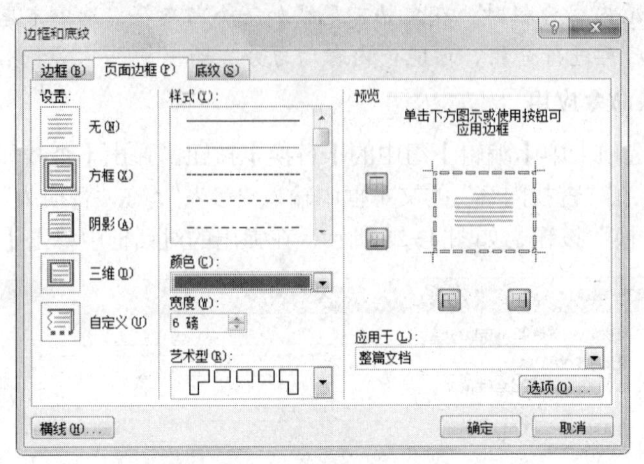

图 4-23 “页面边框”设置对话框

11．插入页眉/页脚

Word 软件为每一页文档的上方和下方预留了页眉、页脚位置，便于实现排版风格的统一。在实际工作中，当文档内容超过一页时，最好在页脚处插入页码，方便阅读和打印后整理，细节可以体现出一个人的工作态度。

（1）插入页眉。

单击【插入】选项卡中【页眉和页脚】组中的【页眉】按钮，在显示的下拉列表中选择“运动型（偶数页）”，如图 4-24 所示，进入页眉/页脚编辑状态，如图 4-25 所示，在页眉处的“[键入文档标题]”位置输入文字“信翔国际旅游公司”，并将其字体设置为“楷体”，字号设置为“小四”，设置完成后在【页眉和页脚工具设计】栏中单击【关闭页眉和页脚】按钮，退出页眉/页脚编辑状态。

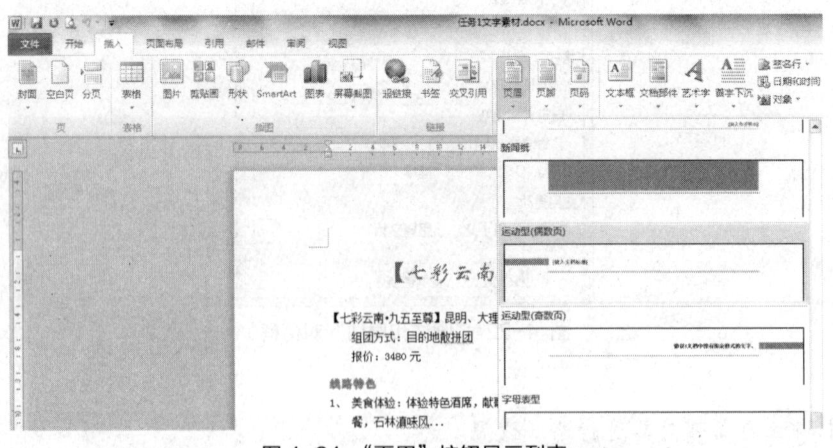

图 4-24 “页眉”按钮显示列表

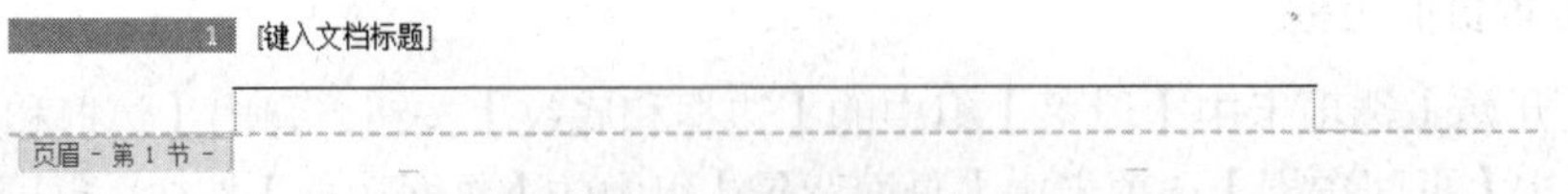

图 4-25 “页眉”编辑状态

（2）插入页码。

单击【插入】选项卡中【页眉和页脚】组中的【页码】按钮，选择“页面底端”，在显示的下拉列表中选择“三角形 2”，如图 4-26 所示，将页码颜色设置为“绿色”，设置完成后在【页眉和页脚工具设计】栏中单击【关闭页眉和页脚】按钮，退出页眉/页脚编辑状态。

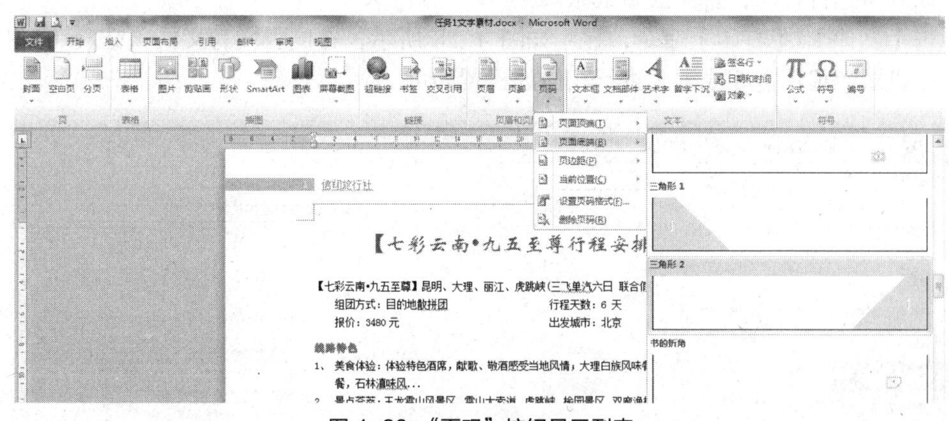

图 4-26 “页码”按钮显示列表

➔提示

设置页眉和页脚时，用户不仅可以对页眉页脚内容进行字体、字号、对齐等格式设置，还可以插入符号、图片等。另外，设置了页眉页脚后，如果需要对齐进行修改，可以双击页眉和页脚区，将其激活后进行修改。

12．页面设置

在文档排版时可以根据内容所占篇幅进行适当的页面、段落行距和字符间距调整，避免一两行字占用一页纸，既浪费纸张，也不美观。在实际工作中上交领导批示的文件，页边距不宜过小，要为领导预留出批示文字的区域。

单击【页面布局】选项卡中【页面设置】组中的【纸张大小】按钮，在下拉列表中选择“A4”，单击【页边距】按钮，在下拉列表中选择“自定义边距”，弹出【页面设置】对话框，如图 4-27 所示，在“页边距”选项卡中设置上、下页边距为“2.5 厘米”，左、右页边距为“3 厘米”，单击【确定】按钮。

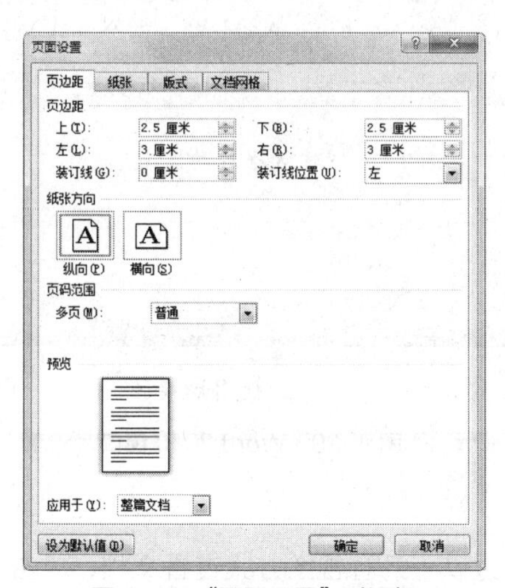

图 4-27 “页面设置”对话框

《七彩云南行程安排》文档制作完成，保存文档。

四、打印《七彩云南行程安排》文档

在编辑文档时，特别是打印文档之前一定要对文档进行预览。预览效果与打印效果一致，查看无误后再进行打印，避免浪费纸张。

单击【文件】/【打印】命令，显示如图 4-28 所示，右侧区域为文档预览效果，中间区域为打印设置，根据需要或需求进行相应的设置即可。

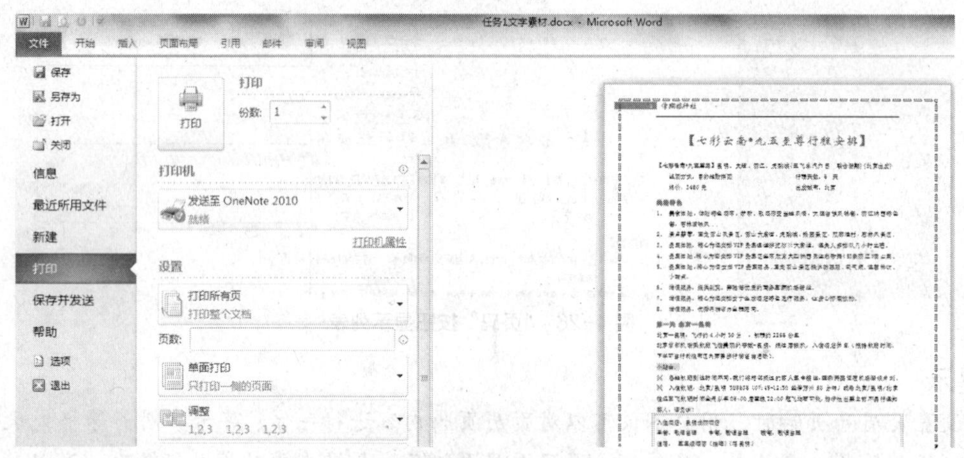

图 4-28 打印预览和打印设置界面

【知识拓展】

一、Word 2010 窗口介绍

Word 2010 的窗口和外观如图 4-29 所示。

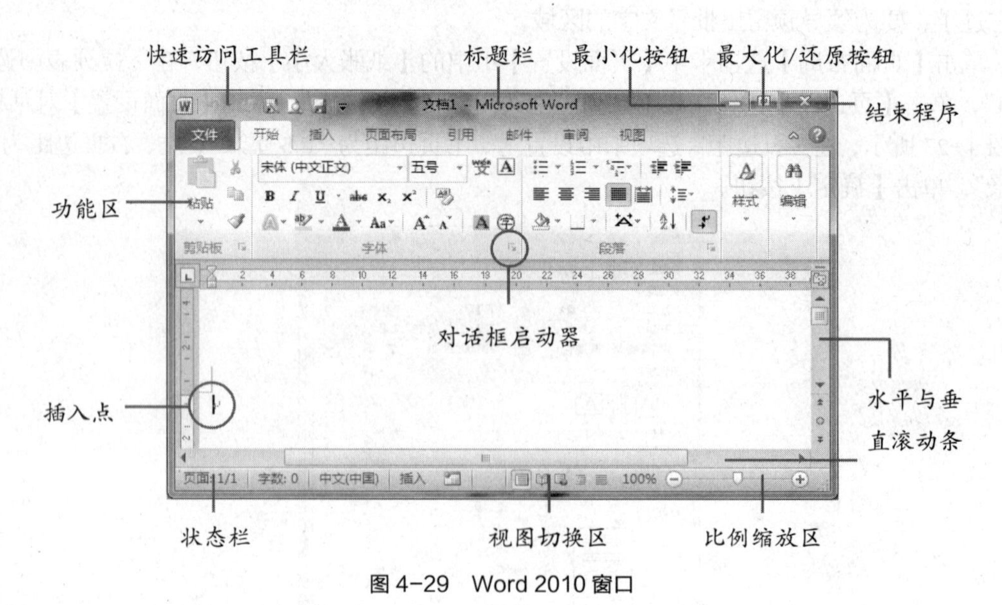

图 4-29 Word 2010 窗口

二、视图方式

Word 2010 软件可以通过以下几种视图方式查看文档，单击 Word 2010 窗口右下角的显

示按钮或通过【视图】选项卡来选择不同的视图方式。

1．页面视图

按照文档的打印效果显示文档，具有“所见即所得”的效果。在页面视图中，可以直接看到文档的外观、图形、文字、页眉、页脚等在页面的位置。

2．阅读版式视图

适合用户查阅文档，用模拟书本阅读的方式让人感觉在翻阅书籍，单击“阅读版式工具栏”中的“关闭”按钮可关闭此种视图。

3．Web 版式视图

可以预览具有网页效果的文档。在此视图下浏览与在 Web 浏览器中看到的效果一样。

4．大纲视图

用于显示、修改或创建文档的大纲，它将所有的标题分级显示出来，层次分明，特别适合多层次文档，使得查看文档的结构变得很容易。

5．草稿视图

草稿视图类似之前 Word 2003 中的普通视图，该视图只显示了字体。

三、文本编辑

1．文本的选择

（1）选中一行：将鼠标指针移动到某行的左侧，当鼠标指针变成指向右边的箭头时，单击可以选定该行。

（2）选中多行：将鼠标指针移动到某行的左侧，当鼠标指针变成指向右边的箭头时，向上或向下拖动鼠标可选定多行。

（3）选中一句：按 Ctrl 键，然后单击某句文本的任意位置可选定该句文本。

（4）选中段落：可使用以下两种方法实现。

- 将鼠标指针移动到某段落的左侧，当鼠标指针变成指向右边的箭头时，双击可以选定该段。
- 在段落的任意位置三击可选定整个段落。

（5）选中全部文档：使用以下两种方法实现。

- 按快捷键 Ctrl+A。
- 将鼠标指针移动到文档正文的左侧，当鼠标指针变成指向右边的箭头时，三击可以选定整篇文档。

（6）选中矩形块文字：按住 Alt 键拖动鼠标可选定一个矩形块文字。

（7）选定不连续文本：选中要选择的第一处文本，再按住 Ctrl 键的同时拖动鼠标依次选中其他文本。

2．文本的移动

（1）鼠标操作：选中要移动的文字，然后在它上面按下鼠标左键拖动，到目的地松开。

（2）键盘操作：先选定要移动的文字，按“F2”键，光标变成了虚线，将光标定位到要插入文字的位置，按回车键。

（3）剪贴板操作：将选定文字通过【剪切】后，【粘贴】在相应位置。

3．文本的复制

（1）鼠标操作：在移动的同时按住“Ctrl”键。

（2）键盘操作：先选定要复制的文字，按“Shift+F2”组合键，光标变成虚线时，将光标定位到要插入文字的位置，按回车键。

（3）剪贴板操作：将选定文字通过【复制】后，【粘贴】在相应位置。

➔提示

复制一次后内容就保存在剪贴板上了，可以进行多次粘贴。

4．文本的删除

选中需要删除的内容，按一下键盘上的“Delete”键或“Backspace”键。当光标定位在文档内时，按“Delete”键删除光标右侧的字符，按“Backspace”键删除光标左侧的字符。

5．插入和改写

按键盘上的“Insert”键或者单击状态栏上的“改写”或“插入”按钮来切换输入状态，在“改写”状态下，输入的内容会把插入点后的内容逐一改掉。

6．撤销、恢复和重复

（1）撤销操作：可以撤销最近进行的操作，恢复到执行操作前的状态，快捷键为“Ctrl+Z”。

（2）恢复操作：还原用【撤销】命令撤销的操作，快捷键为“Ctrl+Y”。

（3）重复操作：可以重复上一步的操作，快捷键为“Ctrl+Y”或“F4”。

四、常用组合键

合理使用组合键，可以提高工作效率。常用组合键说明如表 4-3 所示。

表 4-3　常用组合键

组 合 键	功能描述
Ctrl+C	复制
Ctrl+V	粘贴
Ctrl+X	剪切
Ctrl+A	全选
Ctrl+S	保存
Ctrl+Z	撤销
Ctrl+Y	恢复
Ctrl+F	查找
Shift+Enter	强制换行
Ctrl+Enter	强制分页

五、使用制表位

制表位可以快速对齐相同项内容，5 种制表位分别为左对齐式制表位、居中对齐式制表位、右对齐式制表位、小数点对齐式制表位和竖线对齐式制表位。

1．设置制表位

方法一：对话框设置。

选中需要设置制表位的段落，单击【开始】选项卡中【段落】对话框启动器，弹出【段落】对话框，单击“制表位”按钮，弹出“制表位”对话框，如图 4-30 所示。在“制表位位置”输入框中输入位置字符数，选择“对齐方式”和“前导符”，单击“设置”按钮，即可在页面上设置一个制表位，重复上述步骤可以设置多个制表位，单击【确定】按钮，则设置的制表位全部显示在标尺上。

图 4-30 “制表位”对话框

方法二：鼠标设置。

选中需要设置制表位的段落，反复单击水平标尺最左端的制表位按钮，选择所需要的制表位类型，用鼠标直接单击标尺上相应的刻度即可，重复上述步骤可以设置多个制表位。按下“Alt”键再拖动制表位，可以同时在标尺上显示制表位位置，能够更精确地进行设置。

2．使用制表位

若选中文本后设置制表位，则制表位的有效范围是选中的区域；若光标定位在某行设置制表位，则制表位的有效范围是光标所在行及回车后的段落。

使用制表位时，按键盘上的“Tab”键，光标立即跳转到第 1 个制表位处，每按一次“Tab”键，光标依次跳转到下一个制表位。如果不按“Tab”键则制表位不起任何作用。

3．删除制表位

方法一：用鼠标操作可直接拖动制表位到标尺之外，删除制表位。

方法二：用对话框操作可在制表位位置框中选中需删掉的制表位，单击“清除”按钮即可；单击“全部清除”按钮即可将所有制表位删除。

六、文档的安全

文档编辑完成后可以根据需要对文档进行保护，对文档的保护主要分两个方面：一方面是指文档的安全性设置，即是否允许其他人打开阅读或修改文档；另一方面是指对文档的格式或编辑所做的保护工作，其他人可以阅读但是不能修改。

（1）文档的加密。

给 Word 文档加密可采用以下方法。

- 打开需要加密的 Word 文档。
- 选择【文件】/【另存为】命令，弹出【另存为】对话框，单击“工具”下拉按钮的“常规选项”命令，弹出【常规选项】对话框，如图 4-31 所示。

- 分别在“打开权限密码”和“修改权限密码”中输入密码（这两个密码可以相同，也可以不同）。
- 再次确认“打开权限密码”和“修改权限密码”，单击【确定】按钮，单击【保存】按钮。

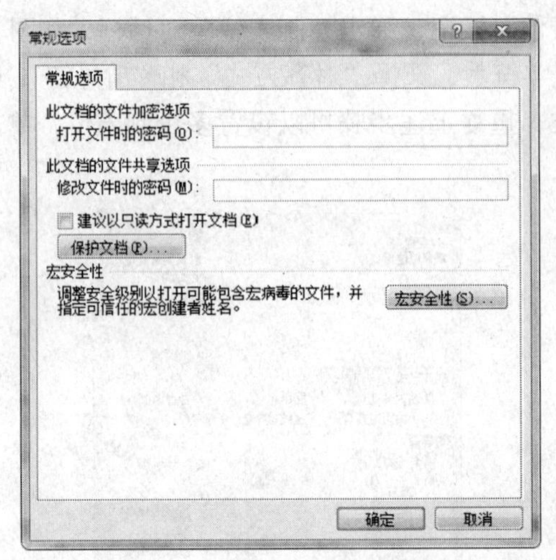

图 4-31 “常规选项”对话框

设置完成后，需要输入密码才能打开或修改文档，若要清除密码，只需在【常规选项】对话框中清除密码，单击“确定”按钮。

（2）文档的保护。

如果文档允许其他人阅读，但希望文档中的格式或编辑方面受到保护时，可通过 Word 软件提供的限制编辑功能进行设置。单击【审阅】选项卡中【保护】组中的【限制编辑】按钮，在文档窗口右侧出现“限制格式和编辑”任务窗格，如图 4-32 所示，Word 软件提供了格式和编辑两类限制。

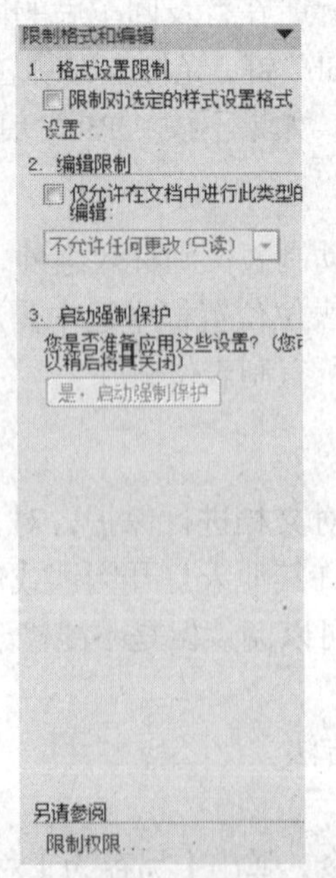

图 4-32 “限制格式和编辑”任务窗格

① 格式设置限制。

对文档中的格式设置进行保护，选中任务窗格中的“1.格式设置限制”下的“限制对选定的样式设置格式”复选框，单击“设置...”按钮，打开“格式设置限制”对话框，如图 4-33 所示，在列表框中选中需要保护格式的项，不被保护的项要取消选中，单击“确定”按钮后单击“是，启动强制保护”按钮，进行保存后即可生效。

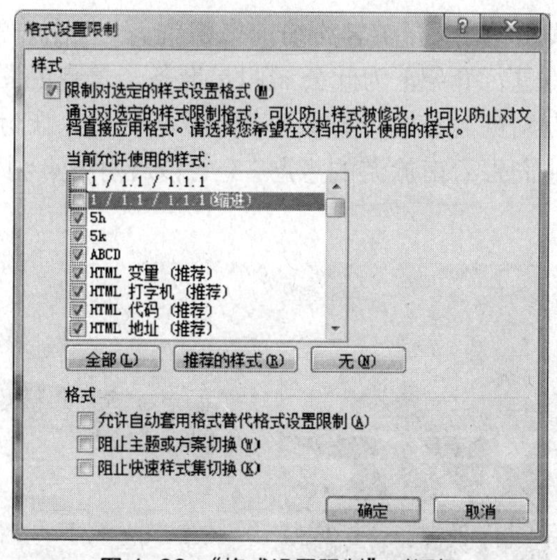

图 4-33 “格式设置限制”对话框

② 编辑限制。

如果想使文档中的某些编辑项被保护，可选中任务窗格中的“2.编辑限制”下的“仅允许在文档中进行此类编辑”复选框，再从下拉列表框中选择允许编辑的对象，设置好后单击“是，启动强制保护”按钮，进行保护后即可生效。

- 修订：即审阅者只能在文档中进行修订，所有操作都以修订标记。
- 批注：即审阅者只能在文档中添加批注。
- 填写窗体：即审阅者只能对文档中的窗体域进行操作。
- 不允许任何更改（只读）：即审阅者只能浏览此文档，不允许做任何的更改。

③ 启动强制保护。

对格式或编辑的限制设置好后，单击“是，启动强制保护”按钮，弹出“启动强制保护”对话框，如图 4-34 所示，输入密码并二次进行确认后，单击【确定】按钮，设置的格式或编辑的限制生效。

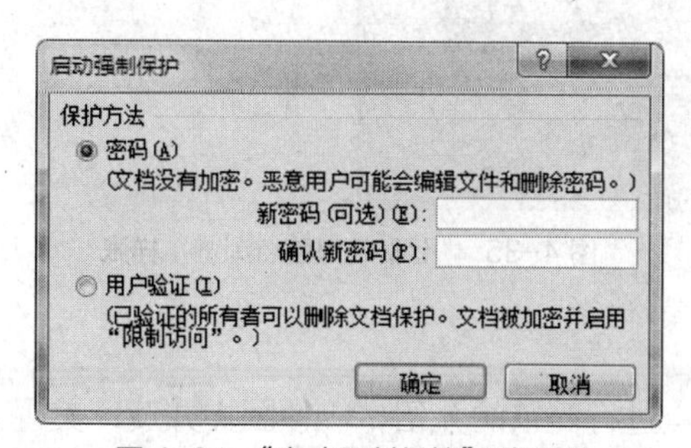

图 4-34 “启动强制保护”对话框

要取消保护文档，单击“限制格式和编辑”任务窗格下方的“停止保护”按钮，弹出“取消保护文档”对话框，输入密码，单击【确定】按钮后保存文档，即可取消文档保护设置。

任务2　制作七彩云南景点浏览

【任务描述】

七彩云南九五至尊线路推出后，游客纷纷前来咨询，表现出非常想去云南旅游的意愿，希望公司能够对重点景点进行介绍。为此公司职员准备了景点的图片以及文字资料，制作并设计了《七彩云南景点浏览》文档，图文并茂，赏心悦目，让游客首先对景点有一个感性的认识，进一步激发他们去云南旅游的意愿。《七彩云南景点浏览》文档样张如图 4-35 所示。

图 4-35 “七彩云南景点浏览”样张

【任务分析】

景点浏览文档是对景点进行简单的介绍，应该图文并茂，美观大气，所以利用 Word 软件图文混排的功能，在文中使用封面、页面颜色以及图片、艺术字、形状、文本框等元素，并对其进行格式设置，使之达到风格、色调的统一，给人一种赏心悦目的效果。

【学习目标】

- 设置页面颜色
- 插入分隔符、封面
- 插入艺术字、图片、文本框、形状和 SmartArt 图形，并对其进行格式设置
- 设置首字下沉、更改文字方向
- 在图形上添加文字
- 设置图形的组合和叠放次序

【任务实施】

一、设置文档和背景

1．创建文档

在 D 盘下新建一个 Word 文档并以“七彩云南景点浏览.docx”命名。

2．插入分隔符

将鼠标光标置于文档的开始位置，单击【页面布局】选项卡中【页面设置】组中的【分隔符】按钮，在显示的下拉列表中选择“下一页”，如图 4-36 所示，此时光标跳转到下一页起始位置。

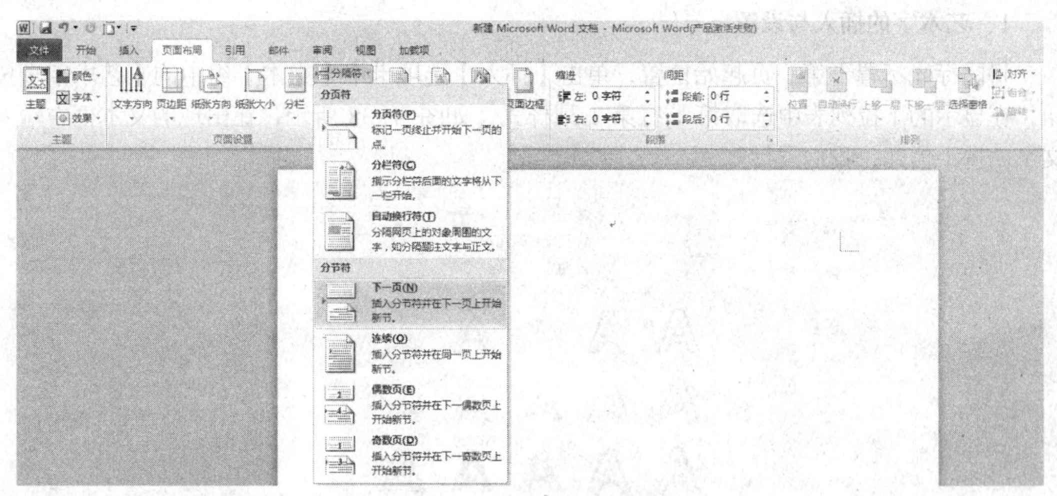

图 4-36 “分隔符”下拉列表

3．设置页面颜色

单击【页面布局】选项卡中【页面背景】组中的【页面颜色】按钮，选择颜色为“水绿色，淡色 40%”，所有页面背景都显示为这种颜色。

➔提示

❖ 若在“打印预览”状态下无背景颜色效果，单击【文件】/【选项】命令，弹出【Word 选项】对话框，单击左侧“显示”按钮，在右侧“打印选项”区域中将“打印背景色和图像”勾选上，如图 4-37 所示，单击【确定】按钮。

❖ 若“打印预览”有白边，使用专业无边距打印机及其驱动程序，在打印及预览时不会有白边。

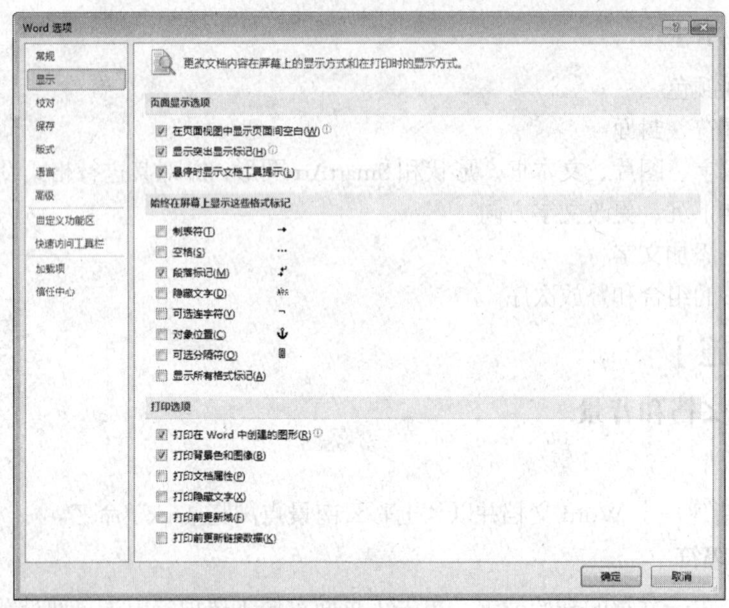

图 4-37 “Word 选项”对话框

二、制作第一页

1. 艺术字的插入与设置

将鼠标光标置于第一页起始位置，单击【插入】选项卡中【文本】组中的【艺术字】按钮，在显示的下拉列表中选取第 1 行第 1 列样式，如图 4-38 所示，在出现的文本框中输入文字“携手信翔，我们同行”。

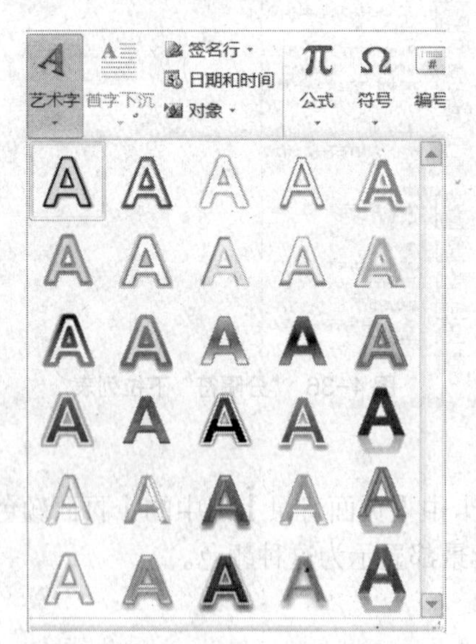

图 4-38 “艺术字”下拉显示列表

单击选中艺术字文本框，设置其字体为“华文琥珀”，字号为“初号”，将文字“同行”设置为字号“60 磅”；选中艺术字文本框，单击【绘图工具】/【格式】选项卡中【艺术字样式】组中的【文本填充】按钮，选择颜色为“黄色”，如图 4-39 所示，单击【文本轮廓】按钮，选择颜色为“浅蓝”，“粗细”设置为“1.5 磅”。

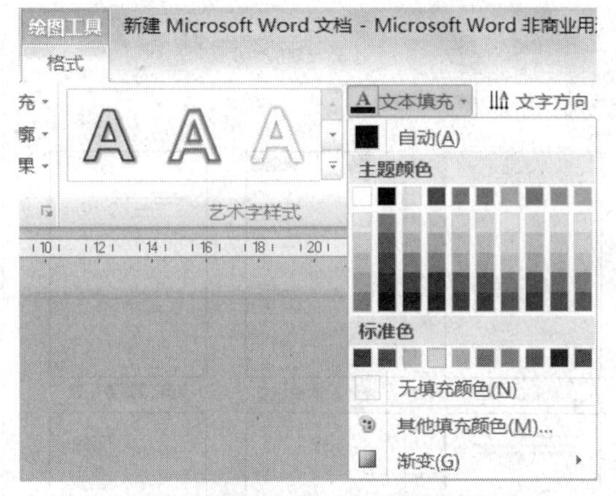

图 4-39 艺术字文本填充显示列表

单击【艺术字样式】组中的【文本效果】按钮，在下拉列表中选择“发光”/“其他亮色”/“白色”，如图 4-40 所示，再次单击【文本效果】按钮，在下拉列表中选择“阴影”/“外部”/“左下斜偏移”。

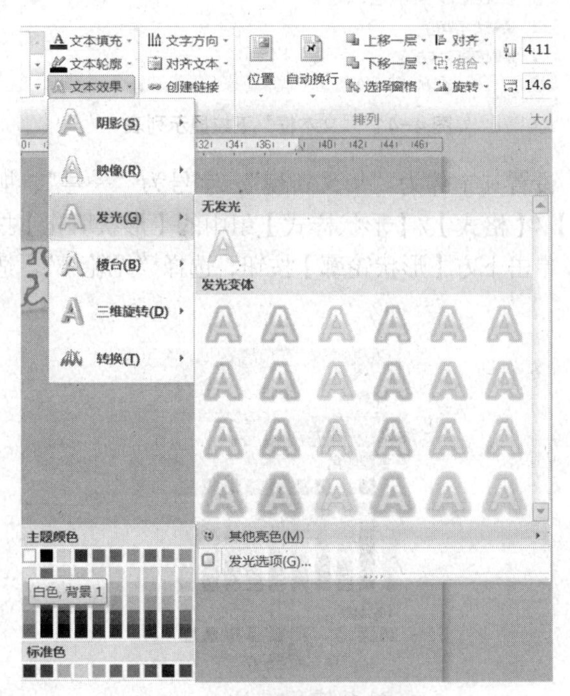

图 4-40 文本效果显示列表

➔提示

Word 中插入的对象均有以下特点。

❖ 四个角上的控制点可以实现等比例缩放。绿色圆圈控制点实现旋转。

❖ 按住“Alt”键的同时调整大小和位置可以实现微调。

❖ 选中后单击“Delete”键进行删除。

2．文本框的插入与设置

单击【插入】选项卡中【文本】组中的【文本框】按钮，在显示的下拉列表中选择“简单文本框”，如图 4-41 所示，在出现的文本框中输入文字“带您走进云南——”。

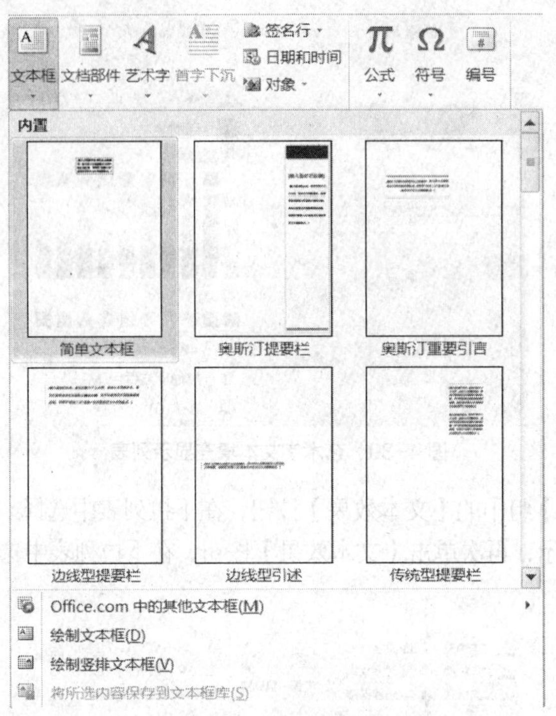

图 4-41 “文本框”下拉显示列表

单击选中文本框，设置其字体为“华文新魏”，字号为“一号”、加粗，字体颜色为“深蓝”；单击【绘图工具】/【格式】/【形状样式】组中的【形状填充】按钮，选择“无填充颜色”，如图 4-42 所示，单击下方【形状轮廓】按钮，选择“无轮廓”。适当调整文本框的大小和位置。

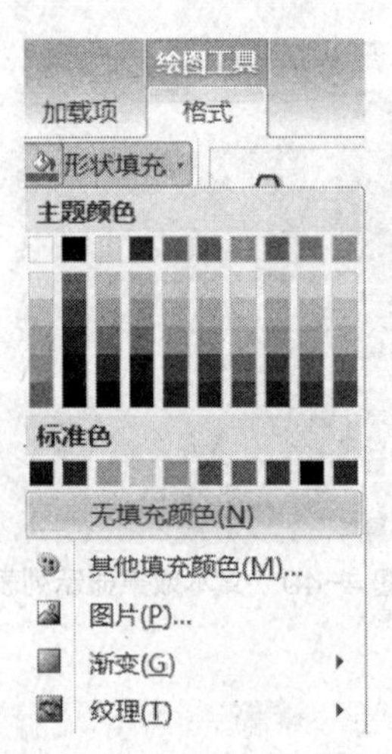

图 4-42 形状填充显示列表

3．图片的插入与设置

单击【插入】选项卡中【插图】组中的【图片】按钮，弹出【插入图片】对话框，在对话框中选择“玉龙雪山.jpg”文件，单击【插入】按钮，该图片就显示在当前页面上。

单击选中图片，单击【图片工具】/【格式】中的【大小】对话框启动器，弹出【布局】对话框，在“大小”选项卡中取消“锁定纵横比”选项，设置高度为“6.4 厘米”，宽度为“14.5

厘米”，如图 4-43 所示，单击“文字环绕”选项卡，设置环绕方式为“上下型环绕”，单击【确定】按钮。

图 4-43 “布局”选项卡

➔提示

❖ 在“大小”选项卡中选中“锁定纵横比”只能设置高度或宽度中的一项，使其按照原始纵横比进行缩放。若对高度和宽度均有要求，则需要先取消选中的“锁定纵横比”再设置高度和宽度。

单击【调整】组中的【更正】按钮，在显示的下拉列表中选择【图片更正选项】命令，弹出【设置图片格式】对话框，在对话框中设置亮度为“20%”，如图 4-44 所示，单击【关闭】按钮。

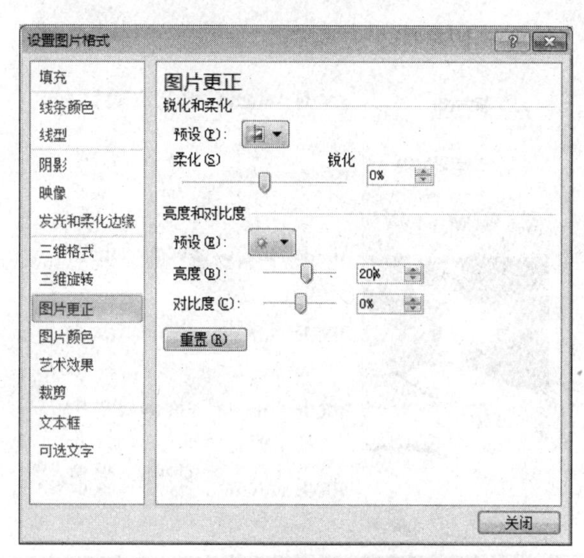

图 4-44 “设置图片格式”对话框

单击【图片样式】的下拉按钮，在图片样式显示列表中选择“旋转，白色”样式，如图 4-45 所示，调整至合适位置。

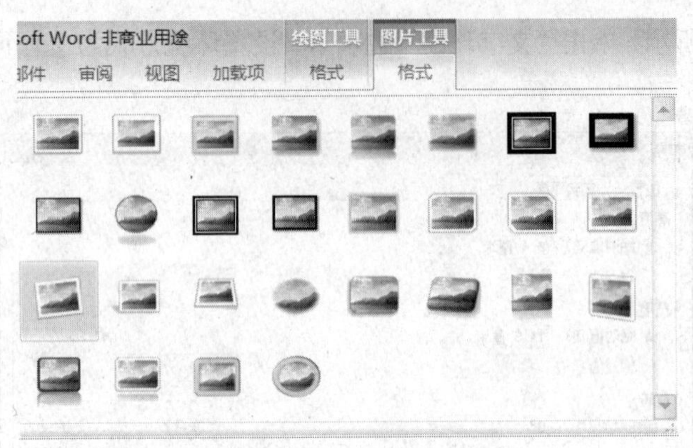

图 4-45　图片样式显示列表

4．其他艺术字、图片和文本框的制作与设置

插入艺术字“玉龙雪山”，选择第 2 行第 2 列样式，设置其字体为“隶书”，字号为“二号”，加粗；单击【排列】组中的【旋转】按钮，选择【其他旋转选项】，弹出【布局】对话框，在对话框中设置旋转为“353°　”；单击【文本效果】按钮，选择“转换”/“左近右远”，如图 4-46 所示。单击选中艺术字“玉龙雪山”，按住键盘上的 Ctrl 键，再单击选中图片，单击鼠标右键，在弹出的快捷菜单中选择【组合】/【组合】，如图 4-47 所示，将图片和艺术字组合成为一个图形。

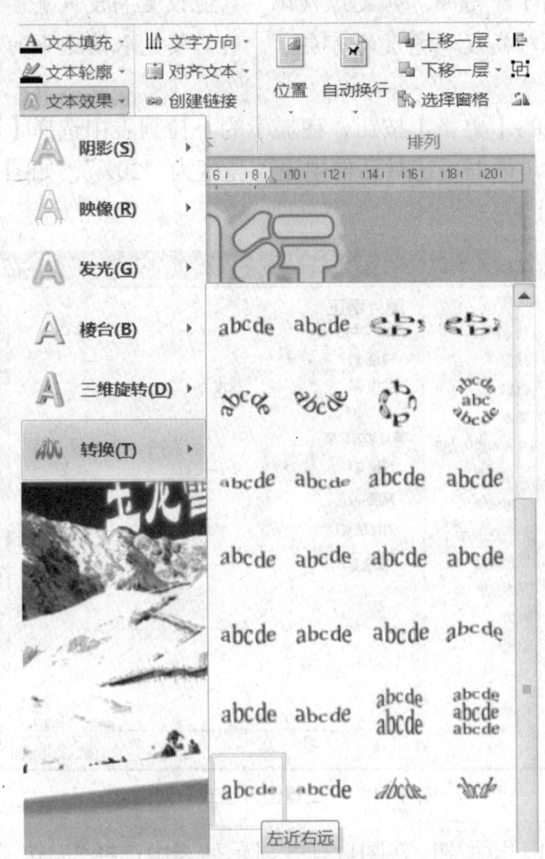

图 4-46　转换显示列表

图 4-47　设置两个图形组合

插入文本框并录入文字，设置文本字体为“宋体”，字号为“小四”，首行缩进 2 个字符，1.5 倍行距；设置文本框无填充颜色，无轮廓。适当调整文本框大小和位置。

插入竖排文本框并录入文字，设置文本字体为“宋体”，字号为“小四”，首行缩进 2 个字符，行距为固定值 22 磅；设置文本框无填充颜色，无轮廓。适当调整文本框大小和位置。

插入图片“丽江古城.jpg”，选中图片设置其高度为 6.5 厘米，自动换行为四周型环绕，图片样式为“映像棱台，黑色”，调整至合适位置。

5．形状的插入与设置

单击【插入】选项卡中【插图】组中的【形状】按钮，在下拉显示列表中选择“流程图”/“卡片”，如图 4-48 所示，单击鼠标左键在页面中拖曳一个卡片形状，单击【形状样式】组中的【形状填充】按钮，选择填充颜色为“橄榄色，淡色 40%”，单击【形状轮廓】按钮，选择轮廓颜色为“浅绿”；在形状上单击鼠标右键，在弹出的快捷菜单中选择【置于底层】/【置于底层】，如图 4-49 所示，调整其大小和位置，最后将文本框和卡片形状组合在一起。

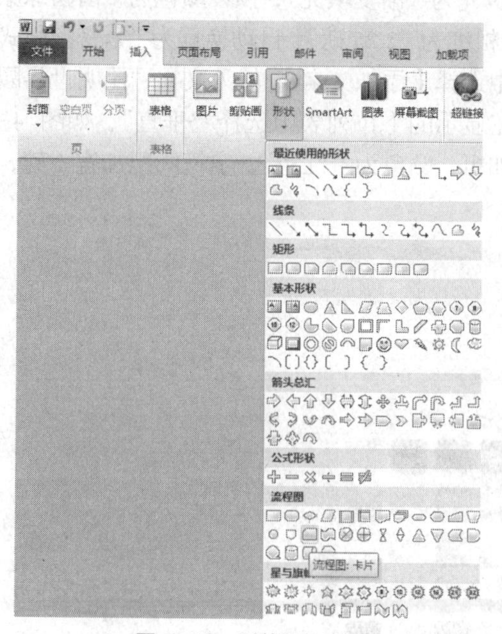

图 4-48　形状下拉列表

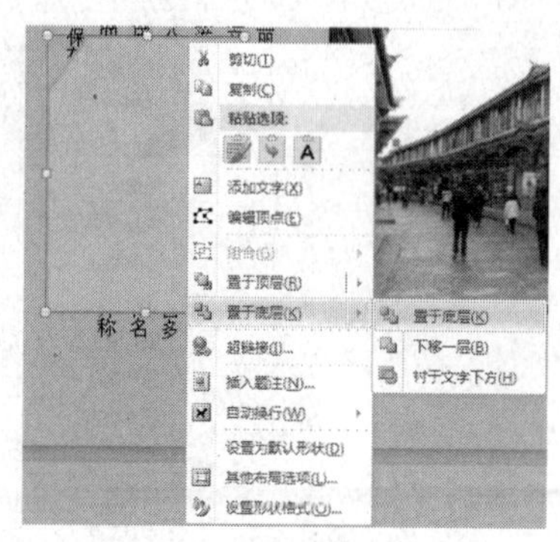

图 4-49　设置形状叠放次序

三、制作第二页

1. 设置首字下沉

将鼠标光标置于第二页起始位置，录入文字，设置文本字体为“宋体”，字号为“小四”，1.5 倍行距，单击【插入】选项卡中【文本】组中的【首字下沉】按钮，在显示的下拉列表中选择【首字下沉选项】，弹出【首字下沉】对话框，单击位置区域中“下沉”选项，字体选择“楷体”，下沉行数设置为“2”，如图 4-50 所示，单击【确定】按钮。

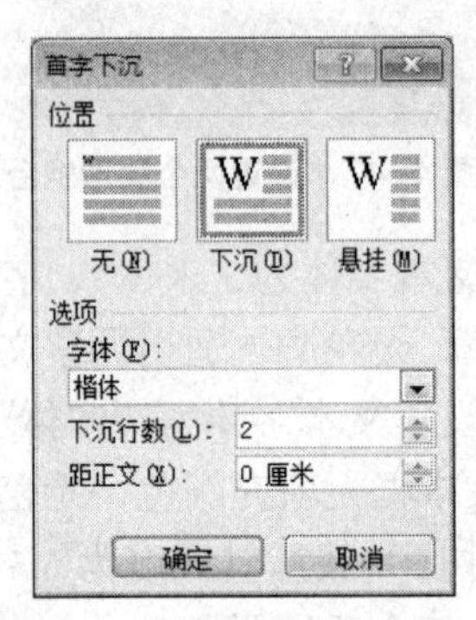

图 4-50 “首字下沉”对话框

2. 其他图片、形状的制作与设置

插入图片“石林.jpg”，设置图片的宽度为 10.5 厘米，自动换行为四周型环绕，图片样式为“映像圆角矩形”，调整至合适位置。

在石林段落下方空 2 行录入文字，设置文本字体为“宋体”，字号为“小四”，1.5 倍行距；插入星与旗帜中的竖卷形形状，单击【形状填充】按钮，在下拉显示列表中选择“渐变”/“其他渐变”，弹出【设置形状格式】对话框，设置填充为“渐变填充”，预设颜色为“茵茵绿原”，如图 4-51 所示；设置形状轮廓颜色为“绿色”，粗细为“2.25 磅”，自动换行为“紧密型版式”。在竖卷形上单击鼠标右键，在弹出的快捷菜单中选择【添加文字】，输入文字“昆明世界园艺博览园”，选中文本单击【文字方向】按钮，在显示的下拉列表中选择“垂直”，如图 4-52 所示，设置字体为“宋体”，字号为“小三”，加粗，颜色为“红色”，字符间距加宽 2 磅，适当调整大小和位置。

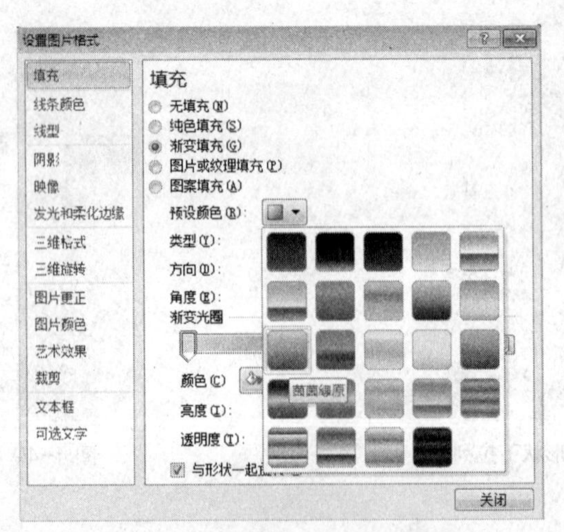

图 4-51 “设置图片格式”对话框

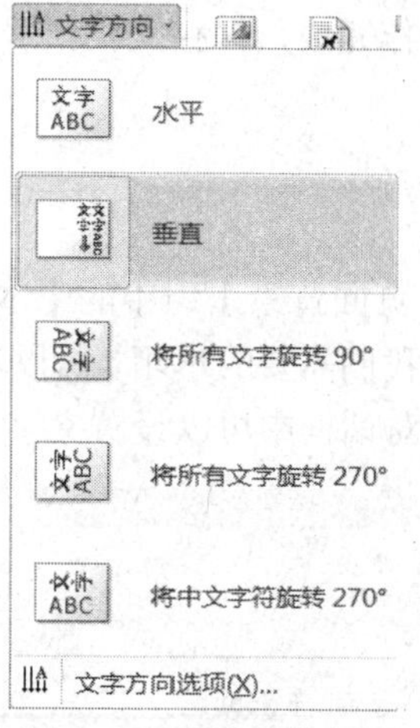

图 4-52　更改文字方向

插入图片“世博园.jpg”，设置其高度为 6.5 厘米，宽度为 9.8 厘米，自动换行为四周型环绕，图片样式为“映像右透视”，调整至合适位置。

四、制作封面

单击【插入】选项卡中的【封面】按钮，在显示的下拉列表中选择“运动型”，如图 4-53 所示，此时在文档最前面插入了一个封面，在“[年]”处单击，单击下拉按钮，选择“今日”；在“[键入文档标题]”位置输入“七彩云南九五至尊”；将封面右下角文本框的内容改为“云南景点简介”并设置字号为一号，加粗，居中对齐。

图 4-53　封面显示列表

文档《七彩云南景点浏览》制作完成，保存文档。

【知识拓展】

一、插入水印

单击【页面布局】选项卡中【页面背景】组中的【水印】按钮，在下拉显示列表中显示出几种水印样式，如果列表中没有我们需要的水印，可以单击【自定义水印】命令，弹出【水印】对话框，如图 4-54 所示，在对话框中可以设置文字水印和图片水印。

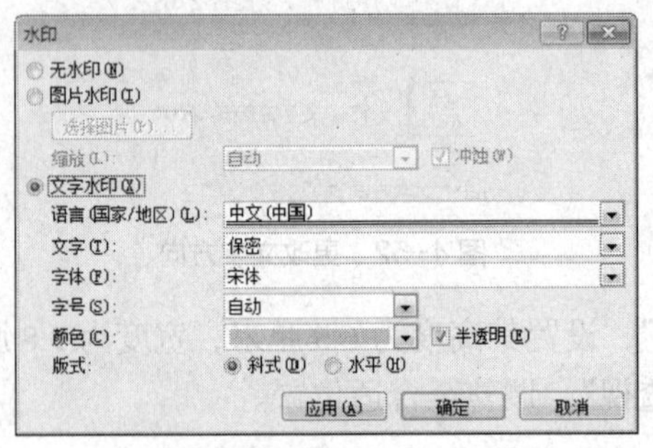

图 4-54 “水印”对话框

二、插入剪贴画

将鼠标光标置于要插入剪贴画的位置，单击【插入】选项卡中【插图】组中的【剪贴画】按钮，在文档右侧弹出剪贴画任务窗格，如图 4-55 所示，选中相应的图片，单击图片右侧的下拉按钮，选择【插入】命令即可。

图 4-55 剪贴画任务窗格

三、插入 SmartArt 图形

SmartArt 可翻译为“精美艺术”，它用于在文档中演示流程、层次结构、循环或者关系。SmartArt 图形包括列表、流程、循环、层次结构、关系、矩阵、棱锥图、图片和 office.com，它是从 Office 2007 开始具有的新功能。

下面就举一个使用 SmartArt 图形的例子来描述计算机的组成结构。

（1）插入 SmartArt 图形。单击【插入】选项卡中【插图】组中的【SmartArt】按钮，弹出【选择 SmartArt 图形】对话框，选择“关系”中的“堆积维恩图”，如图 4-56 所示，单击【确定】按钮。

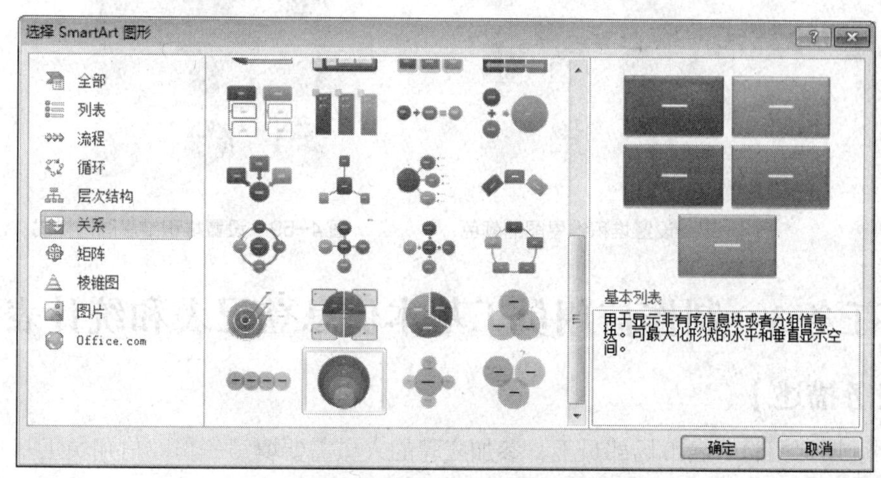

图 4-56 “选择 SmartArt 图形”对话框

（2）输入文字。文档中出现堆积维恩图，在其中输入文字，如图 4-57 所示。

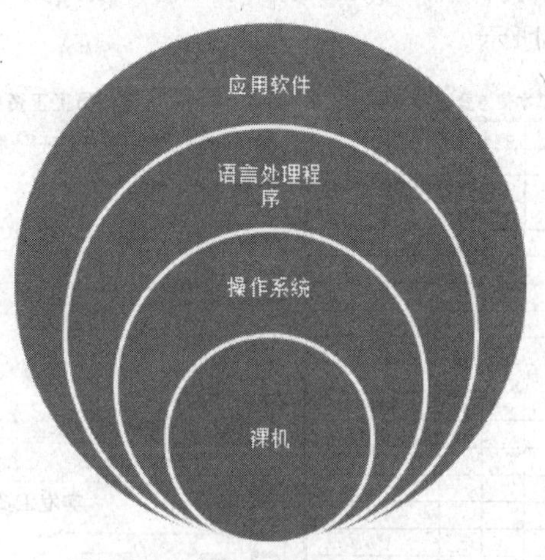

图 4-57 在堆积维恩图中输入文字

（3）更改颜色。选中图形，单击【SmartArt 工具】/【设计】/【更改颜色】，在下拉显示列表中选择一种颜色，如图 4-58 所示。

（4）更改样式。选中图形，单击【SmartArt 工具】/【设计】/【SmartArt 样式】右下角的箭头，在下拉显示列表中选择一种样式，如图 4-59 所示。

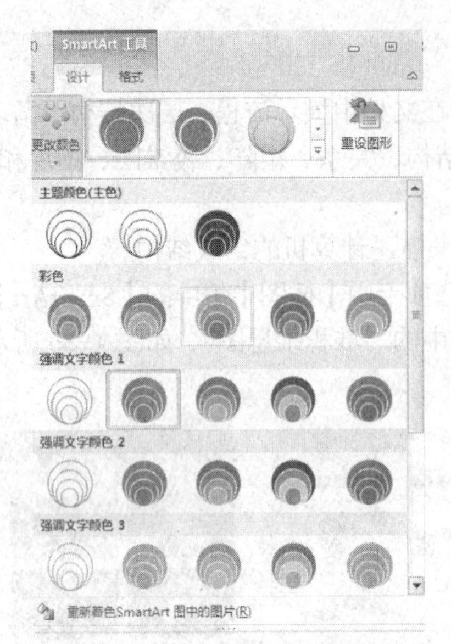

图 4-58　设置堆积维恩图的颜色

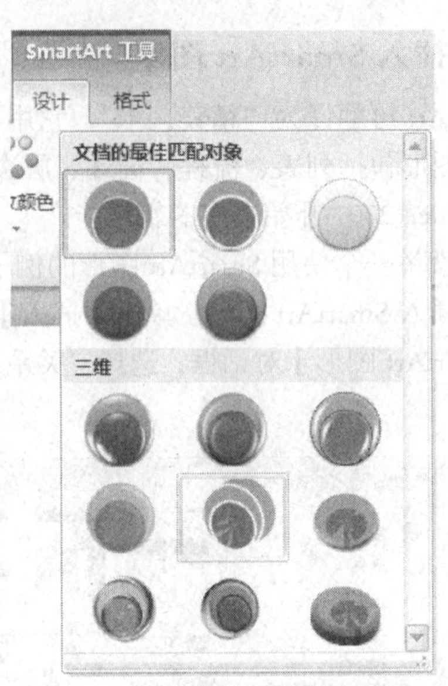

图 4-59　设置堆积维恩图的样式

任务 3　制作信翔员工基本信息登记表和统计表

【任务描述】

公司近期拟招聘一名市场部员工，参加应聘的人员需要填写一份“信翔员工基本信息登记表”，便于了解应聘人员的个人基本情况、所学专业及工作经历等信息，为此公司职员专门利用 Word 表格功能制作了一份“员工基本信息登记表”。另外因为公司员工人数比较少，工资数据的统计量不大，所以会计就用 Word 制作了一份“信翔员工工资统计表”，同时计算统计员工的工资，如图 4-60 所示。

信翔员工基本信息登记表

姓名		性别		出生日期		照片
民族		籍贯		政治面貌		
职称		专业		婚姻状况		
户籍		身高		工作年限		
身份证号码				手机号码		
外语及程度				社保卡号		
进入公司时间				职位		
紧急联系人姓名		联系电话		与本人关系		
个人邮箱						
家庭详细地址						
教育经历（从高中起）	起止年月	毕业学校	学历	学位	院系及专业	
工作经历	起止年月	工作单位	部门/职务	证明人及其联系电话		
备注	1、附身份证、个人简历、最高学历证书及其它资格证书复印件。 2、如发现本资料虚假，本公司有权撤销本资料真实性的权利及相关处理。					

信翔员工工资统计表

姓名	部门	基础工资	奖励性工资	应发工资	扣款合计	实发工资
马兰伟	市场部	500	4000	4500	80	4420
瞿欣	市场部	500	3500	4000	51.5	3948.5
王凯烯	市场部	500	3020	3520	15.8	3504.2
贾力平	市场部	500	2850	3350	45.2	3304.8
楊新颖	策划部	1500	850	2350	15	2335
刘东强	市场部	500	1850	2350	15	2335
梁桂	策划部	1500	720	2220	12	2208
高翠姿	办公室	1200	650	1850	19.5	1830.5
张力	办公室	1200	600	1800	32.5	1767.5
应发工资平均值				2882.22	实发总计	25653.5

实发工资

5000 4500 4000 3500 3000 2500 2000 1500 1000 500 0

马兰伟 瞿欣 王凯烯 贾力平 楊新颖 刘东强 梁桂 高翠姿 张力

■实发工资

图 4-60　“信翔员工基本信息登记表”和“信翔员工工资统计表”样张

【任务分析】

员工基本信息登记表包括个人基本情况、教育经历、工作经历、备注四部分，需要页面简洁大方、专业规范，表格中的文字排列要整齐统一，最好整张表格在一页纸张上。员工工资统计表是利用 Word 表格计算功能，虽然 Word 表格计算功能没有 Excel 软件数据处理功能强大，但也可以进行简单的计算和数据统计，例如 SUM 求和函数、AVERAGE 求平均值函数等，还可以进行排序、插入图表操作。

【学习目标】

- 插入和删除表格、行、列、单元格
- 设置表格的行高、列宽
- 合并、拆分单元格
- 设置表格边框、底纹和表格样式
- 利用函数或公式计算
- 表格排序、重复标题行
- 文本与表格的相互转换
- 插入图表

【任务实施】

一、新建和保存员工基本信息登记表文档

在 D 盘新建一个 Word 文档，并重命名为“员工基本信息登记表.docx”。

二、制作员工基本信息登记表

1. 插入表格

打开文档“员工基本信息登记表.docx”，在文档开始位置输入标题文字“信翔员工基本信息登记表”，并回车生成一个新段落。设置标题文字格式为宋体、小二、加粗、居中对齐；然后将光标置于第二行开始位置，单击【插入】选项卡中【表格】按钮，在下拉显示列表中选取 7 列 5 行的表格，如图 4-61 所示，在文档中生成一个 7×5 的表格。

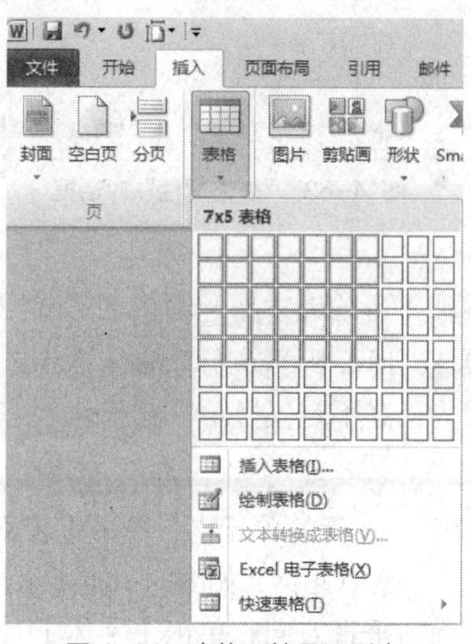

图 4-61 表格下拉显示列表

2．设置表格行高和列宽

单击表格左上角的“移动控制”按钮选中整个表格，单击【表格工具】/【布局】，在“高度”文本框中输入“0.9 厘米”，如图 4-62 所示，回车确定。也可以单击【单元格大小】对话框启动器，弹出【表格属性】对话框，单击“行”选项卡，勾选“指定高度”复选框，在其后的文本框中输入“0.9 厘米”，行高值设置为“最小值”，单击【确定】按钮，如图 4-63 所示。

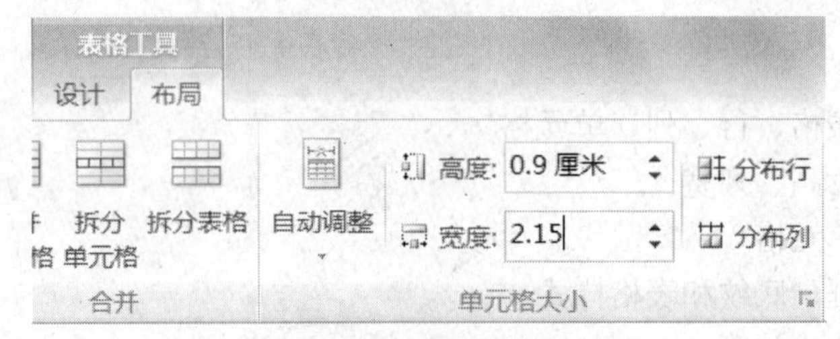

图 4-62　设置表格的行高

将光标放在第 1 列的上方边缘位置，当鼠标指针变成黑色向下箭头的时候单击选中第 1 列，在“宽度”文本框中输入“1.5 厘米”，回车确定。利用同样的方法设置第 2 列宽度为 2 厘米，第 3 列宽度为 1.5 厘米，第 4、6 列宽度为 2.5 厘米，第 5 列宽度为 2.2 厘米，第 7 列宽度为 2.81 厘米。同样列宽的设置也可以在【表格属性】对话框中的“列”选项卡中设置。

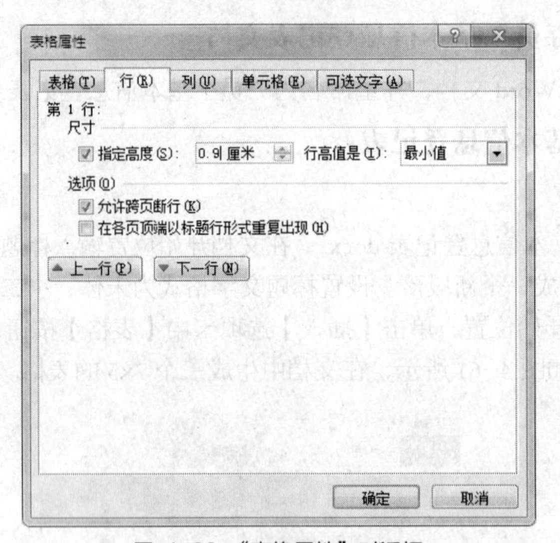

图 4-63　“表格属性”对话框

➔提示

行高设置“最小值”时，则当该行内容超过指定高度时，单元格行高自动增加，内容显示不受影响。行高设置“固定值”时，则当该行内容超过指定高度时，单元格行高不自动增加，仍为原始高度，内容则因为行高不足仅显示一部分。

3．合并/拆分单元格

利用鼠标拖曳选中第 7 列第 1～4 行的单元格，单击【表格工具】/【布局】/【合并单元格按钮，将 4 个单元格合并成了一个单元格，如图 4-64 所示，单击【对齐方式】组中的【文字方向】按钮，设置其文字方向为垂直方向；单击【字体】对话框起动器，弹出【字体】对话框，在“高级”选项卡中设置“间距”为“加宽”，磅值为“2 磅”如图 4-65 所示。

↵	↵	↵	↵	↵	↵	↵
↵	↵	↵	↵	↵	↵	
↵	↵	↵	↵	↵	↵	
↵	↵	↵	↵	↵	↵	
↵	↵	↵	↵	↵	↵	↵

图 4-64　合并单元格

字体
字体(N)　高级(V)
字符间距
缩放(C)：100%
间距(S)：加宽　磅值(B)：2 磅
位置(P)：标准　磅值(Y)：
为字体调整字间距(K)：1　磅或更大(O)
如果定义了文档网格，则对齐到网格(W)
OpenType 功能
连字(L)：无
数字间距(M)：默认
数字形式(F)：默认
样式集(T)：默认
使用上下文替换(A)
预览
微软卓越 AaBbCc
这是用于中文的正文主题字体。当前文档主题定义将使用哪种字体。
设为默认值(D)　文字效果(E)...　确定　取消

图 4-65　设置字符间距

利用上述方法将第 5 行的第 1～5 列单元格合并，然后单击【拆分单元格】按钮，弹出【拆分单元格】对话框，在“列数”文本框中输入“2”，在“行数”文本框中输入“1”，如图 4-66 所示，单击【确定】按钮，适当调整单元格边框线的位置。

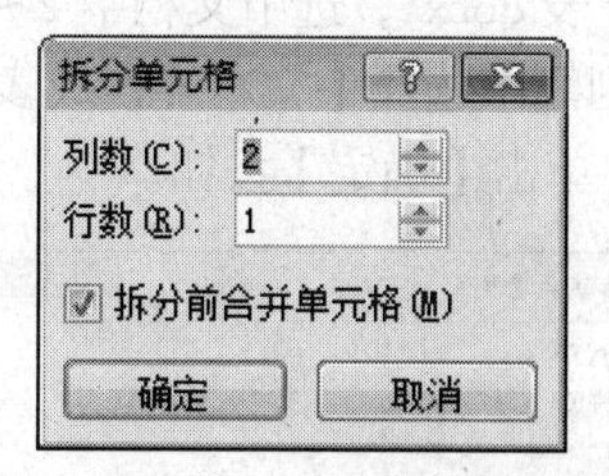

图 4-66　“拆分单元格”对话框

4．插入行

将光标置于表格第 5 行左侧，鼠标指针变成选定状态时单击选中第 5 行，单击【表格工具】/【布局】/【行和列】组中的【在下方插入】按钮，在本行下方插入一行和第 5 行一样的行，再插入 5 行。

将第 8 行第 2 列单元格拆分为 1 行 3 列的单元格，将第 9 行和第 10 行的 2～4 列单元格合并。将第 11 行合并为一个单元格，再拆分为 1 行 6 列单元格，参照样张调整边框线位置。

在第 11 行下方插入 13 行，合并第 11～16 行的第 1 列单元格，设置文字方向为竖向，字符间距加宽 1 磅；合并第 17～23 行的第 1 列单元格，设置文字方向为竖向，字符间距加宽 2 磅。

分别合并第 17～23 行的第 4–5 列单元格，设置第 24 行的第 1 列单元格的文字方向为竖向，合并第 24 行的第 2–6 列单元格。

5．设置单元格对齐方式

单击表格左上角的“移动控制”按钮选中整个表格，单击【表格工具】/【布局】/【对齐方式】组中单击【水平居中】按钮，如图 4–67 所示。

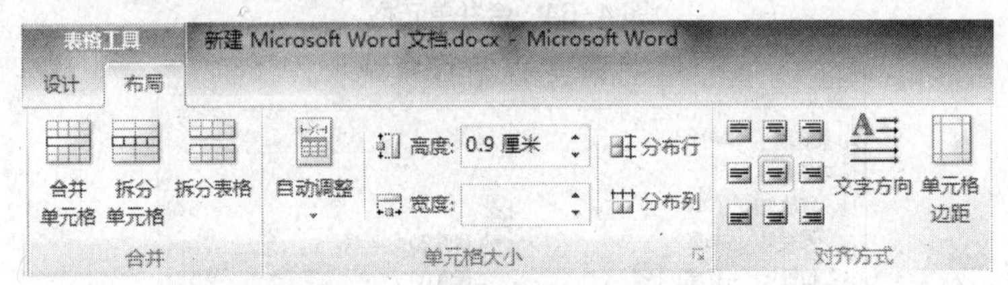

图 4–67 设置单元格对齐方式

6．设置表格边框和底纹

选中表格，调出【边框和底纹】对话框，在“边框”选项卡中选择左侧的“自定义”，中间位置的样式为“第 9 种”，宽度为“1.5 磅”，在右侧的预览区分别双击“上边框”、“下边框”、“左边框”和“右边框”按钮，单击【确定】按钮。

利用上述方法设置第 10 行的下边框线，如样张所示。

设置表格最后一行的底纹为“白色，深色 15%”。

7．添加表格内容

按照样张，输入表格中的内容。

8．保存文档并退出

三、计算并设置信翔员工工资统计表

1．将文本转换为表格

打开文档“信翔员工工资统计表.docx”，选中文档中 2～12 行文本，单击【插入】选项卡中【表格】按钮，在出现的下拉列表中选择【文本转换成表格】命令，弹出【将文字转换成表格】对话框，如图 4–68 所示，单击【确定】按钮。

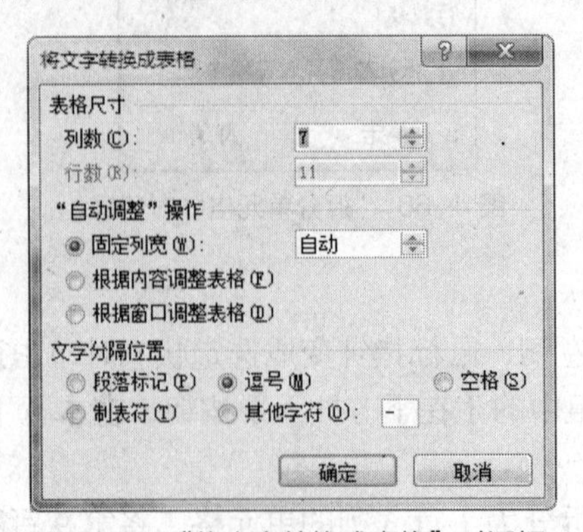

图 4–68 “将文字转换成表格”对话框

设置表格的行高为 0.9 厘米，适当调整列宽，单元格对齐方式为水平居中，合并最后一行的 1～4 列单元格。

2．利用公式或函数计算

计算表格中“应发工资”列、“实发工资”列、“应发平均工资”和“实发总计”的值。

将鼠标光标置于 E2 单元格中，单击【表格工具】/【布局】/【公式】按钮，弹出【公式】对话框，如图 4-69 所示，在“公式”下方的文本框中输入“=SUM(left)”或者“=C2+D2”，单击【确定】按钮。计算下一位员工的应发工资，将鼠标光标置于 E3 单元格中，调出【公式】对话框，在“公式”下方的文本框中输入“=SUM(left)”或者“=C3+D3”。以此类推，计算出所有员工的应发工资。

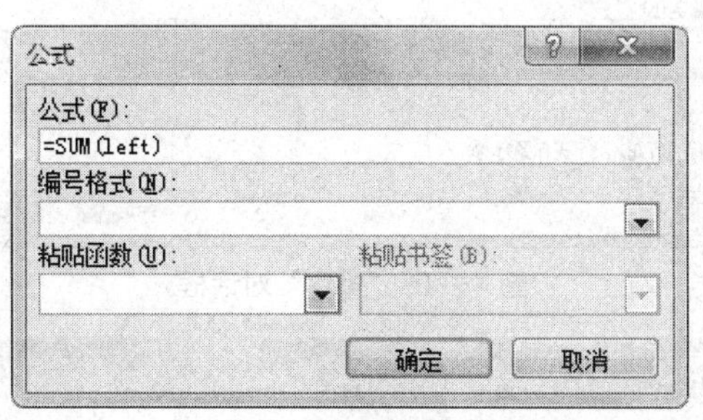

图 4-69 “公式”对话框

计算员工实发工资，将鼠标光标置于 G2 单元格中，调出【公式】对话框，在“公式”下方的文本框中输入“=E2−F2”，单击【确定】按钮。以此类推，计算出所有员工的实发工资。

计算应发工资平均值，将鼠标光标置于 E11 单元格中，调出【公式】对话框，在【公式】下方的文本框中输入“=AVERAGE(above)”或“=AVERAGE(E2:E10)”，单击【确定】按钮。

计算实发总计，将鼠标光标置于 G11 单元格中，调出【公式】对话框，在【公式】下方的文本框中输入“=SUM(above)”或“=SUM(G2:G10)”，单击【确定】按钮。

➔提示

❖ 公式、函数的输入必须为英文输入法且不区分大小写。

❖ 如果应用函数的参数为 left、above、right 等，可以用快捷键“Ctrl+Y”重复上一次操作来快速填充。

❖ 如果表格中数据发生了变化，可以利用 F9 键来刷新域。

3．表格排序

选中除最后一行以外的表格，单击【表格工具】/【布局】/【数据】组中的【排序】按钮，弹出【排序】对话框，在“主要关键字”下拉列表中选择“实发工资”，排序方式选择“降序”，在“次要关键字”下拉列表中选择“姓名”，排序方式选择“升序”，如图 4-70 所示，单击【确定】按钮。

4．重复标题行

当表格的内容较多超过一页时，会自动出现在第二页，此时第一页有表格的标题行，而第二页没有标题行，给读者的阅读带来许多不便，可以利用【重复标题行】命令来实现每页表格上方都会出现标题行。

单击选中表格标题行，单击【表格工具】/【布局】/【数据】组中的【重复标题行】按钮。

5．设置表格样式

单击【表格工具】/【设计】选项卡中【表格样式】展开按钮，如图 4–71 所示，选择第 3 行第 4 列样式。

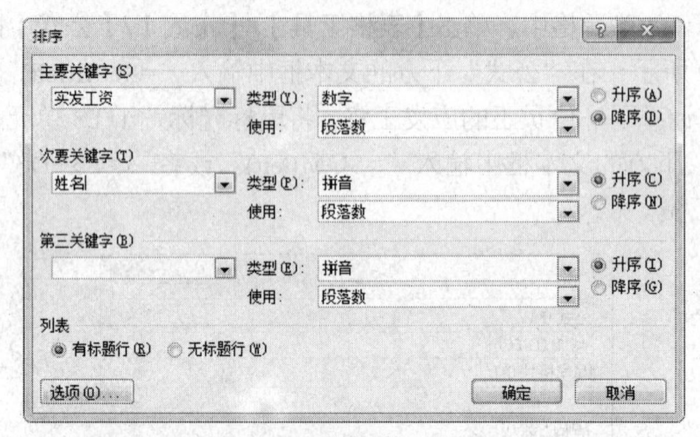

图 4–70 “排序”对话框

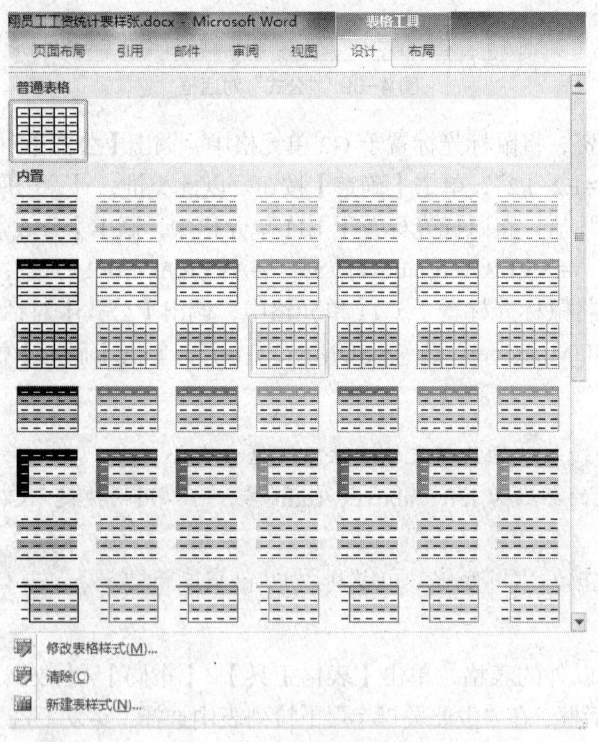

图 4–71 设置表格样式

6．插入图表

将鼠标光标置于表格下方，单击【插入】选项卡中的【图表】按钮，弹出【插入图表】对话框，选择“簇状柱形图”，如图 4–72 所示，单击【确定】按钮，出现如图 4– 73 所示界面，在右侧 Excel 窗口中输入数据，如图 4–74 所示，输入完毕后关闭右边的 Excel 窗口，在 Word 窗口中出现如图 4–75 所示的图表。

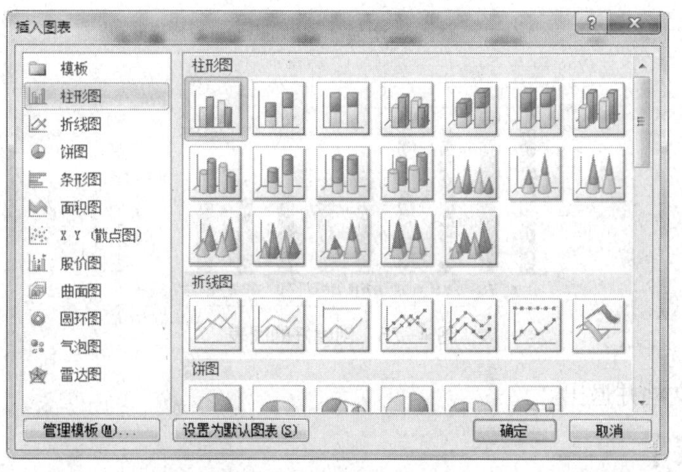

图 4-72 “插入图表”对话框

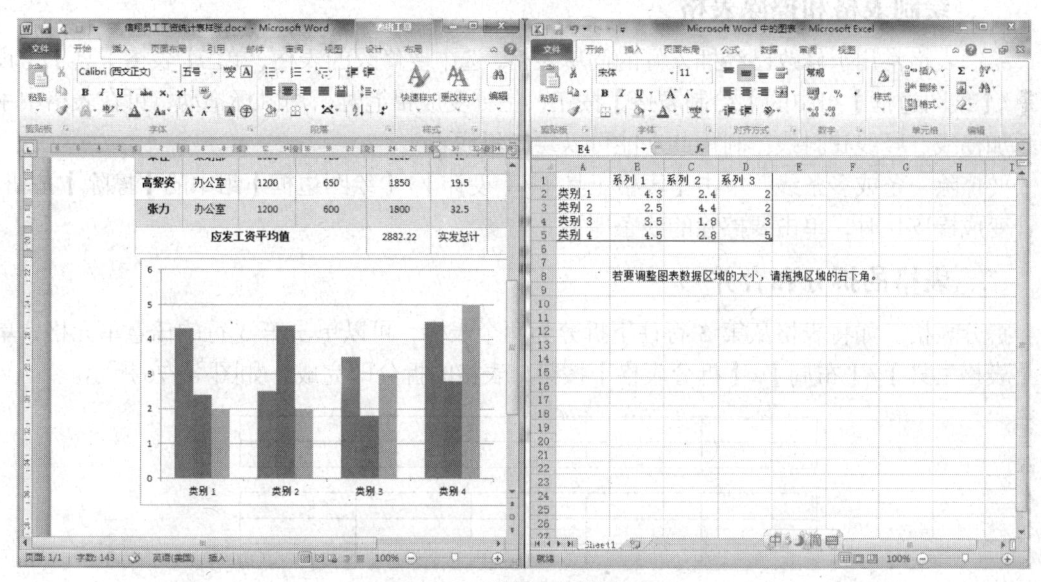

图 4-73 编辑表格数据窗口

Microsoft Word 中的图表 - Microsoft Excel

D7

	A	B
1	姓名	实发工资
2	马兰伟	4420
3	翟欣	3948.5
4	王凯辉	3504.2
5	贾力平	3304.8
6	崔新颖	2335
7	刘东强	2335
8	梁柱	2208
9	高黎姿	1830.5
10	张力	1707.5
11		若要调整图表数据区域的大小，请拖拽区域的右下角。
12		

图 4-74 输入表格数据

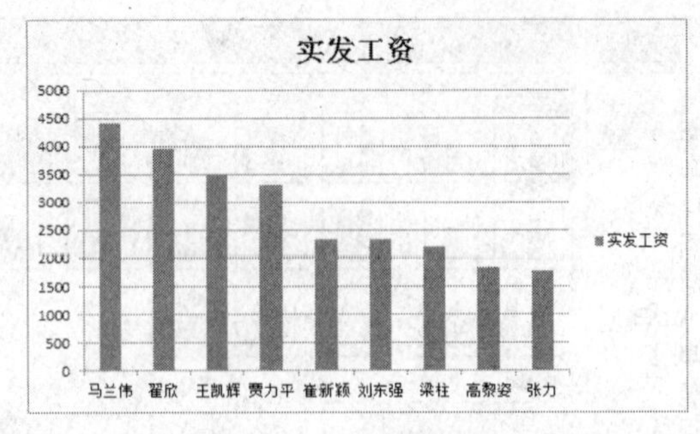

图 4-75　创建好的图表

最后，保存文档并退出。

【知识拓展】

一、绘制表格和擦除表格

绘制表格常用于修改已经插入好的简单表格，选中要修改的表格，单击【表格工具】/【设计】/【绘图边框】组中的【绘制表格】按钮，指针变成铅笔时，用鼠标拖动，可在表格中手动添加横线、竖线和斜线。利用此功能可以绘制斜线表头。

要擦除一条或多条线，单击【表格工具】/【设计】/【绘图边框】组中的【擦除】按钮，指针变成橡皮状时，单击要擦除的线条即可。

二、表格的拆分和合并

拆分表格。如将表格从第 3 行往下拆分为两个表格，可以单击第 3 行的任意单元格，单击【表格工具】/【布局】/【拆分表格】按钮，表格的拆分即完成，如图 4-76 所示。

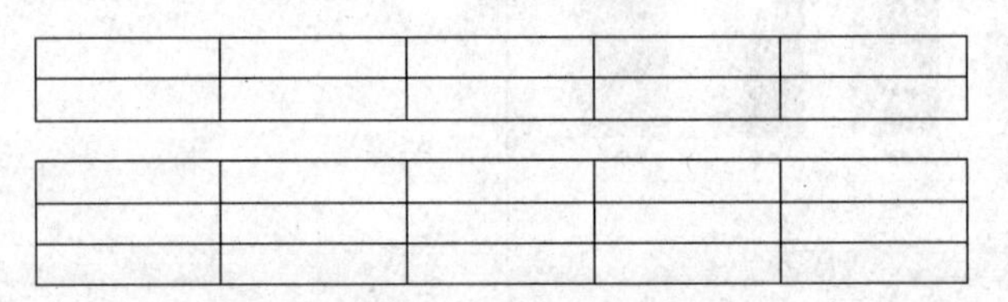

图 4-76　拆分表格

合并表格。两个表格的内容相互关联，那么可以将它们合并为一个表格。当表格处于相邻的位置时，删除表格间的空行、空格或文字等内容后，两个表格将自动被合并。

三、表格中的计算

（1）单元格命名。单元格的命名同 Excel 一样，从上到下为行号，用数字表示，从左到右为列标，用字母表示。单元格的命名为列标+行号，如 C6。如果要指定单元格区域，可以用如“B2:E8”来表示，表示左上角为 B2，右下角为 E8 的单元格区域。不相邻的单元格用逗号隔开。

（2）常用函数。SUM：求和函数；AVERAGE：求平均值函数；MAX：求最大值函数；MIN：求最小值函数；COUNT：统计个数函数。

（3）函数的使用。函数公式以等号开头，后面添加括号，括号中输入参数或单元格地址，如“=SUM(ABOVE)”或“=MAX(A1:A12)”。

四、公式的插入与编辑

在编写文件时，对于一些复杂的数学公式，不能通过键盘直接输入，可以使用 Word 软件公式编辑器进行编辑制作。

单击【插入】选项卡中【符号】组中的【公式】按钮，在下拉显示列表中单击【插入新公式】命令，如图 4-77 所示，此时进入公式编辑状态，如图 4-78 所示，利用“设计”选项卡中的“符号”和“结构”来编辑公式。公式编辑完成后，单击公式外的任意空白位置，退出编辑公式状态。如要删除公式，选中公式单击“Delete”键即可。

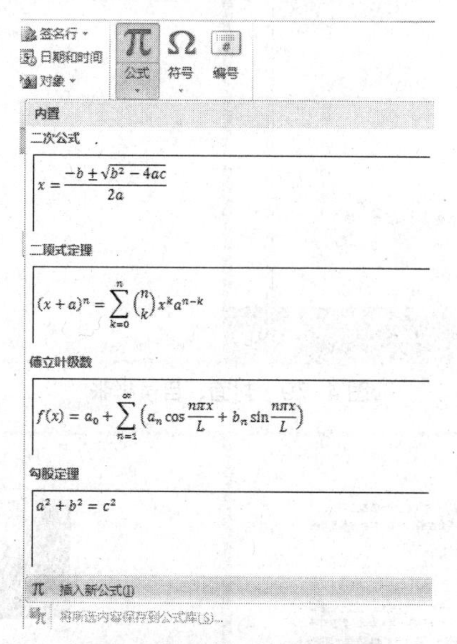

图 4-77　公式下拉显示列表

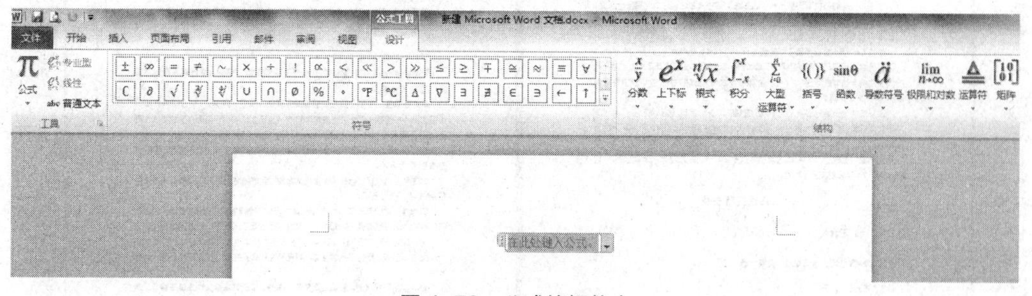

图 4-78　公式编辑状态

任务 4　编排云南自助游攻略

【任务描述】

暑假临近，好多大学生想利用暑假时间去云南游玩，由于跟团相对费用较高，而且在时间上安排得比较紧凑，不能充分体验旅游的快乐，所以好多大学生想自助游，信翔国际旅游公司为了满足大学生们的意愿，通过各种渠道掌握了大量的切实可行的资料，整理了一份《云南自助游攻略》，免费提供给有需求的大学生们。《云南自助游攻略》文档封面和目录样张如图 4-79 所示，正文第 1 页和第 2 页样张如图 4-80 所示。

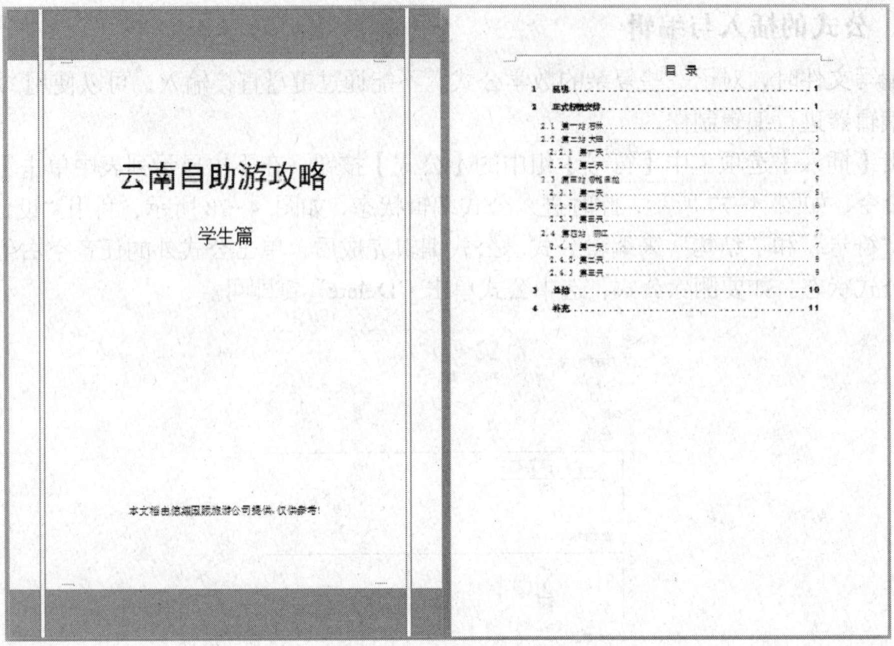

云南自助游攻略

学生篇

本文档由添趣国际旅游公司提供，仅供参考！

目 录

图 4-79　封面、目录样张

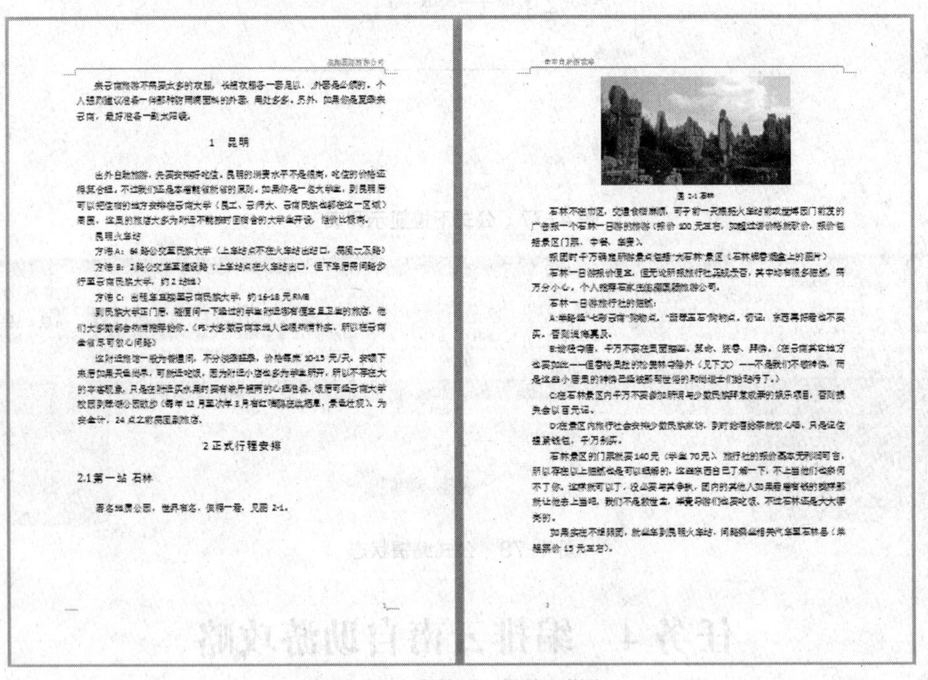

图 4-80　奇数页、偶数页样张

【任务分析】

云南自助游攻略内容比较多，为了方便阅读，我们设置了封面和目录；设置各级标题、正文、图片的样式，并应用样式到相应位置；设置多级项目符号，使文章的章节更加分明、清晰。为图片添加题注，并设置题注的样式，应用到文档中；设置首页不同、奇偶页不同的页眉和页脚，打印成册后便于阅读。

【学习目标】

- 设置文档属性
- 新建、修改样式并应用
- 设置多级列表
- 为图片添加题注并交叉引用
- 自动生成目录、更新目录
- 设置奇偶页不同的页眉和页脚

【任务实施】

一、设置文档属性

单击【文件】/【信息】，显示列表的右侧单击【属性】下拉按钮中的“高级属性”，如图 4-81 所示，弹出“云南自助游攻略.docx 属性”对话框，在“摘要”选项卡中的标题文本框中输入“云南自助游攻略”，单位文本框中输入“信翔国际旅游公司”，如图 4-82 所示，单击【确定】按钮。关闭该文档后，鼠标停留在文档图标上，提示框会显示作者、标题等信息。

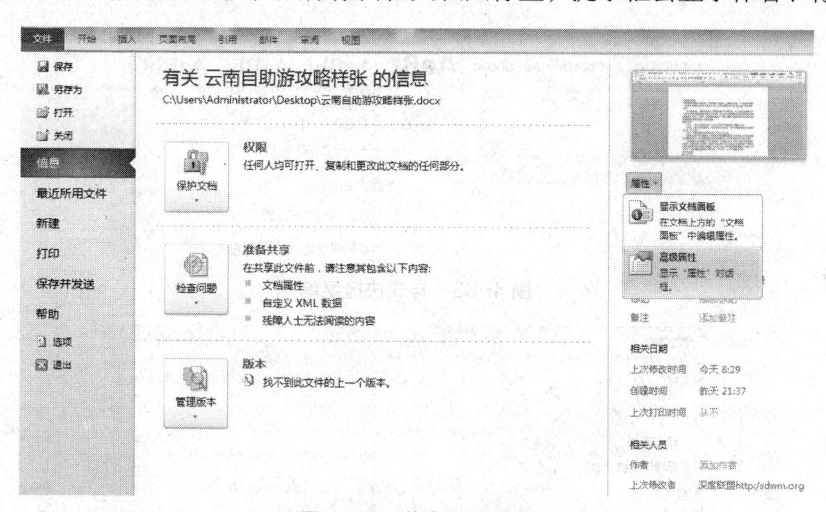

图 4-81 信息显示列表

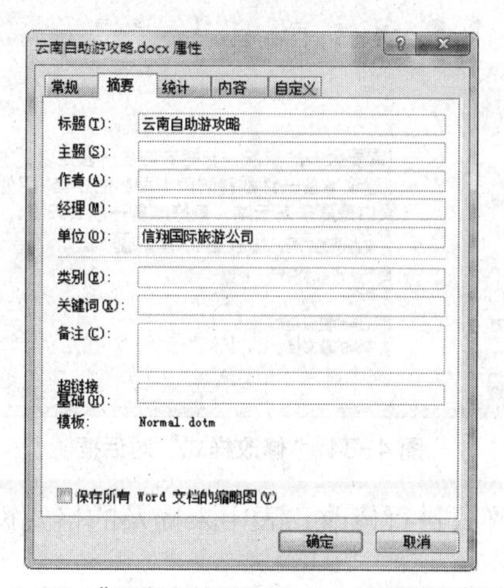

图 4-82 “云南自助游攻略.docx 属性”对话框

二、修改和新建样式

Word 软件为文档中的正文、各级标题、页眉和页脚、超链接等都提供了预定义的样式。在编辑长篇文档，如手册、标书、论文等时，为文档中同级别文本使用同一种样式，不同级别文本使用不同级别的样式，不仅可以使排版风格统一，而且便于调整格式，仅需更改该级别样式中的格式，便可应用到所有同级别文本中。只有文档各级标题应用相应样式后，才能自动生成目录。

Word 软件预定义的样式可以直接应用，如果预定义的样式格式设置有不合适的地方，还可以对该样式进行修改，也可以创建新样式。

1. 修改样式

将光标置于【开始】选项卡【样式】组中的需要修改的样式上，单击鼠标右键选择【修改】命令，如图 4-83 所示，弹出【修改样式】对话框，在对话框中可以更改字体、字号、对齐方式等格式设置。单击左下角【格式】按钮，如图 4-84 所示，在弹出的菜单中可以选择所需内容，打开相应对话框进行更加详尽的设置，设置完成后单击【确定】按钮，完成样式的修改。

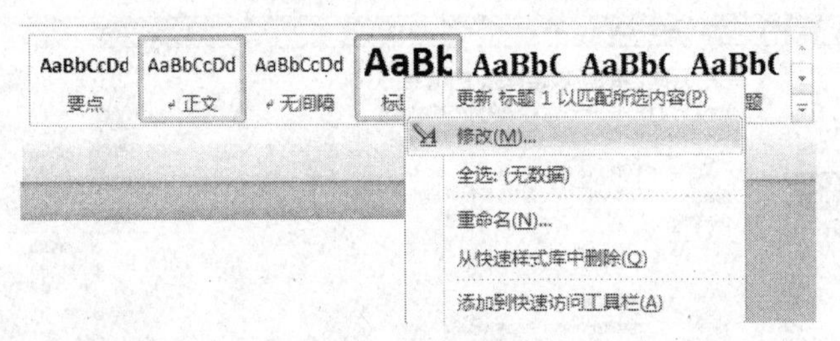

图 4-83 样式快捷菜单

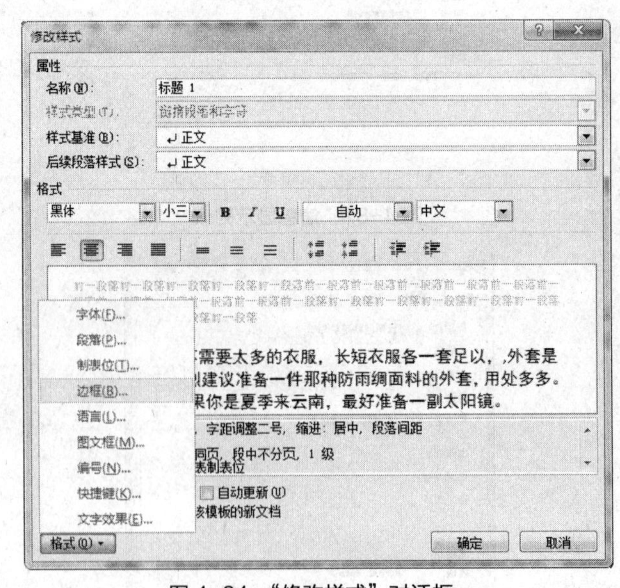

图 4-84 “修改样式”对话框

参照表 4-4 所示，对各样式进行修改，表中未提及的格式设置维持原样不做调整。

表 4-4　样式修改要求

名称	字体	字号	间　距	对 齐 方 式
标题 1	黑体	小三	固定行距 20 磅，段前 17 磅，段后间距 20 磅	居中
标题 2	黑体	四号	固定行距 20 磅，段前 13 磅，段后间距 18 磅	左对齐
标题 3	黑体	小四	固定行距 20 磅，段前 13 磅，段后间距 18 磅	左对齐
正文	宋体	小四	固定行距 20 磅	首行缩进 2 个字符

因为样式中没有"标题 3"样式，所以我们要新建"标题 3"样式。另外因为文档中有图片，且默认为"正文"样式，应用了上表中"正文"格式设置中的"固定行距 20 磅"，造成图片无法完全显示，所以要为图片创建新样式。

2．新建样式

单击【样式】对话框启动器，弹出【样式】对话框，单击左下角【新建样式】按钮，如图 4-85 所示，弹出【根据格式设置创建新样式】对话框，将名称改为"标题 3"，然后按照要求进行"标题 3"的格式设置，如图 4-86 所示，设置完成后单击【确定】按钮。此时在样式列表中出现了"标题 3"样式。

图 4-85　"样式"对话框

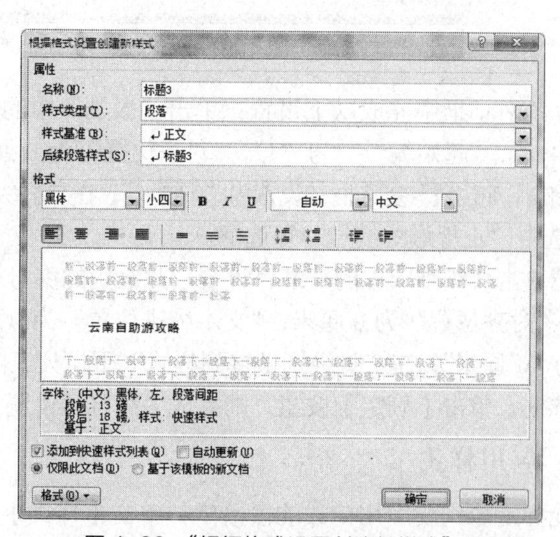

图 4-86　"根据格式设置创建新样式"对话框

再新建一个名称为"图片"的样式，设置样式基准为"正文"，对齐方式为"居中"，特殊格式为"无"，段前段后间距均为"0 磅"，行距为"单倍行距"。单击【确定】按钮，则完成图片样式的创建。

三、设置多级列表

在长篇文档中各章节标题左侧设置符号或编号，可以使文档条理更加清晰，便于阅读和查找相应内容。

单击【开始】选项卡【段落】组中的【多级列表】按钮，在下拉显示列表中单击【定义新的多级列表】命令，弹出【定义新多级列表】对话框，单击左下角的"更多"按钮，在"单击要修改的级别"中选择"1"，"此级别的编号样式"下拉列表中选择"1，2，3…"样式，"起始编号"为"1"，可根据需要在"编号格式"下方文本框"1"的右侧输入英文符号"."，"对齐位置”为 0 厘米，“文本缩进位置”为 0 厘米，选中“制表位添加位置”复选框并设置为“0 厘米”，“将级别链接到样式”右侧下拉列表中选择“标题 1”，如图 4-87 所示。

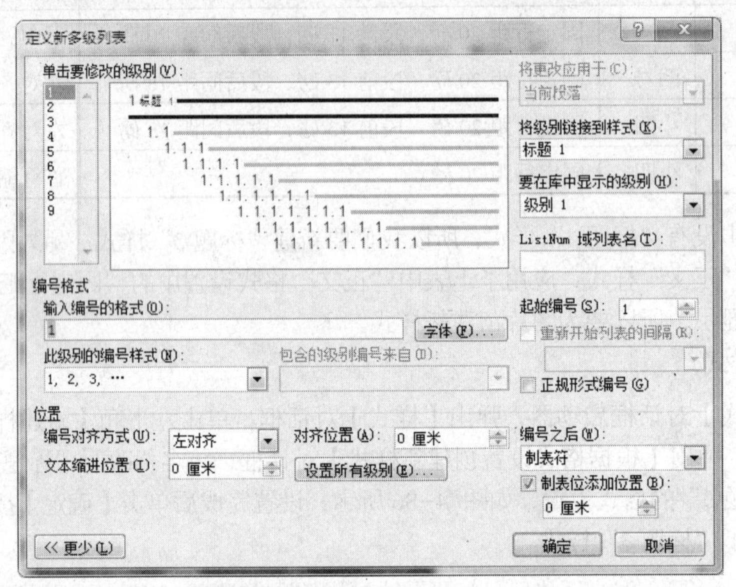

图 4-87 “定义新多级列表“对话框

在上图对话框中完成以下设置：单击“级别”中的“2”，设置“此级别的编号样式”为“1，2，3…”，“起始编号”为“1”，“对齐位置”为 0 厘米，“文本缩进位置”为 0 厘米，选中“制表位添加位置”复选框并设置为“0 厘米”，在“将级别链接到样式”下拉列表中选择“标题 2”，选中“正规形式编号”复选框。

接着单击“级别”中的“3”，设置“此级别的编号样式”为“1，2，3…”，“起始编号”为“1”，“对齐位置”为 0 厘米，“文本缩进位置”为 0 厘米，选中“制表位添加位置”复选框并设置为“0 厘米”，在“将级别链接到样式”下拉列表中选择“标题 3”，选中“正规形式编号”复选框，单击【确定】按钮，则完成多级符号设置。

四、应用样式

把光标定位到要应用样式的段落中，单击【样式】组中相应的样式名称，光标所在段落就应用了此样式的设置。

在云南自助游攻略文档中将标题、标题 1、标题 2、标题 3、图片、正文的样式应用于文章中相应的位置。选中图片后单击“图片”样式，即可将“图片”样式应用在该图片上。

五、插入题注

在编写长篇文档时，经常插入图片或表格能使文章内容更加详尽。在编辑时需要为图片或表格添加说明性文字，通过插入题注可以在添加说明内容的同时自动编号，避免人为输入出现的编号错误情况，而且在增加图片时，编号自动更新，不用手动逐个修改编号，大大提高了工作效率。通常图片的题注添加在图片下方，表格的题注添加在表格上方。

单击选中文档中的第一张图片，单击【引用】选项卡【题注】组中的【插入题注】按钮，弹出【题注】对话框，因为 Word 软件题注的默认标签中没有图，所以要新建图标签，单击“新建标签”按钮，弹出“新建标签”对话框，在标签文本框中输入“图”，单击【确定】按钮，如图 4-88 所示，则回到“题注”对话框，单击“编号”按钮，在弹出的对话框中选择“格式”下拉列表中“1，2，3…”样式，选中“包含章节号”复选框，选择“章节起始样式”选择下拉列表中“标题 1”，选择“使用分隔符”下拉列表中的“-（连字符）”，如图 4-89 所示，单击【确定】按钮，回到“题注”对话框，单击【确定】按钮，关闭“题注”对话框的同时文档中所选图片下方出现“图 2-1”字样，将光标置于图 2-1 右侧输入文字“石林”。

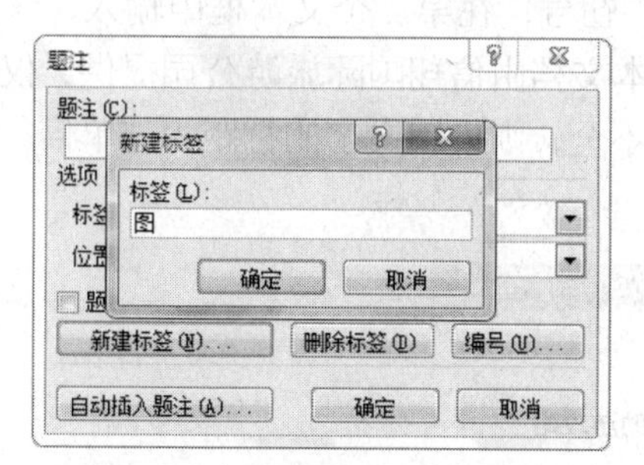

图 4-88 “新建标签”对话框

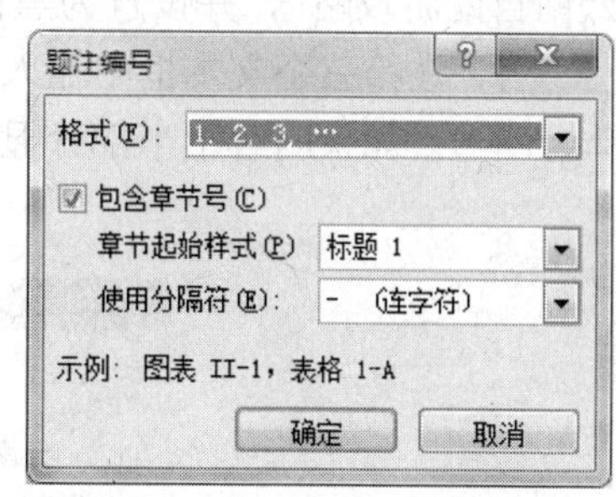

图 4-89 “题注编号”对话框

文档中的剩余 3 张图片的题注插入方法相同，只是在“题注”对话框中无需任何设置，直接单击“确定”按钮即可。第 2～4 张图片的题注内容分别为“大理”、“虎跳峡”、“玉龙雪山”。

六、交叉引用

在编写的长篇文档中引用某图片、表格所示内容时，应该在文章中详细写明引用的对象及其编号，如“如图 1-1 所示”这样的说明性文字。因为在后面修改文档时会随时插入或删除图片、表格，进而在前面撰写文档时无法预计某图片、表格的编号，所以均写成“如所示”。在为图片、表格插入题注后，通过 Word 软件提供的“交叉引用”功能，将题注的标签、编号等内容自动插入到“如”与“所示”之间，不仅减少了文字录入的工作量，而且当图片、表格的题注发生变化时，可以通过更新域使其保持一致。

将光标置于第 1 张图片上方的“见”字右侧，单击【引用】选项卡【题注】组中的【交叉引用】按钮，弹出【交叉引用】对话框，在“引用类型”下拉列表中选择“图”，在“引用内容”下拉列表中选择“只有标签和编号”，在“引用哪一个题注”下方选择与第 1 张图片一致的题注，如图 4-90 所示，单击“插入”按钮，即把图片的标签和编号插入到文档中，单击【关闭】按钮则完成一次交叉引用。以此类推，给文中所有图片上方段落中的“见”字右侧插入相应图片的标签和编号。

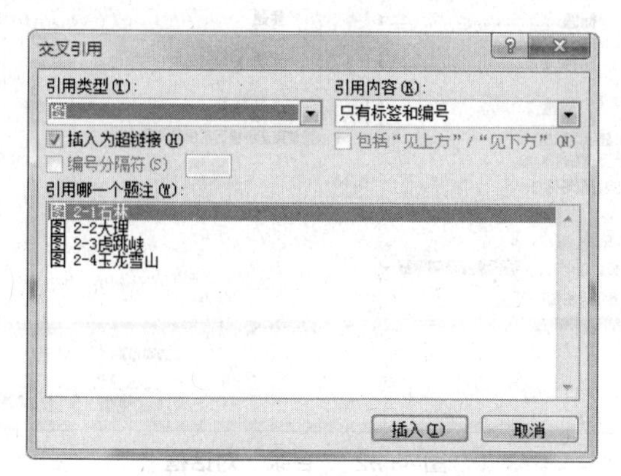

图 4-90 “交叉引用”对话框

七、编制目录

1．插入封面

插入“细条纹”样式的封面，将封面中的标题、副标题等所有文本框删除，参照样张插入三个文本框，设置文本框的形状填充为“无填充”，形状轮廓为“无轮廓”，在第一个文本框中输入“云南自助游攻略”，并设置为黑体、初号，在第二个文本框中输入“学生篇”，并设置为宋体、一号，在第三个文本框中输入“本文档由信翔国际旅游公司提供，仅供参考!”，并设置为宋体、四号。如果内容上半部分显示不全，则设置文字的行距为“单倍行距”，如图4-91所示。

图 4-91　文档封面

2．插入目录

将光标置于正文部分的开始位置，单击【插入】选项卡【页】组中的【空白页】按钮，即在正文部分的前面添加了一个空白页，用于生成目录。

在空白页开始位置输入文字“目 录”，回车生成一个新段落，设置“目 录”为黑体、小二、居中对齐，将光标置于第2行的开始位置，单击【引用】选项卡【目录】组中的【目录】按钮，在下拉显示列表中单击【插入目录】命令，弹出【目录】对话框，在“格式”下拉列表中选择“正式”，其他项默认即可，如图 4-92所示，单击【确定】按钮目录自动生成。

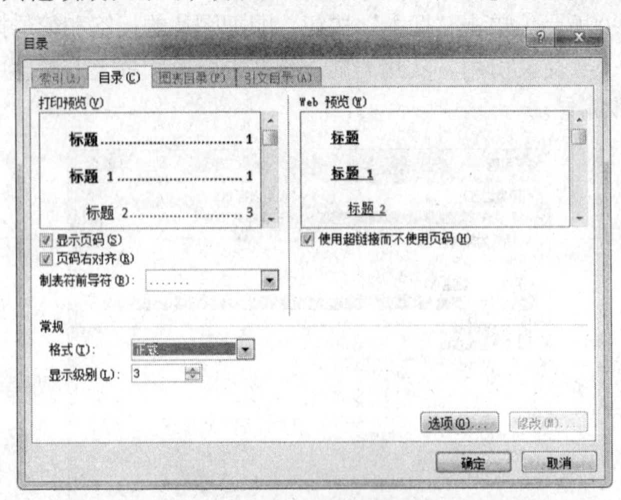

图 4-92　“目录”对话框

➔提示

如果生成的目录标题 3 没有显示出来，单击【视图】选项卡中的【大纲视图】按钮，在大纲视图下查看各级标题的大纲级别是否正确，不正确可以在此调整。

3．设置目录格式

选中目录的全部内容设置格式：字体为宋体、字号为五号，行距固定值“18 磅”，其他设置不做更改。选中目录中字体倾斜的部分即级别为 3 的目录，如图 4-93 所示，单击【字体】组中的“倾斜”按钮，取消字体倾斜格式设置。

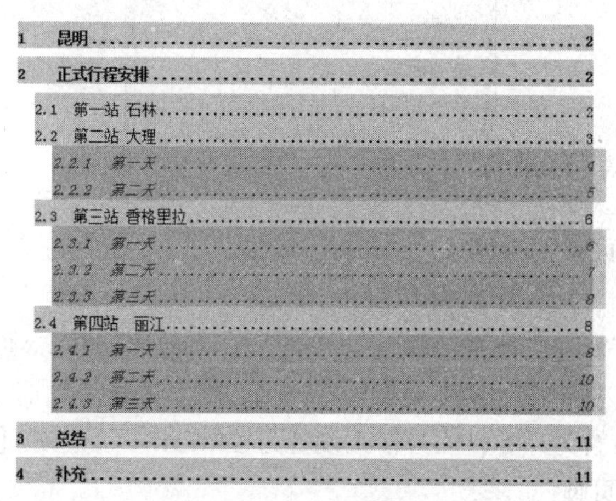

图 4-93 选中字体倾斜的目录

认真观察上图中目录的页码是按照目录生成时各标题所在页面页码显示的。在编辑长篇文档时内容页码应该从“1”开始计数，所以要进行下面的页眉和页脚设置。

八、设置页眉页脚

本文档中有 3 部分内容：封面、目录、内容。装订成册后为了便于阅读，设置页眉和页脚时总体要求如下：封面不需要有页眉和页脚的设置，目录与内容的页眉和页脚设置不同，内容中奇数页与偶数页的页眉和页脚设置不同。“页眉和页脚”设置如下文所述。

1．设置分节

将光标置于目录页的起始位置，单击【页面布局】选项卡中【分隔符】按钮，在显示的下拉列表中单击“连续”分节符；将光标置于正文的起始位置，再插入一个“连续”分节符，此时将整个文档分成了 3 节。

2．设置奇偶页不同

单击【插入】选项卡【页眉和页脚】组中的【页眉】按钮，在显示的下拉列表中单击“编辑页眉”命令，将光标置于正文第 1 页的页眉处，在【页眉和页脚工具】/【设计】中将取消“首页不同”复选框，将“奇偶页不同”复选框勾选上。将光标置于目录页的页眉处，单击“链接到前一条页眉”按钮，则页眉虚线框右上角的“与上一节相同”文字消失，即取消了目录与封皮之间页眉的链接。

利用上述方法取消目录与封皮之间页脚的链接，正文第 1 页与目录之间的页眉页脚的链接，正文第 2 页与第 1 页之间的页眉页脚的链接。

将光标置于正文第 1 页页脚位置，单击【页码】按钮，在显示的下拉列表中单击“设置页码格式”命令，弹出“页码格式”对话框，将起始页码设置为“1”，如图 4-94 所示，单击【确定】按钮。此时正文第 1 页就变成了奇数页。

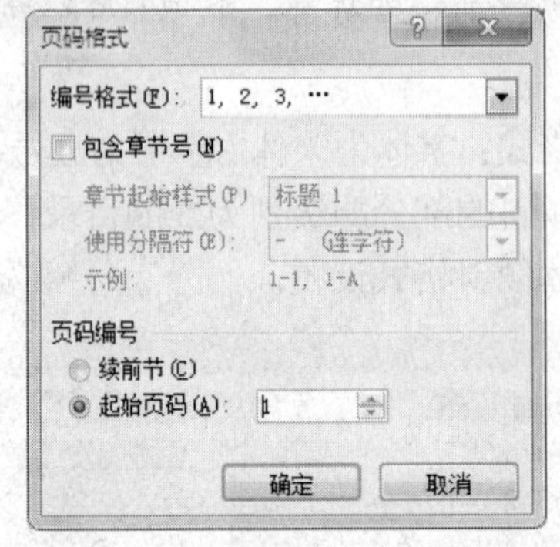

图 4-94 “页码格式”对话框

3. 设置目录页眉页脚

目录页不设置页眉。

将光标置于目录页的页脚位置，单击“页码”/“页码底端”/“普通数字 2”，然后选中页码，单击鼠标右键，在弹出的快捷菜单中选择“设置页码格式”命令，弹出“设置页码格式”对话框，起始页设置为“1”，编号格式设置为“I,II,III…”，单击【确定】按钮。

4. 设置正文页眉页脚

将光标置于正文第 1 页页眉位置，输入文字“信翔国际旅游公司”，设置文字为小五号，右对齐；将光标置于正文第 1 页页脚位置，单击“页码”/“页码底端”/“普通数字 3”，此时正文部分的奇数页页眉页脚设置完毕。

将光标置于正文第 2 页页眉位置，输入文字“云南自助游攻略”，设置文字为小五号，左对齐；将光标置于正文第 2 页页脚位置，单击“页码”/“页码底端”/“普通数字 1”，此时正文部分的偶数页页眉页脚设置完毕。

➔提示

只需设置正文第 1 页、第 2 页的页眉和页脚，即完成了对正文所有奇数、偶数页页眉和页脚的设置。

单击【关闭页眉页脚】按钮，整个文档的页眉页脚设置完毕。

九、目录的更新和使用

1. 目录的更新

为《云南自助游攻略》设置好页眉和页脚后，文档内容的页码有了变化，在目录上单击鼠标右键，在弹出的快捷菜单中选择【更新域】命令，在弹出的【更新目录】对话框中选择“只更新页码”，如图 4-95 所示，单击【确定】按钮，目录中的页码自动更新。

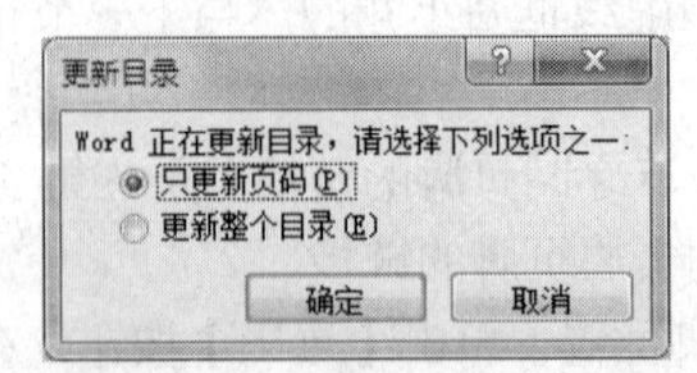

图 4-95 “更新目录”对话框

➔提示

当文档中标题文字进行了更改时，在【更新目录】对话框中选择“更新整个目录”，目录的文字、页码均进行自动更新。“更新整个目录”后目录格式可能需要重新调整。

2. 目录的使用

光标在目录上按住 Ctrl 键鼠标会变成手的样子，此时在某标题上单击鼠标，光标立即跳转到内容中相应标题处，便于查阅文档内容。单击目录会显示灰色底纹，在预览、打印时不会出现灰色底纹。

《云南自助游攻略》文档编辑完毕，保存文档。

【知识拓展】

一、字数统计

Word 软件字数统计功能方便随时查看字数。单击页面内任意位置，统计字数的范围是整篇文档；选中部分内容，统计字数的范围是选中的区域。单击【审阅】选项卡【校对】组中的【字数统计】按钮，弹出【字数统计】对话框，在对话框中显示了字数统计的各项信息，如图 4-96 所示。

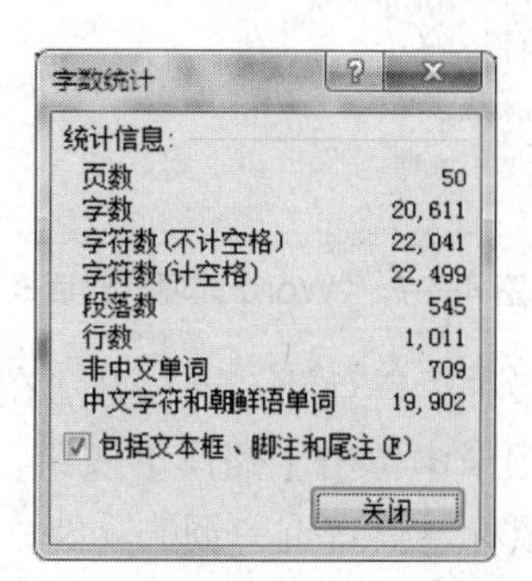

图 4-96 “字数统计”对话框

二、拼写和语法检查

在文档中输入内容时，很难保证拼写和语法完全正确，审阅文件时可以通过拼写和检查检查功能快速找到有错误的地方。

1. 启用拼写和语法检查功能

单击【文件】/【选项】，弹出【Word 选项】对话框，单击左侧的“校对”，将“键入时检查拼写”和“键入时标记语法错误”两个复选框勾选上，如图 4-97 所示，单击【确定】按钮。编写文档时拼写错误则以红色波浪线提示，语法错误则以绿色波浪线提示。红色、绿色波浪线在预览、打印时不会出现。

2. 修改拼写和语法错误

在文中的红色波浪线处单击鼠标右键，从快捷菜单中选择本单词的正确拼写，此时文中错误单词被更正且红色波浪线消失；在文中的绿色波浪线处单击鼠标右键，从快捷菜单中选择正确的语法形式，此时文中错误语法被更正并且绿色波浪线消失。

三、实时翻译

处理公文时往往会遇到不认识的单词，或者需要将某一个单词翻译成其他的语言。在

Word 中，只要按住 Alt 键，再用鼠标单击这个单词，或在这个词上单击鼠标右键选择【翻译】命令，即可在右侧的“信息检索”任务窗口看到翻译的结果，如图 4-98 所示。

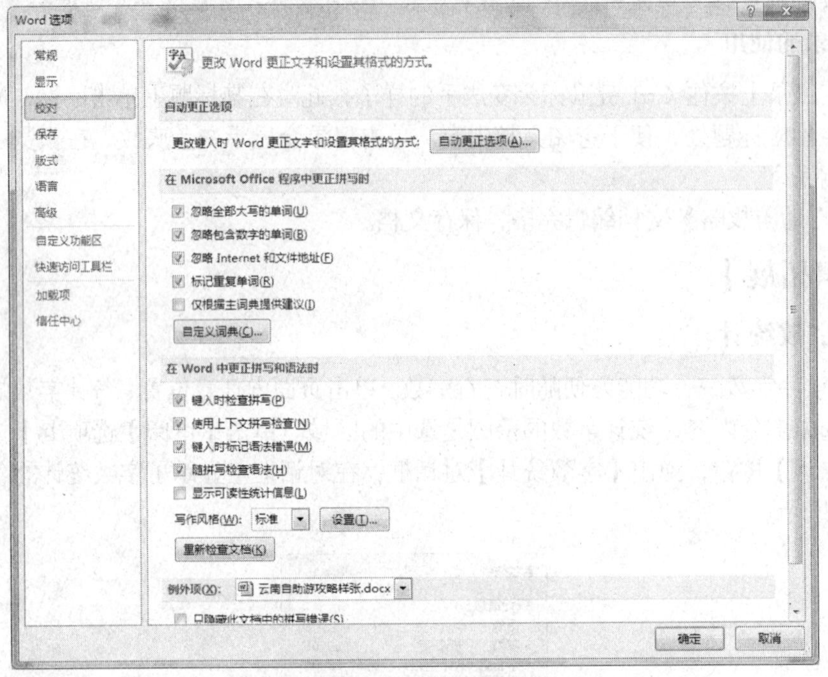

图 4-97 “Word 选项”对话框

除了中英互译，还可以选择多种语言互译，这一办法在 IE 浏览器中也同样适用。

另外，还可以在【审阅】选项卡中单击【翻译】按钮，在显示的下拉列表中选择“翻译屏幕提示”命令，这样可以实现鼠标悬停查询单词的功能，如图 4-99 所示。

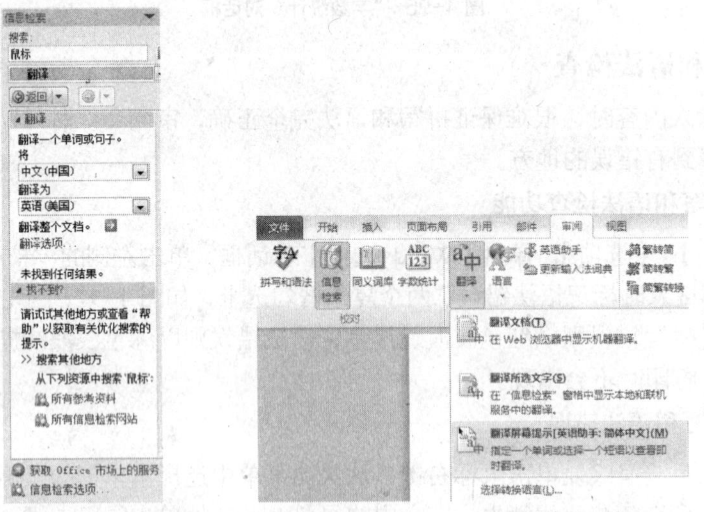

图 4-98 “信息检索”任务窗口　　　　图 4-99 翻译显示下拉列表

四、大纲视图操作

在对长篇文档章节顺序进行调整时，利用大纲视图可以方便地查看和组织文档结构。Word 软件将段落分成了十个级别，即 9 级标题和正文，每个级别的格式在模板中定义，还可以通过【段落】组中的【多级列表】来进行设置。

单击 Word 软件窗口右下角的【大纲视图】按钮，或者单击【视图】选项卡中的【大纲视图】按钮，即进入大纲视图编辑中，如图 4-100 所示。

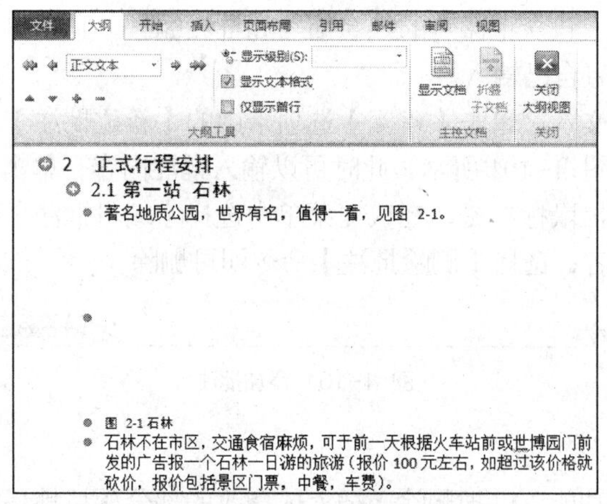

图 4-100 大纲视图

在大纲视图中每一个段落的前面都有一个标记，根据段落的大纲级别有层级的设置，不同的标记代表不同的意义，主要有两种符号：

⊕：代表该内容为标题；

●：代表段落的级别是正文。

在大纲视图下可以完成以下操作。

1．提升和降低标题级别

在长篇文档中可以使正文和标题级别提升或降低。先选中要升级或降级的标题或正文，然后单击“大纲”选项卡中相应按钮。级别改变后段落格式和文字格式也随之发生变化。

2．移动文本

在大纲视图中可以方便地调整段落的位置。选中段落，然后单击“大纲”选项卡中的“上移”或“下移”按钮，这个段落包含它的下级内容在文档中的位置就会向前或向后移。

3．折叠和展开

单击标题内任意位置，然后单击“大纲”选项卡中的“折叠”按钮，该层级就折叠了一层。单击“展开”按钮，可以展开一个层级。

4．显示指定级别

单击“大纲”选项卡中的“显示级别”下拉按钮，从下拉菜单中选择级别，可以按所选级别显示内容。

5．只显示首行

单击“大纲”选项卡中的“只显示首行”按钮，则正文段落的第一行内容显示，其他内容用省略号取代，再单击则显示正文全部内容。

五、审阅、批注和修订

文稿编写完成后，作者常常需要把文稿发送给专家进行审阅，以便对文稿中的不当之处进行修改。专家进行审阅时在保持原文不变的基础上对文稿进行批注和修订。作者拿回文稿后，只需对批注和修订接受或拒绝即可实现修改。

1．批注

批注是在文档中添加的注释，显示在文档的右侧页边距内。批注由两部分内容组成，前一部分是批注标记信息，包含审阅者的姓名缩写和批注编号，它是自动出现的；后一部分是批注具体内容，由添加者自己输入。

选中要添加批注的文本，单击【审阅】选项卡中的【新建批注】按钮，在本行的右侧页边距内出现批注框，如图 4-101 所示，此时可以输入批注内容，单击批注外任意位置完成批注的添加。在批注内单击鼠标右键，在快捷菜单中选择【编辑批注】命令，或直接单击批注框内，可以修改批注内容；选择【删除批注】命令即可删除。

2.1 第一站 石林 批注 [深度联盟http1]:

图 4-101 添加批注

2．修订

在审阅时通过修订功能可以把删除、插入或修改的部分醒目地标示出来。单击【审阅】选项卡中的【修订】按钮，在显示的下拉列表中选择“修订”命令，此时进入修订状态。用 Delete 键删除文字，则文字显示为红色并在文字上添加了删除线；如添加文字，则可以看到文字添加进来并用红色标记，如图 4-102 所示，把鼠标移动到这些文字，可以看到修改者的信息。

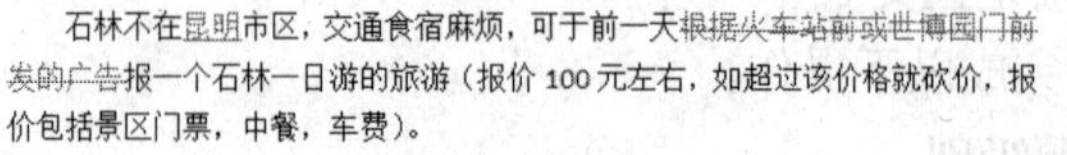

石林不在昆明市区，交通食宿麻烦，可于前一天根据火车站前或世博园门前发的广告报一个石林一日游的旅游（报价 100 元左右，如超过该价格就砍价，报价包括景区门票，中餐，车费）。

图 4-102 修订文稿

在经过修订的文档中，将光标置于修订的内容中，单击【审阅】选项卡【更改】组中的【接受】或者【拒绝】按钮，可以接受或者拒绝修订。

六、邮件合并

在日常工作中，我们经常会遇见这种情况：处理的文件主要内容基本都是相同的，只是具体数据不同。在填写大量格式相同，只修改少数相关内容，其他文档内容不变时，我们可以灵活运用 Word 邮件合并功能，不仅操作简单，而且还可以设置各种格式，打印效果也好，可以满足不同用户的不同需求。

邮件合并不仅可以建立信函，还可以创建电子邮件、信封和标签。“邮件合并”分步向导可引导您快速地完成这些工作。单击【邮件】选项卡中的【开始邮件合并】按钮，选择“邮件合并分步向导”命令，在文档窗口右侧出现“邮件合并”任务窗格，如图 4-103 所示，主要分 6 个步骤完成，具体操作如下。

第一步：选择文档类型，这里以信函为例进行介绍合并过程。选择“信函”后，单击“下一步”按钮。

第二步：选择开始文档，（1）使用当前文档：以正在操作的文档作为主文档；（2）从模板开始：根据 Word 模板新建主文档，并输入或修改主文档的内容；（3）从现有文档开始：以已有的其他 Word 文档作为主文档，这时可单击【文件】/【打开】命令，从弹出的【打开】对话框中选择需要的文档打开。

第三步：选取收件人，即选择或创建数据源，数据源中包括了在各个合并文档中各不相同的数据，例如，套用信函中各收件人的姓名和地址。可以使用任何类型的数据源，其中包括 Word 表格、Microsoft Outlook 联系人列表、Excel 工作表、Microsoft Access 数据库和 ASCII 码文本文件。若使用现有的数据源，可以单击“浏览”按钮来选取数据源，打开后弹出【邮件合并收件人】对话框，如图 4-104 所示，单击【确定】按钮。

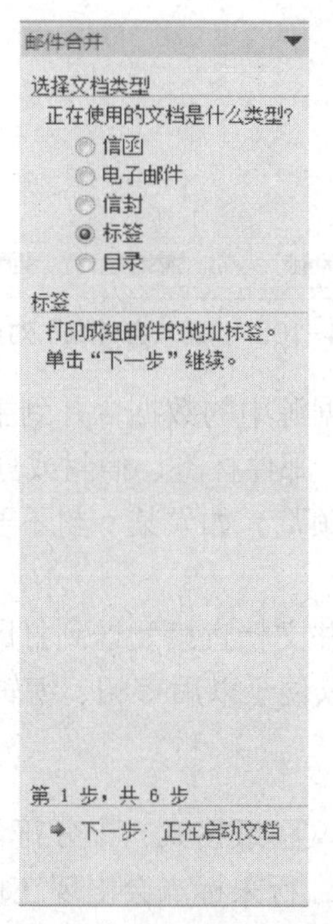

图 4-103 “邮件合并”任务窗格

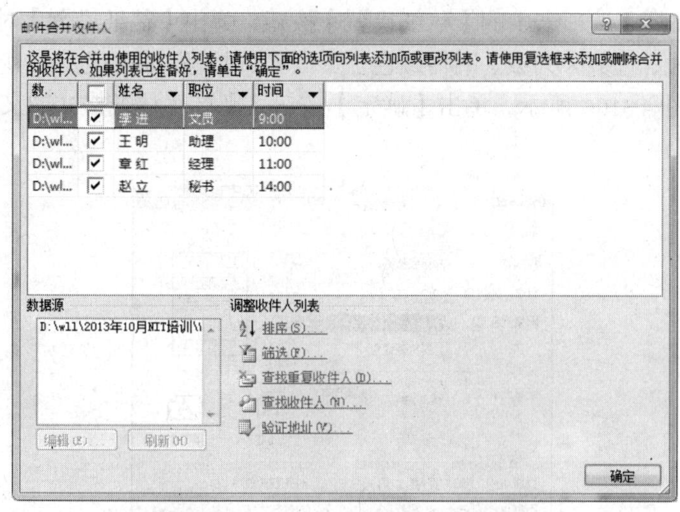

图 4-104 “邮件合并收件人”对话框

第四步：撰写信函，这一步可以修改主文档中的错误，同时需要把合并域插入到主文档中。合并域是占位符，用于指示 Microsoft Word 信件中在何处插入数据源中的哪一数据项。要插入合并域，先在主文档中定位好插入点，再单击“邮件合并”任务窗格中的“其他项目”，然后从弹出的【插入合并域】对话框选择所需域名单击【插入】按钮，如图 4-105 所示。一次只能插入一条不连续的域名，重复多次即可完成所有域的插入。

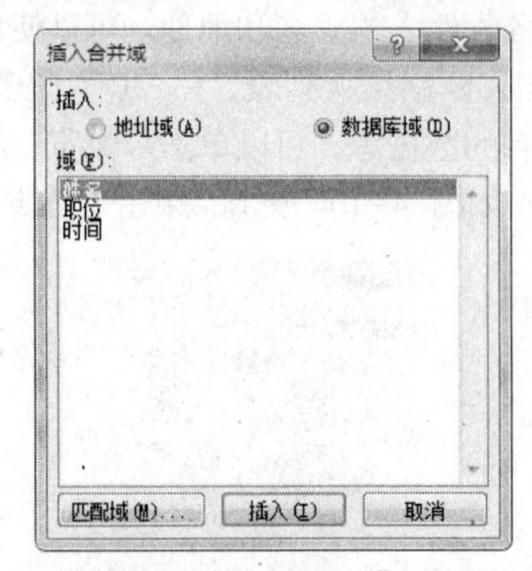

图 4-105 “插入合并域”对话框

第五步：预览信函，这时将数据源中的数据合并到主文档中。数据源中的每一行（或记录）都会生成一个单独的套用信函、邮件标签、信封或分类项。通过单击“«”或“»”按钮可以实现合并后的一封封信函的预览。如果某一封不要时，单击“排除此收件人”按钮，即删除一封合并后的邮件。

第六步：完成合并，可以将合并文档直接发送到打印机、电子邮件地址或传真号码。也可将合并文档汇集到一个新文档中以便于以后审阅、编辑或打印。

七、设置稿纸格式

Word 2010 中内置了典型的中文稿纸格式，十分符合中文行文规范。例如，中文标点不能出现在行首，而在 Word 稿纸中，行末标点会出现在稿纸方格之外，这是一个非常实用的功能。设置稿纸格式的具体操作步骤如下。

单击【页面布局】选项卡中的【稿纸设置】按钮，弹出【稿纸设置】对话框，在对话框中设置稿纸的格式、行数×列数、网格颜色、页眉和页脚等，并勾选“按中文习惯控制首尾字符”选项，如图 4-106 所示，单击【确定】按钮，则产生稿纸格式的文档，如图 4-107 所示。

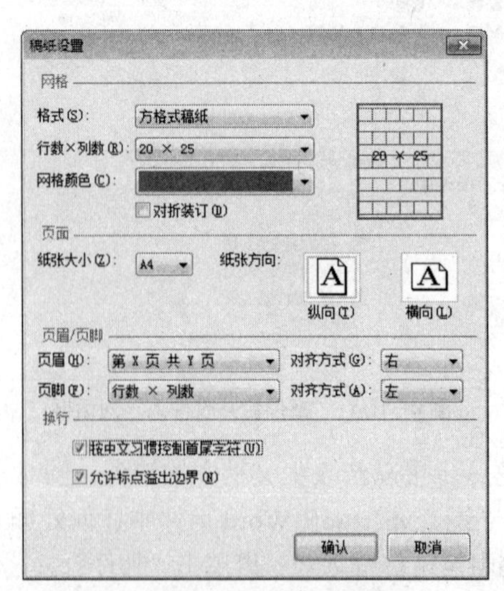

图 4-106 “稿纸设置”对话框

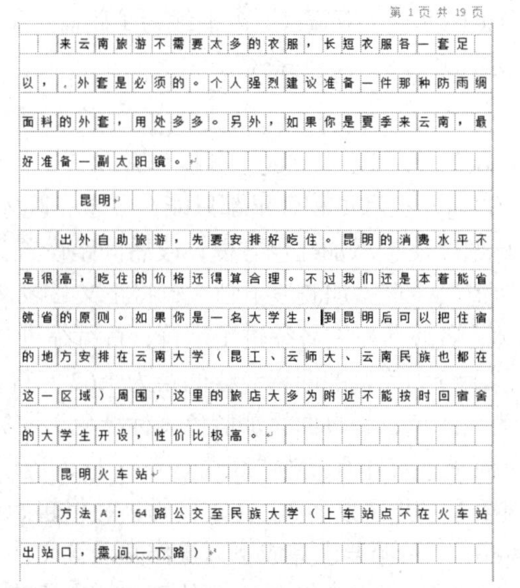
第1页共19页

来云南旅游不需要太多的衣服，长短衣服各一套足以，。外套是必须的。个人强烈建议准备一件那种防雨绸面料的外套，用处多多。另外，如果你是夏季来云南，最好准备一副太阳镜。

昆明

出外自助旅游，先要安排好吃住。昆明的消费水平不是很高，吃住的价格还得算合理。不过我们还是本着能省就省的原则。如果你是一名大学生，到昆明后可以把住宿的地方安排在云南大学（昆工、云师大、云南民族也都在这一区域）周围，这里的旅店大多为附近不能按时回宿舍的大学生开设，性价比极高。

昆明火车站

方法A：64路公交至民族大学（上车站点不在火车站出站口，需问一下路）

图 4-107　稿纸格式的文档

【项目总结】

公司员工通过努力完成了七彩云南新路线的行程安排、景点浏览、自助游攻略和新进员工填写的员工信息登记表的制作，每个文档都经过了精心的设计和细致的编排，得到了客户的认可和称赞。

本项目应用 Word 软件最核心的功能，文档编辑与格式设置，图文混排，表格制作与编辑，长篇文档制作与编辑，完成了《七彩云南九五至尊行程安排》、《七彩云南景点浏览》、《员工基本信息登记表》、《员工基本信息统计表》、《云南自助游攻略》等文档的制作与编排。通过本项目的学习，可提升职场中应用计算机办公的技能水平，积累实际工作中 Word 办公软件的应用经验，有效提高工作效率。

【拓展练习】

练习一

1. 打开文档 word1.docx，按照要求完成下列操作并以该文件名（word1.docx）保存文档。

（1）将文中所有错词“漠视”替换为“模式”；将标题段（“8086/8088CPU 的最大模式和最小模式”）的中文设置为黑体，英文设置为 Arial Unicode MS 字体、红色、四号，字符间距加宽 2 磅，标题段居中。

（2）将正文各段文字（“为了……协助主处理器工作的。”）的中文设置为五号仿宋，英文设置为五号 Arial Unicode MS 字体；各段落左右各缩进 1 字符，段前间距 0.5 行。

（3）为正文第一段（“为了……模式。”）中的 CPU 加一脚注：Central Process Unit；为正文第二段（“所谓最小模式……名称的由来。”）和第三段（“最大模式……协助主处理器工作的。”）分别添加编号（1）、（2）。

2. 打开文档 word2.docx，按照要求完成下列操作并以该文件名（word2.docx）保存文档。

（1）在表格最后一行的“学号”列中输入“平均分”，并在最后一行相应单元格内填入该门课的平均分。将表中的第 2 至第 6 行按照学号的升序排序。

（2）表格中的所有内容设置为五号宋体、水平居中；设置表格列宽为 3 厘米、表格居中；

设置外框线为 1.5 磅蓝色（标准色）双窄线，内框线为 1 磅蓝色（标准色）单实线，表格第一行底纹为“橙色，强调文字颜色 6，淡色 60%”。

练习二

1. 打开文档 word3.docx，按照要求完成下列操作并以该文件名（word3.docx）保存文档。

（1）将标题段文字（“为什么水星和金星都只能在一早一晚才能看见？”）设置为三号仿宋、加粗、居中，并为标题段文字添加红色方框；段后间距设置为 0.5 行。

（2）给文中所有“轨道”一词添加波浪下划线；将正文各段文字（“除了我们……开始减小了。”）设置为五号楷体；各段落左右各缩进 1 字符；首行缩进 2 字符。将正文第三段（“我们知道……开始减小了。”）分为等宽的两栏，栏间距为 1.62 字符，栏间加分隔线。

（3）设置页面颜色为浅绿色；为页面添加蓝色（标准色）阴影边框；上下边距各为 2 厘米，装订线位置为上，页面垂直对齐方式为“底端对齐”；插入奥斯汀型页眉，页眉内容为“水星和金星”，在页面底端插入“普通数字 3”样式页码，并将起始页码设置为“3”。

2. 打开文档 word4.docx，按照要求完成下列操作并以该文件名（word4.docx）保存文档。

（1）将文中后 7 行文字转换成一个 8 行 5 列的表格。在表格右侧增加一列，输入列标题“平均成绩”，并在新增列相应单元格内填入左侧三门功课的平均成绩；按“平均成绩”列降序排列表格内容。

（2）设置表格居中，表格列宽为 2.2 厘米、行高为 0.6 厘米，表格中第 1 行文字水平居中，其他各行文字中部两端对齐；设置表格外框线为红色 1.5 磅双窄线、内框线为红色 1 磅单实线。

PART 5 项目五 电子表格处理——销售数据管理

Excel 2010 是目前使用较为广泛的办公数据处理软件 Office 的组件之一。它能够使用比以往更多的方式来分析、管理和共享信息，从而帮助用户做出更明智的决策。

【项目描述】

每年的 7、8 月是旅游旺季，为此公司在 3 月份时安排刘青去联系各个城市的定点协议酒店，公司的旅游团在这些酒店消费时，不仅可以享受一定的优惠价格，而且还可以优先安排房间和活动场地。制作协议酒店价目表，不仅可以为旅游的客户快捷地提供酒店信息，而且可以为单位节约费用。传统的统计方法效率低，容易出错，利用 Excel 2010 对数据进行整理、加工及分析，可以大大提高我们的工作效率，最后将统计分析出来的数据打印上报给经理。

【项目分解】

本项目可分解为 5 个学习任务，每个学习任务的名称和学时安排见表 5-1。

表 5-1 项目分解表

项目分解	学习任务名称	学　时
任务 1	制作协议酒店价目表	4
任务 2	统计各部门业绩	6
任务 3	分析各部门业绩	6
任务 4	图表的应用	2
任务 5	打印与安全管理	2

任务 1　制作协议酒店价目表

【任务描述】

业务部经理安排刘青联系各地的定点协议酒店，经过两周的紧张工作，刘青很快完成联系任务。面对复杂庞大的数据，他感到无从下手。在向部门经理请教后，刘青开始制作“信翔国际旅游公司协议酒店价目表”。

【任务分析】

启动 Excel 2010 之后，系统会自动创建一个新的空白工作簿，默认的文件名为“工作簿 1.xlsx”，选择一张空白的工作表即可输入具体的内容。本任务将以制作“信翔国际旅游公司协议酒店价目表”为例，如图 5-1 所示，主要介绍表格的创建、编辑、格式设置等操作。

总体来说，任务可以按以下流程完成。

创建工作簿—输入数据—格式化工作表—保存文档。

2014年信翔国际旅游公司协议酒店价目表

城市	酒店名称	标准	早餐	价格	备注
北京	京北饭店	豪华大床房	有	768	
北京	京北饭店	标准间	无	368	
北京	京西饭店	商务套间	有	558	
北京	京西饭店	高级标间	有	418	
北京	京西饭店	高级套房	无	378	
北京	龙海假日酒店	商务大床房	有	998	
北京	龙海假日酒店	商务套间	有	540	
北京	龙海假日酒店	标准间	无	226	
上海	银河假日酒店	特价房	无	428	

图 5-1　协议酒店价目表样张

【学习目标】

- 数据的输入
- 表格的美化
- 设置标题格式
- 设置内容格式
- 工作表的页面设置

【任务实施】

一、建立工作簿并输入数据

（1）启动 Excel 2010，新建一个“空白工作簿”，默认的文件名为“工作簿 1.xlsx”。将其另存到 D 盘 Excel 文件夹内，命名“信翔国际旅游公司协议酒店价目表.xlsx”。

➔提示

此外，也可以在菜单中选择【文件】/【新建】命令，打开【新建工作簿】任务窗口，选择“空白工作簿”，单击右边的【创建】按钮，同样可以创建一个新的空白工作簿。

（2）在“Sheet1”中输入数据，如图 5-2 所示。

C6　京西饭店

2014年信翔国际旅游公司协议酒店价目表

序号	城市	酒店名称	标准	早餐	价格
1	北京	京北饭店	豪华大床房	有	768
1	北京	京北饭店	标准间	无	368
1	北京	京西饭店	商务套间	有	558
1	北京	京西饭店	高级标间	有	418
1	北京	京西饭店	高级套房	无	378
2	北京	龙海假日酒店	商务大床房	有	998
2	北京	龙海假日酒店	商务套间	有	540
2	北京	龙海假日酒店	标准间	无	226
3	上海	银河假日酒店	特价房	无	428
3	上海	银河假日酒店	标准间	有	336
3	上海	银河假日酒店	豪华大床房	有	678
4	上海	五洲国宴	商务双床房	无	649

图 5-2　协议酒店价目表

（3）鼠标单击 A2 单元格，直接在单元格中输入“1”，并输入 A 列其他单元格数据相关数据。

➔提示

多个单元格中需要输入相同的内容，可利用 Excel 的快速方法来输入，选中多个单元格，输入数据，然后按住 Ctrl 键和 Enter 键，即在多个单元格中都显示所输入的数据。

（4）右键单击工作表标签 Sheet1，在弹出的快捷菜单中，选择【重命名】命令，将工作表 Sheet1 命名为“信翔国际旅游公司协议酒店价目表”，如图 5-3 所示。

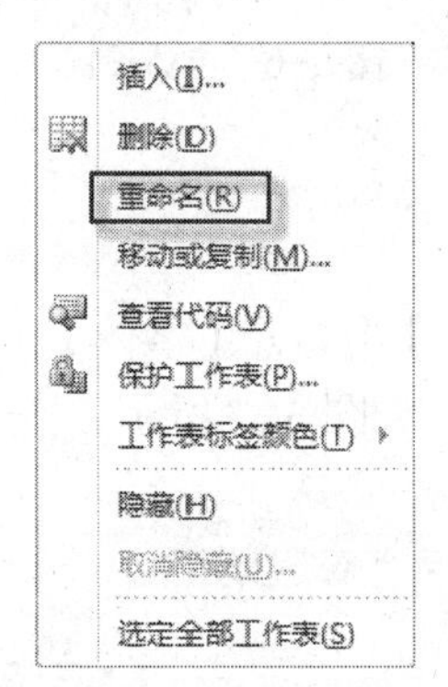

图 5-3　工作表重命名

二、格式化工作表

1．设置标题格式

（1）设置标题合并居中。方法是选择 A1：F1，在【开始】选项卡的“对齐方式”组中，单击“合并后居中” 按钮，如图 5-4 所示。

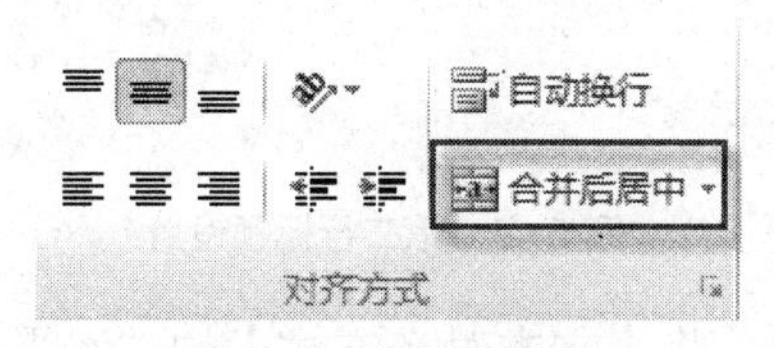

图 5-4　合并后居中

（2）调整标题行的行高。方法是单击标题行行号“1”，右键单击，弹出快捷菜单，选择“行高”项，在弹出的“行高”设置对话框中输入“50”，如图 5-5 所示。

（3）选择 A1 单元格，在【开始】选项卡的【字体】组中，选择“宋体”、“加粗”、“16”设置字体颜色“深蓝，文字 2，深色 25%”，如图 5-6 所示。

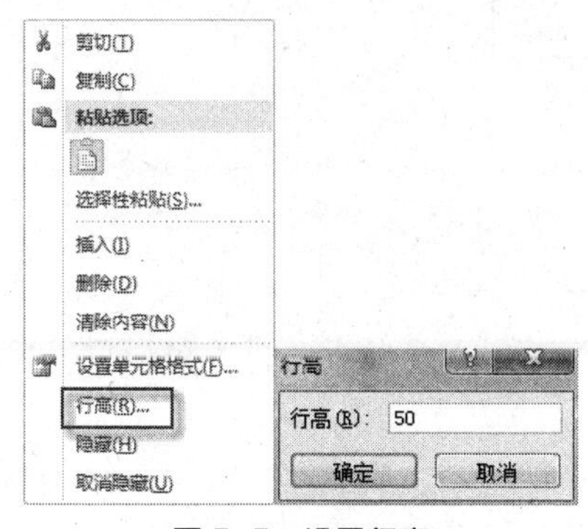

图 5-5　设置行高

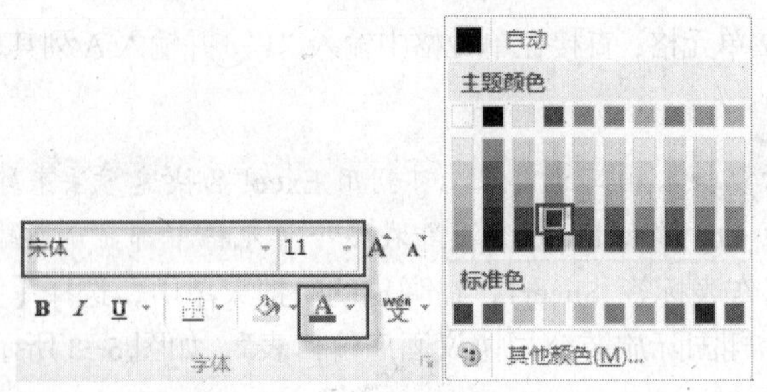

图 5-6　字体设置

2．设置第二行标题格式

（1）选择 A2:F2 区域。

（2）在【开始】选项卡的【字体】中打开【字体】下拉列表，选择“楷体”、14 号；填充颜色为“茶色，背景 2，深色 10%”，如图 5-7 所示。

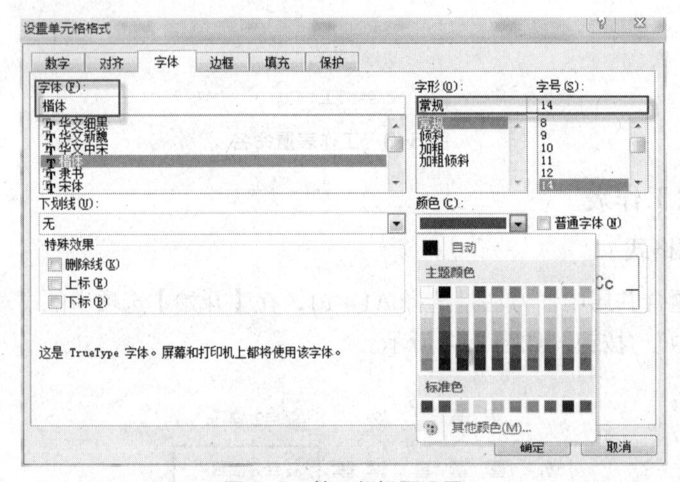

图 5-7　第二行标题设置

（3）在【对齐】选项组中，将【文本对齐方式】的“水平对齐”和“垂直对齐”都设置为“居中”，单击【确定】按钮，如图 5-8 所示。

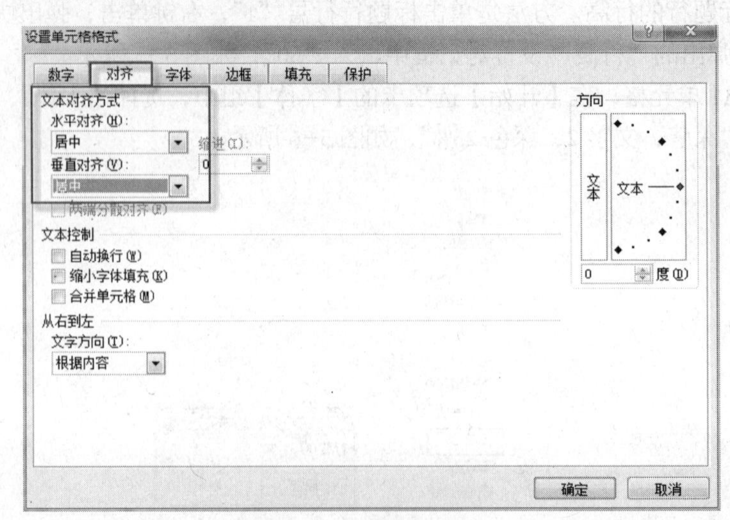

图 5-8　单元格对齐方式

3．设置数据区域格式

（1）设置数据行高。选择第 3 行到第 47 行，设置行高 22。

（2）设置列宽。选择 A 列到 F 列，选择【开始】选项卡中【单元格】组中的【格式】，单击下拉按钮，在级联菜单中，选择【自动调整列宽】命令，如图 5-9 所示。

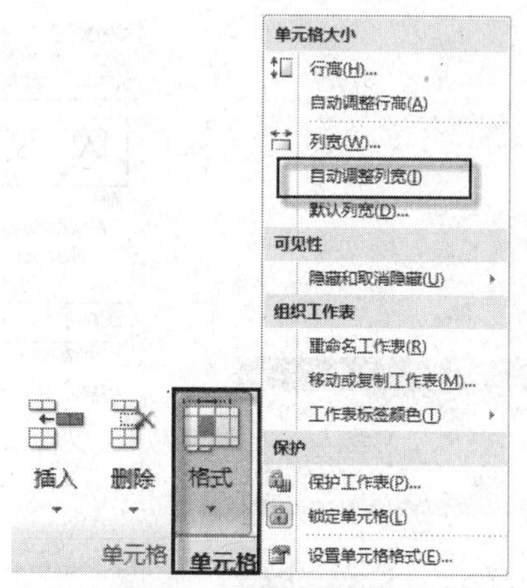

图 5-9　自动调整设置

（3）设置 A3：F47 单元格区域的数据为“楷体”、“12”、“居中”。

➔提示

设置字体后，有些单元格显示为“ ##### ”，原因在于单元格所在列的宽度不够，将鼠标指针移动到该列号右边线上，当鼠标指针成✚状时，双击鼠标，该列将设置成最合适的宽度，这样数据就能正常显示。

4．设置表格的边框

（1）选择 A2：F47 单元格区域。

（2）单击【开始】选项卡的【字体】组右下角的【对话框启动器】按钮，打开【设置单元格格式】对话框，切换到【边框】选项卡，如图 5-10 所示。

（3）在【样式】列表框中选择“双实线”，单击“预置”中的【外边框】按钮；然后在【样式】列表框中选择“单实线”，单击“预置”中的【内部】按钮，如图 5-11 所示。

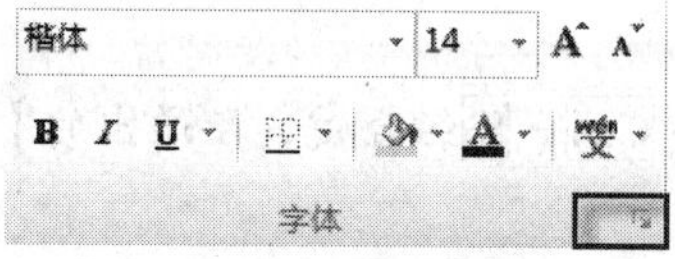

楷体　14　A A
B I U
字体

图 5-10　对话框启动器

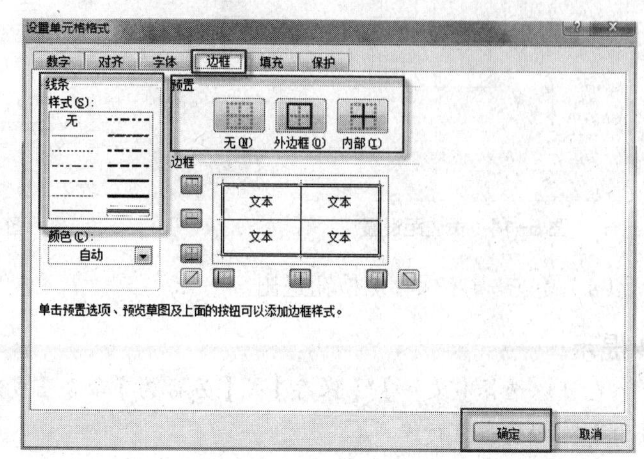

图 5-11　边框设置

（4）单击【确定】按钮，完成表格边框的设置。

5．工作表的页面设置

（1）单击【页面布局】选项卡的【页面设置】组右下角的【对话框启动器】按钮，打开【页面设置】对话框，设置纸张方向为“纵向”，纸张大小为“A4”，如图5-12、图5-13所示。

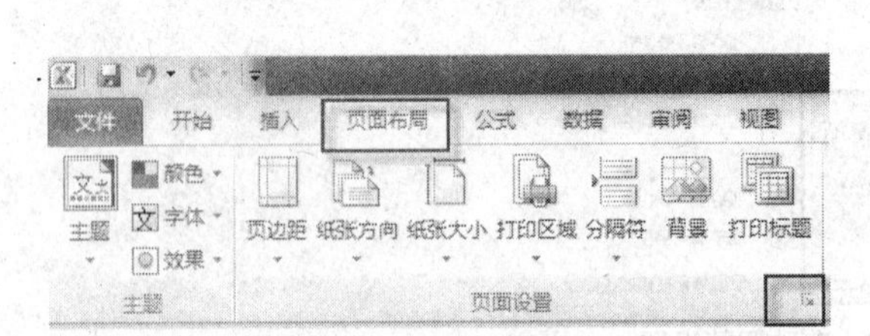

图5-12 页面布局

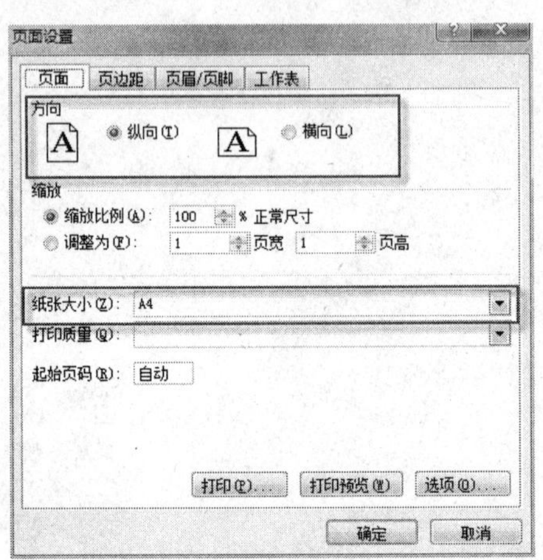

图5-13 纸张设置

（2）在【页边距】选项卡中，设置上、下、左、右边距均为“3”，并设置表格在页面中“水平”居中，如图5-14所示。

（3）以上设置完成后，单击【打印预览】按钮，如图5-15所示。

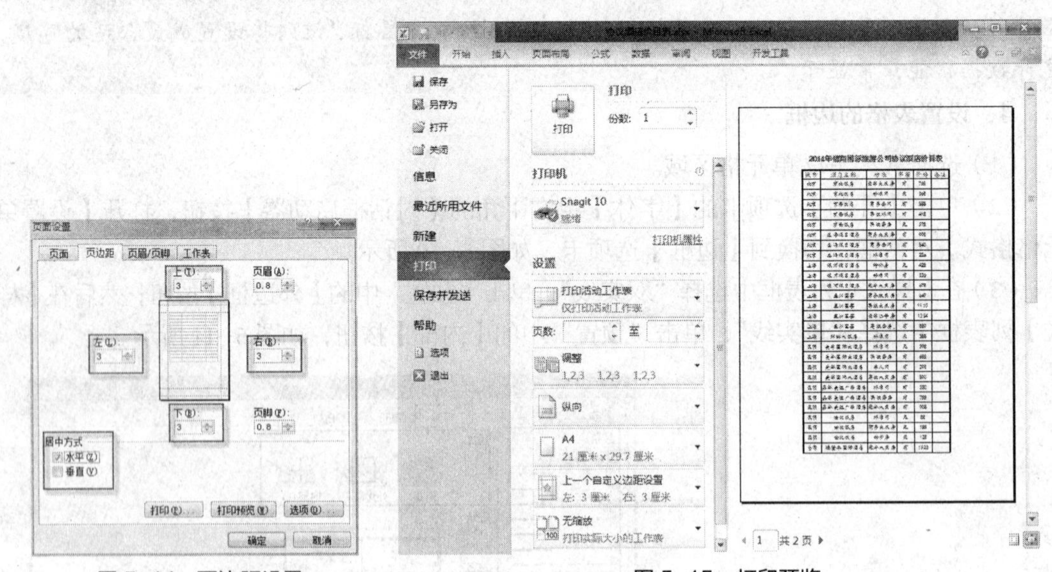

图5-14 页边距设置

图5-15 打印预览

（4）单击（保存）按钮退出。

➔提示

也可以选择【文件】/【保存】或【另存为】命令，或者按Ctrl+S组合键，在弹出的【另存为】对话框中进行保存。

【知识拓展】

一、认识 Excel 2010

1. 工作簿

是存储和处理数据的文件。工作簿文件指的就是人们通常所说的 Excel 文件，一个工作簿可以由多张工作表组成。Excel 工作簿的文件扩展名是“.xlsx”。新工作簿默认显示 3 张独立的工作表（Sheet1、Sheet2、Sheet3）。无论是数据还是图表都是以工作表的形式存储在工作簿文件中。Excel 2010 中公式和数据透视表缓存的可用内存已增加到 2 GB，在 Excel 2007 中为 1GB，在 Excel 2003 中为 128 MB，在 Excel 2000 中为 64 MB。

可使用【开始】选项卡中的【单元格】组【插入】命令中的【插入工作表】按钮，添加工作表，如图 5-16 所示。

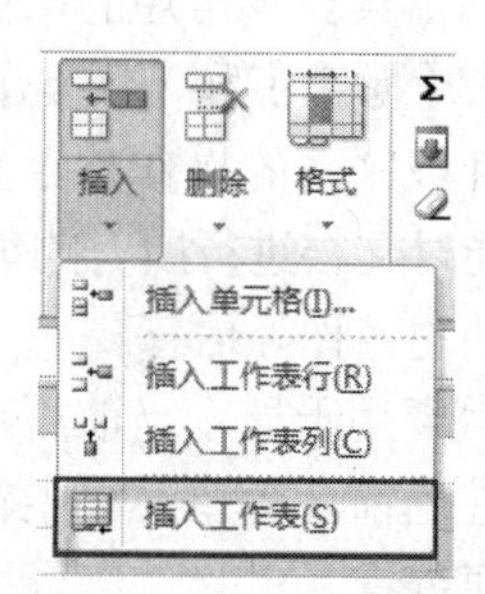

图 5-16 插入工作表

2. 工作表

是工作簿中包含的存储和处理数据的单位空间。每一个工作表由单元格组成，用一个标签进行标识（如 Sheet1）。Excel 2010 工作表最大有 2^{16}=65 536 行，2^{8}=256 列，Excel 2010 最大有 2^{20}=1 048 576 行，2^{14}=16 384 列构成。按住【Shift】键的同时，拖动工作表中的纵向或横向滚动条，可快速浏览到该工作表的最末行和最末列。正在使用的工作表称为活动工作表，也叫当前工作表。单击要操作的工作表标签，该工作表标签默认变为白色，工作表名称下出现下划线，表明该工作表被选中。被选中的工作表被激活，出现在工作簿窗口，即成为当前工作表。

3. 单元格

是 Excel 工作表中的最小编辑单位，在工作表中处于某一行和某一列交叉位置的每一个长方形的小格就是一个单元格。每一个工作表包含 16 384×1 048 576 个单元格。在 Excel 中，每一个单元格用列标号和行号进行标识，例如 D 列和第 6 行相交处的单元格标识为 D6。当前选中的单元格称为活动单元格。当选中一个单元格区域时，只有第一个被选中的单元格被默认为是活动单元格。

4. Excel 2010 工作环境

启动 Excel 2010 后直接进入其工作界面，它主要由【文件选】项卡、【快速访问工具栏】、【标题栏】、【功能区】、【工作表编辑区】等部分组成，如图 5-17 所示。

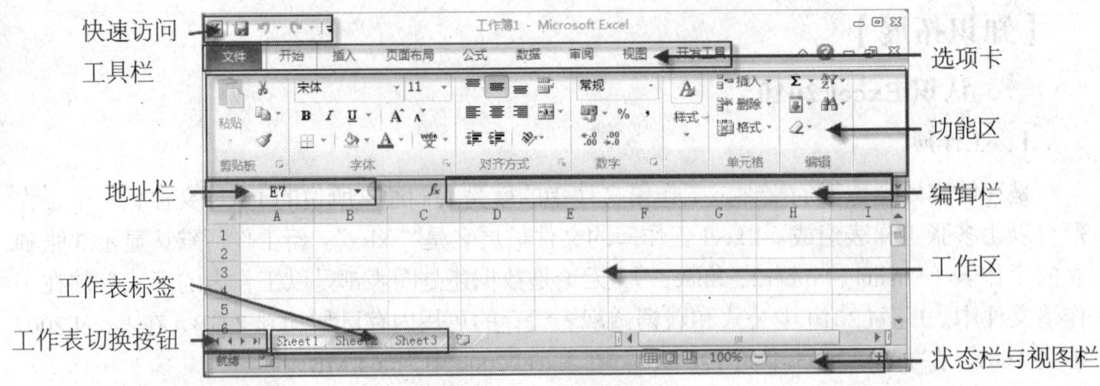

图 5-17 工作窗口介绍

（1）快速访问工具栏。快速访问工具栏将常规的操作以按钮形式整合在一起。默认情况下，快速访问工具栏中只有【保存】、【撤销】和【恢复】按钮。

（2）功能区。功能区将具有共性或联系的操作整合到一起，以选项卡的方式呈现，选项卡里又细分成几个组，利用它们就能对文档进行所有的编辑操作。

（3）标题栏。标题栏显示了文档的名称等信息。

（4）地址栏与编辑栏。地址栏主要用于显示当前用户选择的单元格的地址或是单元格中使用的函数名称。编辑栏主要用于在当前活动单元格中输入内容，尤其是输入较长的公式或者内容时，在编辑栏中输入比较方便查看。

（5）工作表切换按钮。主要用于切换工作表。

（6）工作表标签。该组的每一个工作表标签都唯一标识一张工作表。

（7）状态栏与视图栏。状态栏显示了当前文档的页面、字数等信息；视图栏显示了当前文档的视图模式和页面缩放比例等信息。

二、Excel 中的鼠标指针

在 Excel 2010 中，鼠标指针在工作表的不同区域呈现不同的形状，具有不同的功能。

（1）在菜单栏和工具栏中，指针呈现为一般所熟悉的 Windows 斜向选择箭头。

（2）在工作表数据区，指针变成粗大的加号。单击可选中所指向的单元格；单击后按住鼠标左键拖动可选中连续的单元格区域；按住【Ctrl】键的同时再单击，可选中不连续的单元格区域。

（3）在编辑栏中，指针变成“I”型插入点。单击鼠标可将插入点置于想要编辑或输入信息的位置。

（4）在行或列标题中，指针变为水平的箭头➡或垂直的箭头⬇，单击可以选中一整行或一整列。在行和列交叉处，指针变为粗大的加号，单击可以选中整个工作表。

在操作工作表、工作表窗口和其他对象时，鼠标指针还会变成其他的形状，具有其特定的功能。

三、输入单元格数据

1．选定的方法

在 Excel 中，一般来说需要先选定单元格或单元格区域，再进行某种操作，如输入数据、设置格式、复制等。选定的单元格或单元格区域的四周出现黑色边框，状态栏显示“就绪”，等待输入数据等各种操作。选定方法如表 5-2 所示。

表 5-2　选定的方法

选　定	操作方法
单元格	鼠标单击该单元格
单元格区域	（1）拖动鼠标选定连续的单元格区域 （2）鼠标单击某单元格，按下【Shift】键的同时再单击另一单元格，可选定两单元格间连续的矩形单元格区域 （3）鼠标单击某单元格，按下【Ctrl】键的同时再选定另一单元格或单元格区域，可选定不连续的单元格区域
行、列	（1）鼠标单击行号或列标号，可选定该行或该列 （2）鼠标单击行号或列标号，按下【Shift】键的同时再单击另外的行号或列标号，可选中连续的行或列 （3）鼠标单击行号或列标号，按下【Ctrl】键的同时再单击另外的行号或列标号，可选中不连续的行或列
整个工作表	（1）鼠标单击行号和列标号交叉位置的全选框 （2）按下快捷键【Ctrl+A】

2．数据填充

Excel 提供的自动填充功能可以快速地向表格中连续的单元格填充一个数据序列，简化数据输入的操作，例如序号、日期、星期、等差、等比序列等。

一般利用填充柄功能中的“自动填充”特性，就可以快速方便地复制单元格内容或填充创建数据序列。所谓填充柄，是指在选中单元格或单元格区域右下角的小黑方块。将鼠标指向填充柄时，鼠标指针形状变为黑十字形状。

（1）填充相同的数据。

在相邻的单元格填充相同的数据，相当于数据的复制。Excel 2010 中，直接拖动填充柄填充数值和一些文本时，默认为复制单元格。具体操作步骤如下：

首先输入序列的初始值；再选中初始值所在的单元格，将鼠标移到单元格右下角的填充柄，鼠标指针变为黑十字形状；再拖动填充柄至需要填充的区域，可以将选定单元格 A1 的内容进行复制填充。

（2）填充数据序列。

在相邻的单元格填充数值序列时的操作步骤基本同上。只需再选择“自动填充选项”智能标记菜单上的“以序列方式填充”，Excel 就会创建简单的等差序列 10、11、12、13、14。或按住【Ctrl】键的同时，用鼠标拖动填充柄至需要填充的区域，也可以填充数值序列。

通过上述操作步骤，可以快速创建序号、日期、星期等序列。

（3）填充任意步长值的序列。

操作步骤如下：先输入序列的一个起始值，选中从起始位置到要填充终止位置的单元格区域；再选择【开始】/【编辑】/【填充】/【序列】，打开【序列】对话框；在对话框中进行设置，单击【确定】按钮，就可以创建等差序列、等比序列、日期序列和自动填充。

例如：要填充等比序列 1、2、4、8、16。首先输入初始值 1；再选中包括初始值在内的要填充的行或列；选择【开始】/【编辑】/【填充】/【序列】命令，打开【序列】对话框，在【序列】对话框中设置【类型】为等比序列，步长值为 2，单击【确定】按钮即可完成填充。设置如图 5- 18 所示。

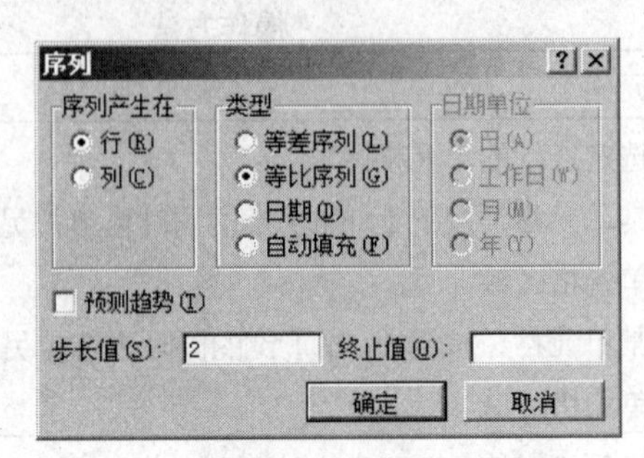

图 5-18　序列

要填充任意步长值的等差序列，也可以先选中两个已输入数据的单元格，再直接拖动填充柄，就可以创建任意步长值的等差序列了。

（4）自定义序列。

除了等差、等比等序列，对于自己经常使用的一些数据序列，可以在“自定义序列”列表框中先定义，在自动填充时就可以使用了。操作步骤如下。

选择菜单【文件】/【高级】/【编辑自定义序列】按钮，弹出【选项】对话框；打开【自定义序列】选项卡，在【输入序列】列表框中输入数据序列，按【Enter】键分隔各数据条目；单击【添加】按钮，添加新的自定义序列，单击【确定】按钮加以确认，如图 5-19 所示。

在工作表中需要输入这样的序列后，就可以用前面的自动填充方法进行数据填充了。

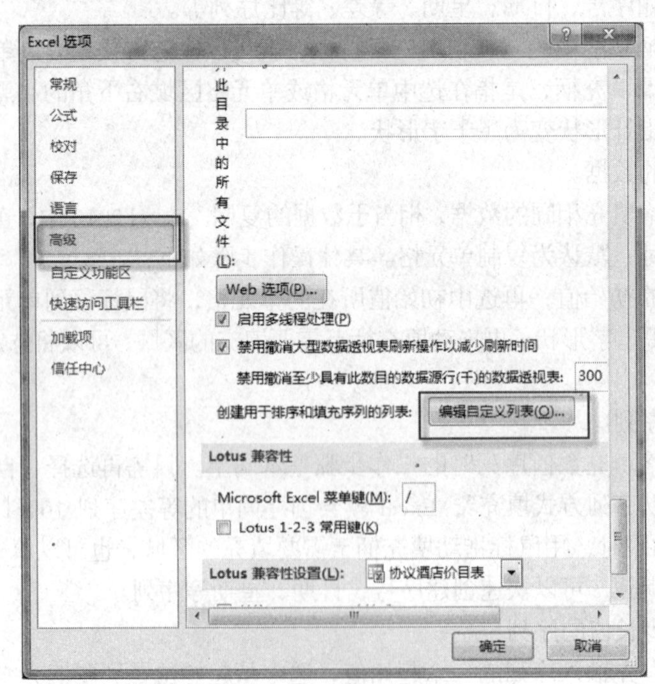

图 5-19　自定义序列

3．在 Excel 2010 中如何用下拉列表快速输入数据

如果某些单元格区域中要输入的数据很有规律，如学历(小学、初中、高中、中专、大专、本科、硕士、博士)、级别(董事长、总经理、经理、主管、领班、服务员)等，若要减少手工录入的工作量，可以设置下拉列表实现选择输入。

具体操作为：选取需要设置下拉列表的单元格区域，单击【数据】选项卡中【数据工具】组，从【数据有效性】对话框中选择【设置】选项卡，在【允许】下拉列表中选择【序列】，在【来源】框中输入我们设置下拉列表所需的数据序列，如输入“职位”字段中的“董事长、总经理、经理、主管、领班、服务员”时，并确保复选框“提供下拉箭头”被选中，单击【确定】按钮即可。这样在输入数据的时候，就可以单击单元格右侧的下拉箭头选择输入数据，从而加快了输入速度，如图 5- 20 所示。

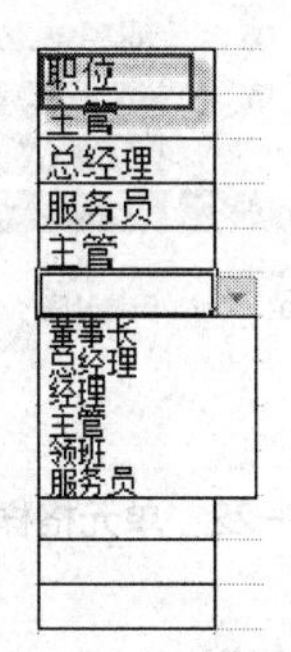

图 5-20　建立数据下拉列表

四、工作表美化

1．设置单元格格式

单元格格式可在输入数据之前或之后设置。单元格的格式包括“数字”、“对齐”、“字体”、“边框”、“填充”、“保护”等六大项，如图 5- 21 所示。

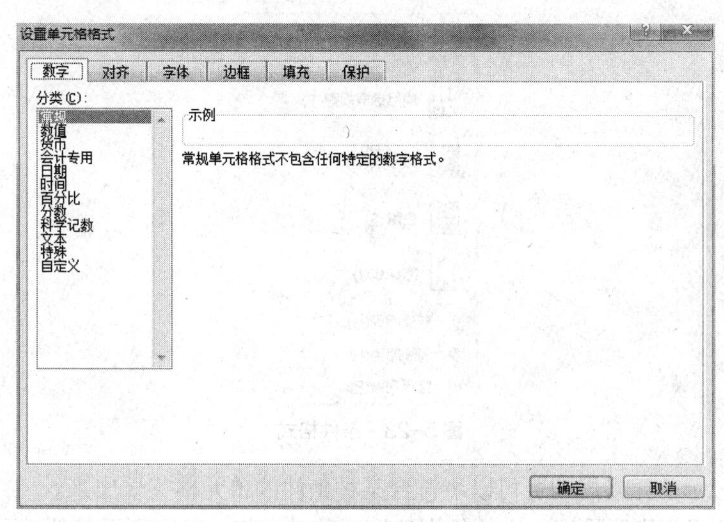

图 5-21　单元格格式设置

2．套用单元格格式

Excel 2010 中含有多种内置的单元格样式，以帮助用户快速格式化表格。单元格样式的作

用范围仅限于被选中的单元格区域，对于未被选中的单元格则不会被应用单元格样式。在Excel 2010 中使用单元格样式的步骤如下。

（1）打开 Excel 2010 工作表，选中准备应用单元格样式的单元格。

（2）在【开始】功能区的【样式】分组中单击“单元格样式”按钮，在打开的单元格样式列表中选择合适的样式即可，如图 5-22 所示。

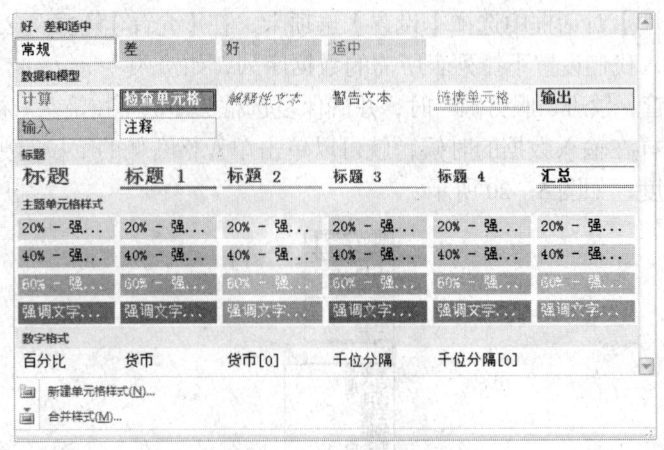

图 5-22　单元格样式

3．使用条件格式

条件格式可突出显示所关注的单元格或单元格区域，强调异常值，使用数据条、颜色刻度和图标集来直观地显示数据。设置时如果条件为“True”，则基于该条件设置单元格区域的格式；如果条件为 False，则不基于该条件设置单元格区域的格式。通过为数据应用条件格式，可立即识别一系列数值中存在的差异。

Excel 2010 提供了丰富的条件格式，如图 5-23 所示。

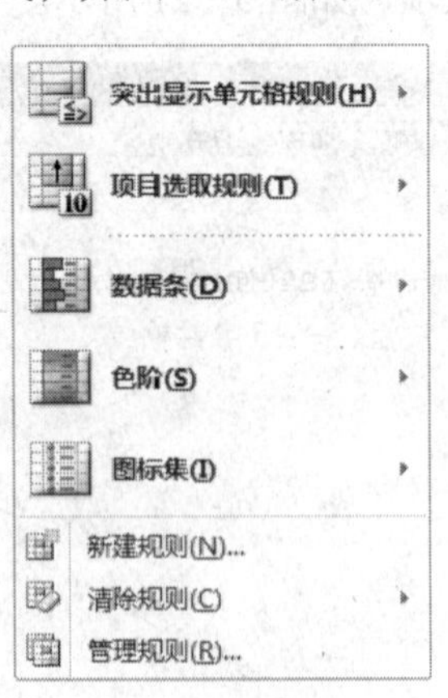

图 5-23　条件格式

（1）“突出显示单元格规则”可以将符合某种条件的单元格突显出来。

（2）“项目选择规则”是按一定的规则选取一些单元格，以区别于其他单元格的格式来突出显示。常见的规则有：值最大的 10 项、值最大的 10%项、高于平均值项等。

（3）“数据条”便于用户查看某个单元格相对于其他单元格的值。数据条的长度代表单元格中的值。数据条越长，表示值越高，数据条越短，表示值越低。

（4）“色阶”是一种直观的指示，便于了解数据分布和数据变化。

（5）“图标集”是根据用户确定的阈值用于对不同类别的数据显示图标。

例：使用图标集突出显示一季度不同业绩。分别显示 20 以上数据，大于 10 而小于 20 的数据，小于等于 10 的数据。选择 D5：F17 单元格区域，单击【开始】/【样式】组/【条件格式】命令，选择【图标集】按钮，在弹出来的“方向”对话框中，选择“其他规则”，在“新建格式规则”设置中参数设置如图 5-24、图 5-25 和图 5- 26 所示。

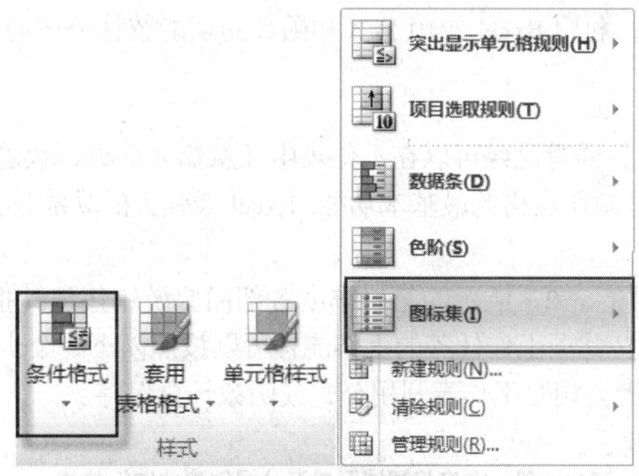

图 5-24　条件格式设置

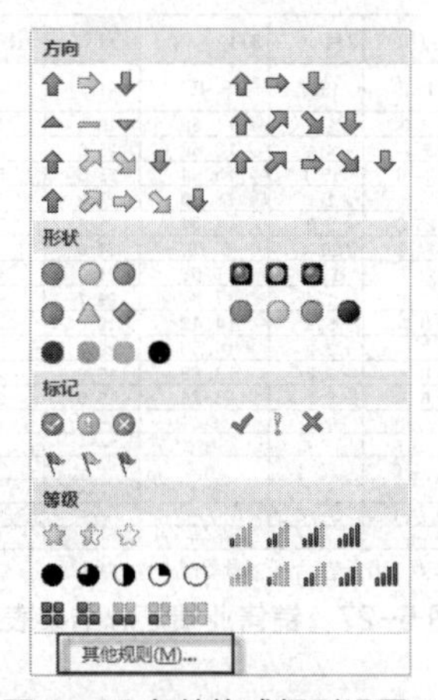

图 5- 25 条件格式规则设置 1

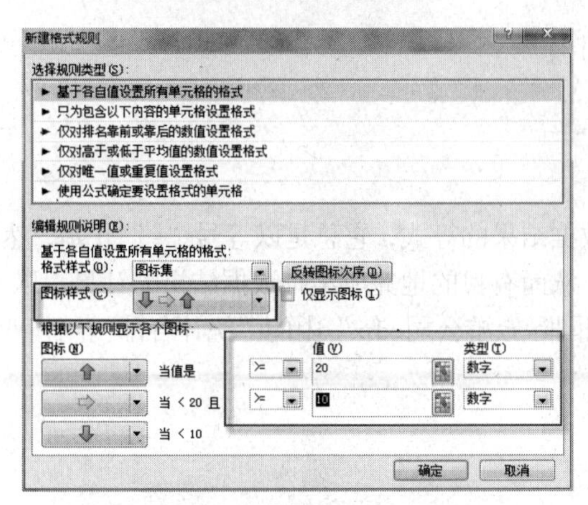

图 5-26　条件格式规则设置 2

条件格式设置完成，单击（保存）按钮退出。

任务 2　统计各部门销售业绩

【任务描述】

刘青利用自学完成了公司的协议酒店价目表的创建，受到了部门经理的表扬。经理再次交给刘青一个新的任务，利用 Excel 2010 公式和函数的功能统计公司的本季度的销售数据。

【任务分析】

通过任务 1 的学习，刘青已经可以在工作表中任意输入数据，也能对工作表进行简单修饰和打印预览，这仅仅是制作表格的最基本功能。Excel 最强大的功能是公式计算和函数处理，以及对数据的处理。

本任务将以制作如图 5-27 所示的第一季度各部门旅游销售统计报表为例，介绍 Excel 2010 中公式和函数功能。此项工作任务的工作流程可以按照以下 3 个步骤来完成。

打开“信翔国际旅游公司”工作表利用公式或函数计算保存。

2014年第一季度信翔国际旅游公司销售业绩汇总表

（单位：万）

机构所在城市	服务部	机构代码	1月	2月	3月	计划	业务成交	达成率	业绩排名	奖金系数
石家庄	总公司	86130000	⇨15.7	⇨15.3	⇩9.46	41.5	40.4	97.29%	5	1
石家庄	第一分公司	86130001	⇩6.0	⇩1.5	⇨11.60	15.6	19.1	122.45%	13	2
石家庄	第二分公司	86130002	⇩6.2	⇩4.4	⇨18.60	25.6	29.1	113.75%	6	2
石家庄	第五分公司	86130003	⇧24.0	⇨15.1	⇨13.64	55.5	52.7	94.94%	2	1
北京	第十二分公司	86130200	⇩0.3	⇩1.1	⇨18.40	21.9	19.8	90.30%	12	1
北京	第六分公司	86130201	⇧28.2	⇩9.0	⇨14.34	21.0	51.5	245.41%	3	2
北京	第七分公司	86130202	⇧34.2	⇧20.4	⇩6.20	57.0	60.9	106.76%	1	2
北京	第四分公司	86130203	⇧21.6	⇨11.3	⇨11.68	21.0	44.6	212.22%	4	2
上海	第九分公司	86130300	⇩2.4	⇩1.4	⇨17.84	29.7	21.6	72.77%	11	1
上海	第三分公司	86130301	⇩8.7	⇩5.9	⇨14.48	15.0	29.0	193.27%	7	2
广东	第十分公司	86130400	⇩7.6	⇩3.9	⇨14.36	29.7	25.9	87.09%	10	1
广东	第八分公司	86130401	⇩8.2	⇩3.8	⇨13.88	15.6	25.9	166.12%	9	2
广东	第十一分公司	86130402	⇩6.3	⇩6.1	⇨16.24	15.6	28.6	183.60%	8	2
合计	——	——	169.2	99.1	180.7	——	449.0	——	——	
平均值	——	——	13.0	7.6	13.9	——	34.5	——	——	
最大值	——	——	34.2	20.4	18.6	——	60.9	——	——	
最小值	——	——	0.3	1.1	6.2	——	19.1	——	——	
服务部个数	13	——	——	——	——	——	——	——	——	
业绩超过10的	5	——	——	——	——	——	——	——	——	176.73055

首页　目录　任务1——协议酒店价目表　任务2——统计各部门业绩

图 5-27　销售业绩汇总结果表

【学习目标】

- 公式、函数的使用

【任务实施】

一、使用公式

公式是用于计算机数据结果的等式，它总是以等号“=”开始，然后将各种计算数据使用不同的运算符连接起来，从而有目的地完成某种数据结果的计算。以下是操作步骤。

（1）首先打开“信翔国际旅游公司.xlsx”中的“统计各部门销售业绩”工作表，表格内容如图 5-28 所示。

	A	B	C	D	E	F	G	H	I	J	K
1	2014年第一季度信翔国际旅游公司销售业绩汇总表										
2											（单位：万）
3	机构所在城市	服务部	机构代码	1月	2月	3月	计划	业务成交	达成率	业绩排名	奖金系数
4	石家庄	总公司	86130000	15.7	15.3	946.00%	41.5				
5	石家庄	第一分公司	86130001	6.0	1.5	1160.00%	15.6				
6	石家庄	第二分公司	86130002	6.2	4.4	1860.00%	25.6				
7	石家庄	第五分公司	86130003	24.0	15.1	1364.00%	55.5				
8	北京	第十二分公司	86130200	0.3	1.1	1840.00%	21.9				
9	北京	第六分公司	86130201	28.2	9.0	1434.00%	21.0				
10	北京	第七分公司	86130202	34.2	20.4	620.00%	57.0				
11	北京	第四分公司	86130203	21.6	11.3	1168.00%	21.0				
12	上海	第九分公司	86130300	2.4	1.4	1784.00%	29.7				
13	上海	第三分公司	86130301	8.7	5.9	1448.00%	15.0				
14	广东	第十分公司	86130400	7.6	3.9	1436.00%	29.7				
15	广东	第八分公司	86130401	8.2	3.8	1388.00%	15.6				
16	广东	第十一分公司	86130402	6.3	6.1	1624.00%	15.6				
17	合计	——	——				——		——	——	
18	平均值	——	——				——		——	——	
19	最大值	——	——				——		——	——	
20	最小值	——	——				——		——	——	
21	服务部个数		——	——	——	——	——	——	——	——	
22	业绩超过10的服务		——	——	——	——	——	——	——	——	

图 5-28　销售业绩汇总表

（2）在此工作表中选择 H5 单元格，输入公式“=D5+E5+F5”，如图 5- 29 所示，按下【Enter】键或者单击【编辑】工具栏上的 ✓（输入）按钮，计算出“业务成交量”。

	A	B	C	D	E	F	G	H
1	2014年第一季度信翔国际旅游公司销售业绩汇							
2								
3	机构所在城市	服务部	机构代码	1月	2月	3月	计划	业务成交
4	石家庄	总公司	86130000	15.7	15.3	9.46	41.5	=D4+E4+F4
5	石家庄	第一分公司	86130001	6.0	1.5	11.60	15.6	
6	石家庄	第二分公司	86130002	6.2	4.4	18.60	25.6	
7	石家庄	第五分公司	86130003	24.0	15.1	13.64	55.5	
8	北京	第十二分公司	86130200	0.3	1.1	18.40	21.9	
9	北京	第六分公司	86130201	28.2	9.0	14.34	21.0	

图 5-29　利用公式计算业务成交

➔提示

单元格地址可以直接输入也可以用鼠标选择相应单元格区域。

若输入的公式或函数有错误，可按下【Esc】键或单击【编辑】工具栏上的 ✕（取消）按钮取消输入。

二、填充公式

如果单元格内的公式类似，则无需逐个输入公式，可利用单元格相对地址的性质，将第 1 个公式填充到其他单元格即可。拖曳填充柄，到目的单元格后释放鼠标左键，活动单元格的公式就填充到所覆盖的单元格或单元格区域中。

（1）选择 H5 单元格，拖曳填充柄至 H17 单元格处释放鼠标左键，利用填充柄完成公式的复制，计算出 H6：H17 单元格区域的“业务成交”，如图 5–30 所示。

	A	B	C	D	E	F	G	H
1	2014年第一季度信翔国际旅游公司销售业绩汇总							
2								
3	机构所在城市	服务部	机构代码	1月	2月	3月	计划	业务成交
4	石家庄	总公司	86130000	15.7	15.3	9.46	41.5	40.4
5	石家庄	第一分公司	86130001	6.0	1.5	11.60	15.6	19.1
6	石家庄	第二分公司	86130002	6.2	4.4	18.60	25.6	29.1
7	石家庄	第五分公司	86130003	24.0	15.1	13.64	55.5	52.7
8	北京	第十二分公司	86130200	0.3	1.1	18.40	21.9	19.8
9	北京	第六分公司	86130201	28.2	9.0	14.34	21.0	51.5
10	北京	第七分公司	86130202	34.2	20.4	6.20	57.0	60.9
11	北京	第四分公司	86130203	21.6	11.3	11.68	21.0	44.6
12	上海	第九分公司	86130300	2.4	1.4	17.84	29.7	21.6
13	上海	第三分公司	86130301	8.7	5.9	14.48	15.0	29.0
14	广东	第十分公司	86130400	7.6	3.9	14.36	29.7	25.9
15	广东	第八分公司	86130401	8.2	3.8	13.88	15.6	25.9
16	广东	第十一分公司	86130402	6.3	6.1	16.24	15.6	28.6
17	合计	——	——				——	
18	平均值	——	——				——	
19	最大值	——	——				——	
20	最小值	——	——				——	19.1
21	服务部个数		——	——	——	——	——	——
22	业绩超过10的		——	——	——	——	——	——

图 5-30　使用拖动手柄填充公式

（2）利用公式“业务成交/计划”计算出 I5：I17 单元格区域的“达成率”，如图 5- 31 所示。

2014年第一季度信翔国际旅游公司销售业绩汇总表									
									（单
机构所在城市	服务部	机构代码	1月	2月	3月	计划	业务成交	达成率	业绩排名
石家庄	总公司	86130000	⇨15.7	⇨15.3	⇩ 9.46	41.5	40.4	97.29%	
石家庄	第一分公司	86130001	⇩ 6.0	⇩ 1.5	⇨ 11.60	15.6	19.1	122.45%	
石家庄	第二分公司	86130002	⇩ 6.2	⇩ 4.4	⇨ 18.60	25.6	29.1	113.75%	
石家庄	第五分公司	86130003	⇧24.0	⇨15.1	⇨ 13.64	55.5	52.7	94.94%	
北京	第十二分公司	86130200	⇩ 0.3	⇩ 1.1	⇨ 18.40	21.9	19.8	90.30%	
北京	第六分公司	86130201	⇧28.2	⇩ 9.0	⇨ 14.34	21.0	51.5	245.41%	
北京	第七分公司	86130202	⇧34.2	⇧20.4	⇩ 6.20	57.0	60.9	106.76%	
北京	第四分公司	86130203	⇧21.6	⇨11.3	⇨ 11.68	21.0	44.6	212.22%	
上海	第九分公司	86130300	⇩ 2.4	⇩ 1.4	⇨ 17.84	29.7	21.6	72.77%	
上海	第三分公司	86130301	⇩ 8.7	⇩ 5.9	⇨ 14.48	15.0	29.0	193.27%	
广东	第十分公司	86130400	⇩ 7.6	⇩ 3.9	⇨ 14.36	29.7	25.9	87.09%	
广东	第八分公司	86130401	⇩ 8.2	⇩ 3.8	⇨ 13.88	15.6	25.9	166.12%	
广东	第十一分公司	86130402	⇩ 6.3	⇩ 6.1	⇨ 16.24	15.6	28.6	183.60%	
合计	——	——				——			——
平均值	——	——				——		——	——
最大值	——	——				——		——	——
最小值	——	——				——	19.1	——	——
服务部个数		——	——	——	——	——	——	——	——
业绩超过10的		——	——	——	——	——	——	——	——

图 5-31　利用公式计算达成率

三、使用函数

函数其实是指 Excel 的工作表函数，Excel 有 12 大类近 400 余种函数。它是由系统事先将参数按照某种特定顺序和结构预定好，用于完成某些特殊计算和分析的功能模块。

（1）计算各月份业绩总和。选择 D18：F18 单元格区域，单击【开始】/【编辑组】的【自动求和】按钮，即可计算出所求数值，如图 5–32 所示。

（2）计算每个月的平均业绩。选择 D19 单元格，单击【开始】/【编辑组】/【自动求和】按钮/【平均值】按钮，如图 5–33 所示，选择 D5：D17 单元格区域参与计算，再使用“填充柄”复制公式到单元格，即可计算出所求数值。

图 5–32　求和函数

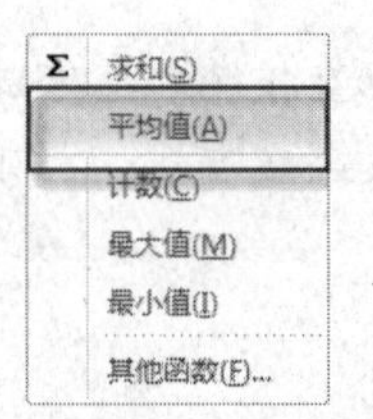

图 5–33　求平均值

（3）计算每个月的最大业绩。选择 D20 单元格，单击【编辑栏】/【插入函数】 fx 按钮，选择“常用函数”中的 MAX 函数，如图 5–34 所示，再选择 D5：D17 单元格区域参与计算，再使用“填充柄”复制公式到单元格 E20~F21，即可计算出所求数值。

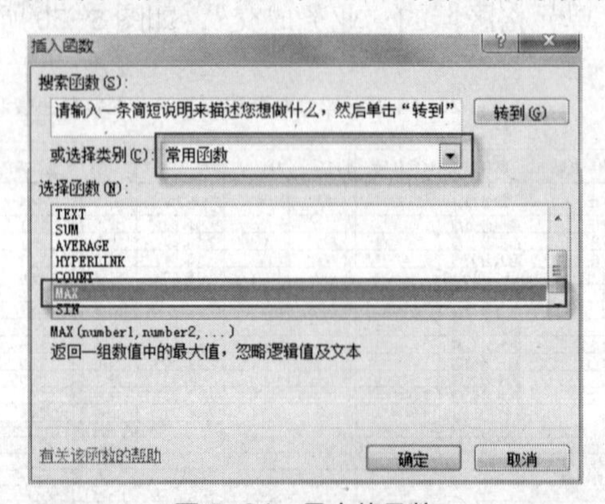

图 5–34　最大值函数

（4）计算每个月的最小业绩。选择 D21 单元格，单击【编辑栏】/【插入函数】按钮，选择“常用函数”中的 MIN 函数，再选择 D5：D17 单元格区域参与计算，再使用“填充柄”复制公式到单元格 E21~F21，即可计算出所求数值。

（5）计算服务部的个数。选择 B22 单元格，单击【编辑栏】/【插入函数】

按钮，选择“全部函数”中的 COUNTA 函数，单击【确定】按钮，弹出“函数参数”对话框，设置参数如图 5-35 和图 5-36 所示，统计出“服务部的个数”。

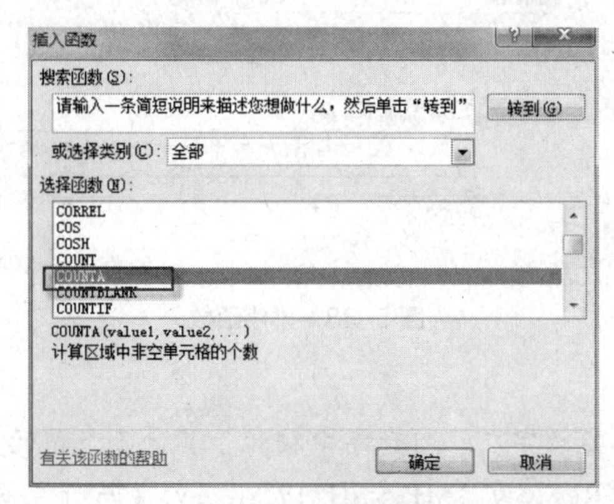

图 5-35 统计函数

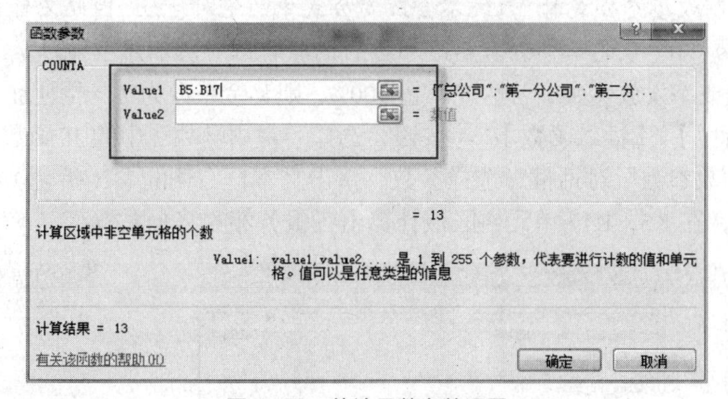

图 5-36 统计函数参数设置

（6）计算业绩超 40 的服务部个数。选择 B23 单元格，单击【编辑栏】/【插入函数】按钮，选择“全部函数”中的 COUNTIF 函数，单击【确定】按钮，弹出“函数参数”对话框，选择参数，单击文本框右侧的（折叠）按钮。设置参数如图 5-37 所示，统计出“服务部的个数”。

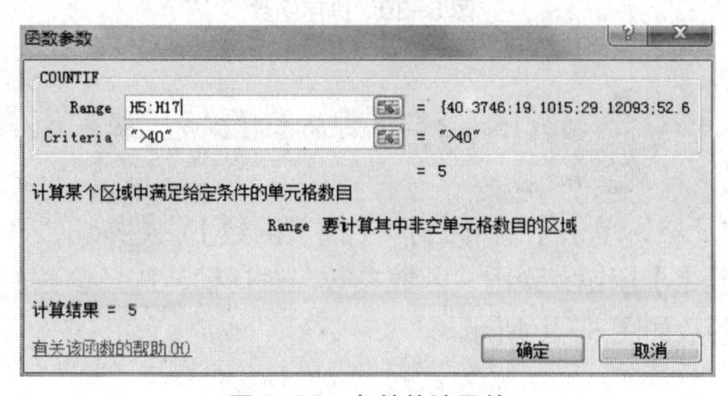

图 5-37 条件统计函数

（7）根据业务成交，给各服务部进行业绩排名。选择 J5 单元格，【编辑栏】/【插入函数】按钮，选择“全部函数”中的 RANK 函数，单击【确定】按钮，弹出“函数参数”对话框，选择参数，单击文本框右侧的（折叠）按钮。设置参数如图 5- 38 所示，在 J5：J17 单元格区域计算出各服务部的业绩排名。

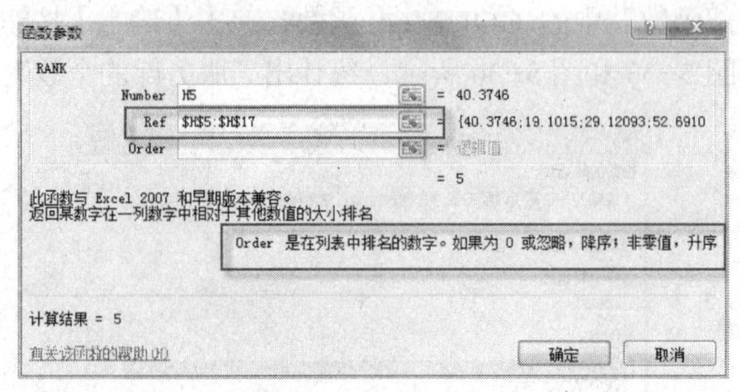

图 5-38　排序函数

➔提示

RANK 函数用来计算某数字在一列数字中相对于其他函数值的大小排位。参数“Number”为“H5”中的值；参数“Ref”为“$H$5:$H$17”（在列号与行号前均加上“$”符号，叫作绝对地址，在复制或填充公式时，系统不会改变公式中的绝对地址，因此又称为“绝对引用”）；参数“Order”为“0”或忽略，则表示降序排列，非零值则表示升序排列。

（8）根据达成率发放奖金。若达成率超 100%，则奖金系数为 2，否则为 1。选择 K5 单元格，单击【编辑栏】/【插入函数】按钮，选择“常用函数”中的 If 函数，单击【确定】按钮，弹出“函数参数”对话框，选择参数，单击文本框右侧的（折叠）按钮。设置参数如图 5-39 所示，在 K5：K17 单元格区域计算出各服务部的奖金系数。

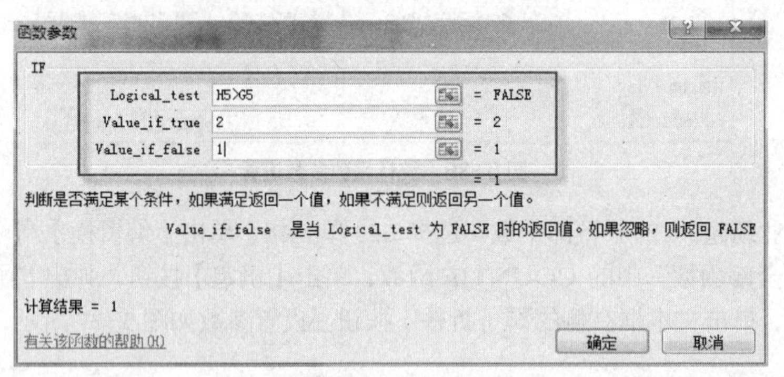

图 5-39　排序函数

➔提示

在某些情况下，需要将某函数作为另一函数的参数使用，称为嵌套参数，Excel 2010 允许使用嵌套函数，最多可嵌套 64 层。

（9）选择 K23 单元格，单击【编辑栏】/【插入函数】按钮，选择“全部函数”中的 SumIf 函数，单击【确定】按钮，弹出“函数参数”对话框，选择参数，单击文本框右侧的（折叠）按钮。设置参数如图 5-40 所示。

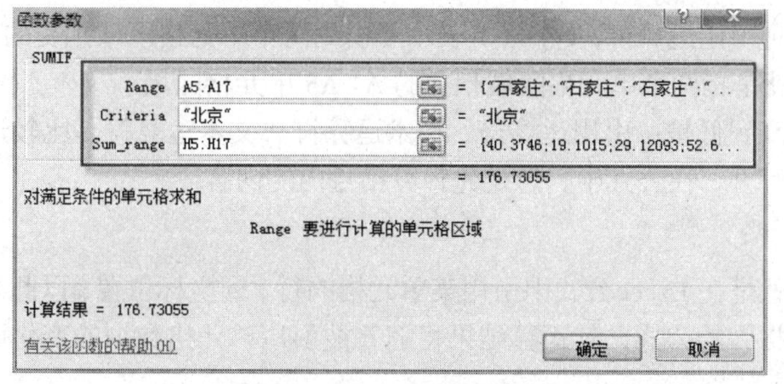

图 5-40　条件求和函数参数设置

➔提示

SUMIF 函数是一个条件求和函数，其中"Range"中是进行条件比较的单元格范围（在列号与行号前均加上"$"符号，叫作绝对地址，在复制或填充公式时，系统不会改变公式中的绝对地址，因此又称为"绝对引用"），"Criteria"中是条件，"Sum_range"中是实际求和的单元格范围（在列号与行号前均加上"$"符号）。

【知识拓展】

1．输入公式

Excel 中的公式以等号"="开始。等号"="后面是一个表达式，由常量、单元格引用、函数、运算符等组成。一个 Excel 公式最多可以包含 1 024 个字符。

在单元格中输入编辑公式与输入编辑数据类似。具体操作步骤如下。

（1）选中要输入公式的单元格。

（2）在该单元格或编辑栏的输入框中输入一个等号"="。

（3）在等号后面键入由常量、单元格引用、函数、运算符等组成的表达式。

（4）输入完毕，按【Enter】键或单击编辑栏上的"√"按钮。如果取消输入的公式，可以单击编辑栏中的"取消"按钮"×"，或按【Esc】键。

例如，在单元格 A1 和 A2 已经分别输入数值 2 和 3，在 A3 单元格输入公式：=A1+A2，按【Enter】键，则在 A3 单元格出现计算结果 5；在 A4 单元格输入公式：=A3+4，按【Enter】键，则 A4 显示结果为 9。

运算符是描绘特定运算的符号。

- 算术运算符：%（百分比）、^（乘方）、*（乘）、/（除）、+、—、( )。
- 文本运算符：&。将多个文本值连接为一个组合文本。

例如：如果 A1 单元格的数值为 2011，在 B1 中输入公式：=A1&"年"，结果为：2011 年。

- 比较运算符：=、<、<=、>、>=、<>。比较运算符的功能是比较两个数值，并得出比较的结果为逻辑值 TURE（真）或 FALSE（假）。
- 引用运算符：常用的有"："（冒号）和","（逗号）。引用运算符可以产生对工作表中特定单元格区域的引用。

:（冒号）表示要引用一个包括两个基准单元格在内的矩形区域。例如 A1：B4 表示要引用 A1 到 B4 矩形区域的所有单元格。

,（逗号）表示要引用两个或两个以上单元格或单元格区域。例如 A1,A3,B1：B4 表示要引用 A1 和 A3 单元格，以及 B1：B4 单元格区域。

空格也是一种引用运算符，（空格）表示要引用两个单元格区域相交的公共部分。例如：（A1:A7 A1:B5）就是指两个单元格区域相交的 A1:A5 单元格区域。

按优先级从高到低是：引用运算符、算术运算符、文本运算符、比较运算符。计算过程中按优先级进行运算。在公式中，总是先计算括号内的内容。

2．引用单元格

引用单元格就是在 Excel 公式中引用某单元格的行、列坐标位置，以此来获取该单元格的数据。引用单元格后的公式，其运算结果将随着被引用单元格数据的变化而变化。引用通常有以下几种。

（1）相对引用：运算结果单元格的公式中，引用与其处于相对位置的单元格。如果将公式复制到其他位置的单元格中，则公式会随之变动地引用相对位置的单元格。

例如：运算结果单元格 C1 的公式为“=A1+B1”，即 C1 单元格等于处于其同行前两个单元格 A1 和 B1 数据之和。

如果将 C1 单元格的公式复制到 C2 单元格，则 C2 单元格公式随之变为“=A2+B2”。

（2）绝对引用：运算结果单元格的公式中，引用处于固定位置的单元格。如果将公式复制到其他位置的单元格中，则公式仍然引用原固定位置的单元格。在 Excel 中，通过在列标号和行号前面加“$”符号，来冻结固定单元格的位置。

例如：运算结果单元格 C1 的公式为“=$A$1+$B$1”，即 C1 单元格等于单元格 A1 和 B1 数据之和。

如果将 C1 单元格的公式复制到 C2 单元格，则 C2 单元格公式仍然为“=$A$1+$B$1”，结果保持不变。

（3）混合引用：运算结果单元格的公式中，引用只固定列而不固定行位置，或只固定行而不固定列位置的单元格。

例如：运算结果单元格 C1 的公式为“=$A1+$B1”，即 C1 单元格等于固定 A 列和固定 B 列的单元格 A1 和 B1 数据之和。

如果将 C1 单元格的公式复制到 C2 单元格，则 C2 单元格公式随之而变为“=$A2+$B2”。

如果将 C1 单元格的公式复制到 D1 单元格，则 D1 单元格公式仍然为“=$A1+$B1”。

复制公式的操作与前面所讲单元格复制相同，也可利用填充柄的复制特性。

另外，可以从同一工作簿不同工作表或不同工作簿引用单元格，创建运算公式。也称为三维引用。

引用同一工作簿的不同工作表单元格的格式：工作表名!单元格地址。

打开多个工作簿后，引用不同工作簿单元格的格式：[工作簿名] 工作表名!单元格地址。

例如：同一工作簿中 Sheet2 工作表的 A1 单元格输入公式：“=Sheet1!A1+Sheet1!B1”，即可以引用 Sheet1 工作表的 A1 和 B1 单元格。

打开工作簿 Book1.xls 和 Book2.xls，在工作簿 Book1.xls 中的 Sheet1 工作表单元格中输入公式：“=[Book2.xls]Sheet1!$A$1”，即可以引用 Book2.xls 工作簿中的单元格。

在输入公式引用单元格时，可以用鼠标直接单击要引用的单元格，则要引用单元格的地址就会出现在编辑栏中，简化公式的输入。

3．使用函数

一个函数可以作为独立的公式单独使用，也可以用于另一个公式中或函数中。一般来说，每个函数都返回一个计算得到的结果值。Excel 提供了 9 大类，300 多个函数，包括数学与三角函数、统计函数、逻辑函数、文本函数、财务函数等。

函数由函数名和圆括号括起来的参数组成。格式如下：

函数名（参数 1，参数 2，……）

参数可以是具体的数值、字符、逻辑值，也可以是单元格地址、区域、区域名字、表达式等，也可以嵌入函数作为参数。如果一个函数没有参数，也必须加上括号。

输入函数时必须遵守函数所要求的格式。输入函数与输入公式的过程类似，具体操作方法和步骤如下。

（1）直接输入函数。

首先，选中要输入公式存放计算结果的单元格；然后，在该单元格或编辑栏输入框中输入一个等号“=”；再按照函数格式，输入函数名和参数；输入完毕，按【Enter】键或单击编辑栏上的“√”按钮。如果取消输入的函数，可以单击编辑栏中的“取消”按钮“×”，或按【Esc】键。

（2）使用“粘贴函数”。

当记不住函数名时，可以使用粘贴函数的方式输入。

首先，选中要输入公式存放计算结果的单元格；其次，选择插入【插入】/【函数】命令，或者单击编辑栏的“插入函数”按钮，弹出“插入函数”对话框，选择函数类别和所需函数，单击【确定】按钮；然后，在弹出的“函数参数”对话框中，输入参数；或者利用鼠标单击“折叠”按钮，用鼠标选择作为参数的单元格；最后，单击【确定】按钮，或者再次单击“展开”按钮，单击【确定】按钮，如图 5- 41、图 5- 42 所示。

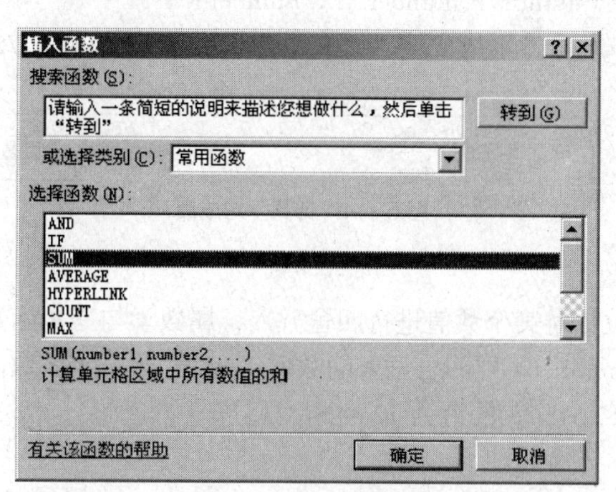

图 5-41　插入函数

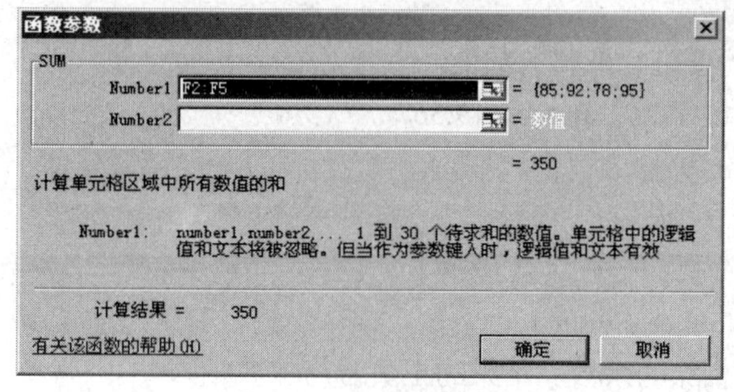

图 5-42　函数参数设置

➔提示

"插入函数"对话框选择函数后，在弹出的"函数参数"对话框设置函数参数，更简单的方法是：直接利用鼠标选择作为参数的单元格，单击"确定"按钮。

4. 常用函数介绍

（1）SUM 函数。

功能：计算得出单元格区域中一系列数值的和。

格式：SUM（number1, number2,…, number30）。

说明：SUM 函数中的参数即被求和的常数、单元格或单元格区域不能超过 30 个。

求和函数是平时工作中使用最多的函数之一，除了利用上述函数输入方法，Excel 在【开始】选项卡/【编辑】组提供了"自动求和"按钮 Σ ▾。如果选中一个单元格，然后单击"自动求和"按钮，Excel 会创建一个 SUM 公式并推测准备求和的单元格区域，可以用鼠标再次选择准备求和的单元格区域，最后按【Enter】键或单击编辑栏上的"√"按钮。

例如：已知 A2～E2 的各科成绩值如图 5- 43 所示，则总成绩 SUM（A2:E2）的值为 360。

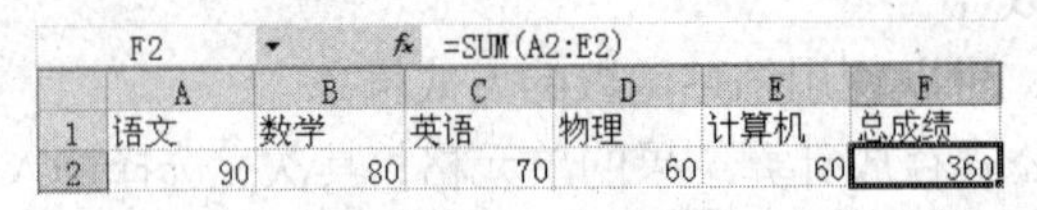

F2 =SUM(A2:E2)

	A	B	C	D	E	F
1	语文	数学	英语	物理	计算机	总成绩
2	90	80	70	60	60	360

图 5-43　计算总成绩

（2）AVERAGE 函数。

功能：计算得出各参数的算术平均数。属统计函数。

格式：AVERAGE（number1, number2,…, number30）

例如：如图 5- 44 所示，平均成绩 AVERAGE（A2:E2）的值为 72。

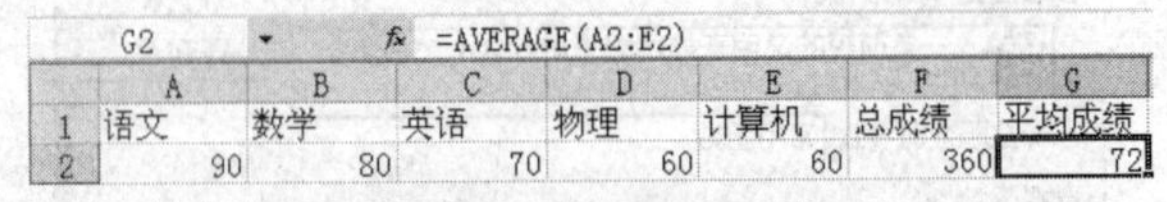

G2 =AVERAGE(A2:E2)

	A	B	C	D	E	F	G
1	语文	数学	英语	物理	计算机	总成绩	平均成绩
2	90	80	70	60	60	360	72

图 5-44　计算平均成绩

（3）ROUND 函数。

功能：按指定的位数对某个数值进行四舍五入，属数学与三角函数。

格式：ROUND(number（要四舍五入的数值）,num_digits（小数部分保留的位数））

例如：ROUND(12.3456,3)的值为 12.346。

（4）INT 函数。

功能：将数字向下舍入到最接近的整数。

格式：INT(Number)

说明：Number 为要进行取整的数值。

例如：假设 A1=119.576，B1= −119.567

INT(A1)=119

INT(B1)= −120

（5）MOD 函数。

功能：MOD（Nunber,divisor）

格式：计算两数相除的余数。结果的正负号与除数相同。

说明：Number 为被除数值，divisor 为除数。如果 divisor 为零，则函数 MOD 返回错误值 #DIV/0!。

例如：假设 A1=7，B1=3

MOD(A1,B1)=1

（6）COUNT 函数。

功能：返回参数中包含数字单元格的个数，以及参数中数字的个数，属统计函数。

格式：COUNT（value1,value2,...）

函数 COUNT 在计数时，把数字、空值、日期计算进去，但空白单元格和错误值或无法转化为数值的内容不计数。

例如：假设 A1:A7 区域的内容分别为"ABC"、"你好"、空白单元格、""、0、1、9 月 2 日，则 COUNT（A1:A7）等于 3，COUNT（A1:A6，96）等于 4。

（7）COUNTA 函数。

功能：统计单元格区域中非空单元格的个数。

格式：COUNTA（value1,value2,...）

说明：COUNTA 函数最多允许包含 30 个参数。参数可以是任何类型，参数为空文本""也会被计算在内，只有空单元格不被计数。

例如：上例中 COUNTA（A1:A7）等于 6。

（8）COUNTIF 函数。

功能：计算某个区域中满足给定条件的单元格数目，属统计函数。

格式：COUNT（range（某单元格区域）,criteria 给定条件））

说明：其中条件可以为：数字、表达式或文本。

例如：假设 A2:F2 区域的内容分别为"ABC"、82、74、60、56、78，如图 5- 45 所示，则 COUNTIF（A2:F2,"ABC"）的值为 1，COUNTIF（A2:F2, ">=60"）的值为 4。

G2 =COUNTIF(A2:F2,"ABC")

	A	B	C	D	E	F	G
1							
2	ABC	82	74	60	56	78	1

G2 =COUNTIF(A2:F2,">=60")

	A	B	C	D	E	F	G
1							
2	ABC	82	74	60	56	78	4

图 5-45 条件统计函数

（9）MAX 函数。

功能：返回一组数值中的最大值。若参数中不包含数字，则函数 MAX 返回值为 0。

格式：MAX（number1, number2,...）

例如：如图 5-45 所示的数据，MAX（A2:F2）的值为 82。

（10）MIN 函数。

功能：返回一组数值中的最小值。

格式：MIN（number1, number2,...）

例如：如图 5-45 所示的数据，MIN（A2:F2）的值为 56。

（11）RANK 函数。

格式：RANK(Number,Ref,Order)

功能：返回一个数字在数字列表中的排位。

说明：参数 Number 为需要进行排位的数字。参数 Ref 为数字列表数组或数字列表的引用，即需要排位的范围，Ref 中的非数值型参数将被忽略。参数 Order 为一数字，指明排位的方式，即按何种方式排。如果 Order 为 0（零）或忽略，Excel 对数字的排位是基于 Ref 为按照降序排列的列表；否则是基于 Ref 为按照升序排列的列表。

（12）IF 函数。

IF 函数是一个逻辑函数，在实际工作中应用非常广泛。IF 函数用于执行真假值判断，根据逻辑判断的真假值返回不同的结果，也称之为条件函数。

功能：对一个条件表达式进行判断，如果条件表达式为真则返回一个值，否则返回另一个值。

格式：IF（logical_test,value_if_ture, value_if_false）

说明：logical_test 为条件表达式，value_if_ture 条件表达式为真返回的值，value_if_false 条件表达式为假返回的值。

例：公式"=IF（A6>60,10,5）"即判断 A6 单元格的数值是否大于 60，大于时返回值为 10，否则返回值为 5。

IF 函数中的参数可以使用文本字符串。IF 函数也可以嵌套使用，最多可以嵌套 7 层。当然也可以嵌套使用其他函数。

例：假如根据 E2:E50 中的考试成绩，在 G2:G50 中自动给出每一个成绩的等级：60 分以下为不及格，60～75 分为及格，75～85 分为良好，85 分以上为优秀。

在 G2 单元格中输入公式："=IF(E2<60,"不及格",IF(E2<75,"及格",IF(E2<85,"良好","优秀")))。向下拖动填充柄，复制引用 G2 中的公式即可。

（13）AND、OR 和 NOT 函数。

这三个函数为逻辑函数，可以建立逻辑条件测试。

AND 函数（"与"函数），所有参数的逻辑值为真时返回 TURE，只要有一个参数的逻辑值为假即返回 FALSE。例如：AND(2+1=3，2+3>4,5<7)等于 TURE；AND(2+1=5，2+3>4,5<7）等于 FALSE。

OR 函数（"或"函数），任何一个参数的逻辑值为真时返回 TURE，所有参数的逻辑值都为假时返回 FALSE。例如：OR(2+1=5，2+3<4,5<7)等于 TURE；OR(2+1=5，2+3<4,9<7）等于 FALSE。

NOT 函数("非"函数)，对逻辑参数求相反的值。如果参数的逻辑值为假，返回 TURE；如果参数的逻辑值为真，返回 FALSE。例如：NOT（FALSE）等于 TURE；NOT（1+1=3）等于 TURE；NOT（1+1=2）等于 FALSE。

这 3 个函数经常和 IF 函数结合使用。

例：在 F2 单元格输入公式：=IF(AND(C2="业务员",D2>1600),"△"," "),向下拖动填充柄，复制引用 F2 中的公式即可得到如图 5- 46 所示的结果。

F2 =IF(AND(C2="业务员",D2>1600),"△"," ")

	A	B	C	D	E	F
1	姓名	部门	职务	应发工资	应税所得额	应发工资大于1600元的业务员
2	李旭东	销售部	部门经理	3093.40	1493.4	
3	张艳	销售部	业务经理	2540.80	940.8	
4	赵强	销售部	业务员	1598.50	0	
5	李月	销售部	业务员	1823.60	223.6	△
6	刘凯	销售部	业务员	1586.20	0	
7	董伟平	销售部	业务员	1610.00	10	△

图 5-46　IT 函数与 AND 函数综合使用结果

（14）YEAR 函数。

YEAR 函数用于返回日期年份值。函数的格式是：YEAR(serial_number),其中 serial_number 为一个日期值。

（15）NOW 函数。

NOW 函数用于返回日期和时间格式的当前日期和时间，不需要任何参数。

例：使用 YEAR 和 NOW 函数计算“张华”的工龄，并将结果放置在相应的单元格中。

将光标定位于 F3 单元格中，并在编辑栏中输入公式，如图 5- 47 所示。按【Enter】键或单击编辑栏左边的✓按钮即可完成公式的输入。

F2 =YEAR(NOW())-YEAR(C2)

	A	B	C	D	E	F
1	员工编号	姓名	参加工作年份	职务	基本工资	工龄
2	001	张华	2003年9月	讲师	2800	8

图 5-47　日期函数使用

- YEAR(NOW())用于返回系统当前的年份。
- YEAR(C2)用于返回 C2 单元格中数据的年份，即参加工作的年份。
- =YEAR(NOW())−YEAR(C2)表示当年年份减去参加工作年份，即此员工的工龄。

➔提示

“工龄”这一列单元格的数字类型应设置为“数值”，否则显示结果将出错。

任务 3　分析各部门业绩数据

【任务描述】

刘青对 Excel 表格有了进一步的了解，于是在完成领导安排的上一任务之后，又主动提出将部门的业绩进行分析整理。他发现仅通过表格中的杂乱数字很难表现一些数据的变化趋势和规律，通过查找资料，通过对数据的排序、筛选、分类汇总、数据透视表等操作，公司领导可以通过对第一季度工作做个总结，以便对明年同期计划作出调整。

本任务将以第一季度销售业绩汇总表为例，介绍 Excel 2010 的数据排序、筛选、分类汇总、数据透视表等功能，如图 5-48 所示。

	A	B	G	H	I	J	K
1	2014年第一季度信翔国际旅游公司销售业绩汇总表						
2							（单位：万）
3	机构所在城市	服务部	计划	业务成交	达成率	业绩排名	奖金系数
4	北京	第七分公司	57.0	60.9	106.76%	1	2
5	石家庄	第五分公司	55.5	52.7	94.94%	2	1
6	北京	第六分公司	21.0	51.5	245.41%	3	2
7	北京	第四分公司	21.0	44.6	212.22%	4	2
8	石家庄	总公司	41.5	40.4	97.29%	5	1
9	石家庄	第二分公司	25.6	29.1	113.75%	6	2
10	上海	第三分公司	15.0	29.0	193.27%	7	2
11	广东	第十一分公司	15.6	28.6	183.60%	8	2
12	广东	第八分公司	15.6	25.9	166.12%	9	2
13	广东	第十分公司	29.7	25.9	87.09%	10	1
14	上海	第九分公司	29.7	21.6	72.77%	11	1
15	北京	第十二分公司	21.9	19.8	90.30%	12	1
16	石家庄	第一分公司	15.6	19.1	122.45%	13	2

图 5-48　销售业绩汇总表

【任务分析】

Excel 2010 具有数据库管理的功能，利用这些功能可以对数据进行排序、筛选、分类汇总数据透视表等操作。

将“任务 3——分析各部门业绩”复制 6 遍到本工作簿不同的工作表，分别重命名为“排序 1”、“排序 2”、“自定义筛选 1”、“自定义筛选 2”、“高级筛选”、“分类汇总”和“数据透视表”。

【学习目标】

- 简单排序
- 复合排序
- 自动筛选
- 高级筛选
- 分类汇总
- 数据透视表

【任务实施】

一、排序

➔提示

数据排序可以使工作表中记录按照规定的顺序排列，从而使工作表中的记录更有规律，条理更清楚。排序的方式有很多：简单排序、多条件排序、按颜色排序等。本任务包含简单排序和多关键字排序。

1．简单排序

在“排序 1”表中按“业务成交”字段降序排序。选择 A3:K16 区域，单击【数据】/【排序和筛选】组中的 （排序）按钮，弹出【排序】对话框，如图 5-49 和图 5-50 所示。

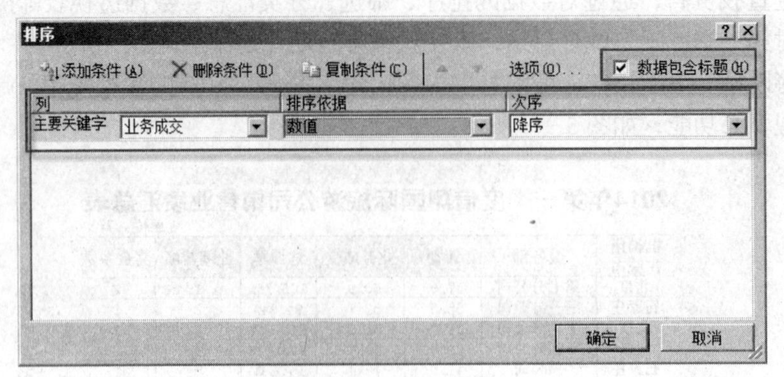

图 5-49　排序对话框

➔提示

在“排序”对话框中，选择“数据包含标题”选项，会默认选择的参加排序的单元格区域包含有标题行；没有选择“数据包含标题”选项，则会默认选中区域无标题行。若选择错误则会造成排序混乱。

2014年第一季度信翔国际旅游公司销售业绩汇总表

机构所在城市	服务部	机构代码	1月	2月	3月	计划	业务成交	达成率
北京	第七分公司	86130202	⇧34.2	⇧20.4	⇩6.20	57.0	60.9	106.76%
石家庄	第五分公司	86130003	⇧24.0	⇨15.1	⇨13.64	55.5	52.7	94.94%
北京	第六分公司	86130201	⇧28.2	⇩9.0	⇨14.34	21.0	51.5	245.41%
北京	第四分公司	86130203	⇧21.6	⇨11.3	⇨11.68	21.0	44.6	212.22%
石家庄	总公司	86130000	⇨15.7	⇨15.3	⇩9.46	41.5	40.4	97.29%
石家庄	第二分公司	86130002	⇩6.2	⇩4.4	⇨18.60	25.6	29.1	113.75%
上海	第三分公司	86130301	⇩8.7	⇩5.9	⇨14.48	15.0	29.0	193.27%
广东	第十一分公司	86130402	⇩6.3	⇩6.1	⇨16.24	15.6	28.6	183.60%
广东	第十分公司	86130400	⇩7.6	⇩3.9	⇨14.36	29.7	25.9	87.09%
广东	第八分公司	86130401	⇩8.2	⇩3.8	⇨13.88	15.6	25.9	166.12%
上海	第九分公司	86130300	⇩2.4	⇩1.4	⇨17.84	29.7	21.6	72.77%
北京	第十二分公司	86130200	⇩0.3	⇩1.1	⇨18.40	21.9	19.8	90.30%
石家庄	第一分公司	86130001	⇩6.0	⇩1.5	⇨11.60	15.6	19.1	122.45%

图 5-50　排序结果

2．多条件排序

在“排序 2”表中按照“业务成交”和“达成率”两列数据排序。若“业务成交”值相同则按“达成率”降序排序。选择 A3:K16 区域，单击【数据】/【排序和筛选】中的 (排序)按钮，弹出“排序”对话框，在对话框中进行设置，“主要关键字”为“业务成交”、“降序”，“次要关键字”为“达成率”、“降序”，如图 5-51 所示。单击【确定】按钮，则排序完成，结果如图 5-52 所示。

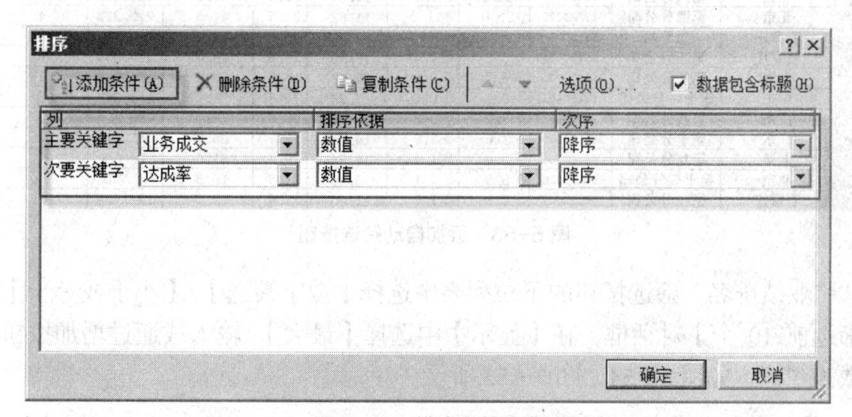

图 5-51　排序条件设置

2014年第一季度信翔国际旅游公司销售业绩汇总表

机构所在城市	服务部	机构代码	1月	2月	3月	计划	业务成交	达成率	业绩排名
北京	第七分公司	86130202	⇧34.2	⇧20.4	⇩6.20	57.0	60.9	106.76%	1
石家庄	第五分公司	86130003	⇧24.0	⇨15.1	⇨13.64	55.5	52.7	94.94%	2
北京	第六分公司	86130201	⇧28.2	⇩9.0	⇨14.34	21.0	51.5	245.41%	3
北京	第四分公司	86130203	⇧21.6	⇨11.3	⇨11.68	21.0	44.6	212.22%	4
石家庄	总公司	86130000	⇨15.7	⇨15.3	⇩9.46	41.5	40.4	97.29%	5
石家庄	第二分公司	86130002	⇩6.2	⇩4.4	⇨18.60	25.6	29.1	113.75%	6
上海	第三分公司	86130301	⇩8.7	⇩5.9	⇨14.48	15.0	29.0	193.27%	7
广东	第十一分公司	86130402	⇩6.3	⇩6.1	⇨16.24	15.6	28.6	183.60%	8
广东	第八分公司	86130401	⇩8.2	⇩3.8	⇨13.88	15.6	25.9	166.12%	9
广东	第十分公司	86130400	⇩7.6	⇩3.9	⇨14.36	29.7	25.9	87.09%	10
上海	第九分公司	86130300	⇩2.4	⇩1.4	⇨17.84	29.7	21.6	72.77%	11
北京	第十二分公司	86130200	⇩0.3	⇩1.1	⇨18.40	21.9	19.8	90.30%	12
石家庄	第一分公司	86130001	⇩6.0	⇩1.5	⇨11.60	15.6	19.1	122.45%	13

图 5-52　多条件排序结果

二、筛选

筛选是根据给定的条件从数据清单中找出并显示满足条件的记录，不满足条件的记录被隐藏。与排序不同，筛选并不重拍数据，只是暂时隐藏不必显示的行。本任务包括使用“自动筛选”、“高级筛选”两种方法来筛选数据。

1．筛选出业绩排名前 5 名的部门（自动筛选）

自动筛选器提供有快速访问数据列表的管理功能。具体方法如下。

（1）在“自定义筛选 1”工作表中，选取选择 A3：K16 区域，单击【数据】/【排序和筛选】组中的（筛选）按钮，系统在该选中区域的第一行中添加下拉式筛选按钮，如图 5-53 所示。

➔提示

Excel 2010 可以设置 64 个排序条件。如果对英文进行排序时，用户可以指定是否区分大小写。如果区分大小写，在升序时，小写字母排在大写字母之前。Excel 对汉字排序时，既可以根据汉语拼音的字母排序，也可以根据汉字的笔画排序。

2014年第一季度信翔国际旅游公司销售业绩汇总表

机构所在城	服务部	机构代	1月	2月	3月	计	业务成	达成	业绩排
北京	第七分公司	86130202	34.2	20.4	6.20	57.0	60.9	106.76%	1
石家庄	第五分公司	86130003	24.0	15.1	13.64	55.5	52.7	94.94%	2
北京	第六分公司	86130201	28.2	9.0	14.34	21.0	51.5	245.41%	3
北京	第四分公司	86130203	21.6	11.3	11.68	21.0	44.6	212.22%	4
石家庄	总公司	86130000	15.7	15.3	9.46	41.5	40.4	97.29%	5
石家庄	第二分公司	86130002	6.2	4.4	18.60	25.6	29.1	113.75%	6
上海	第三分公司	86130301	8.7	5.9	14.48	15.0	29.0	193.27%	7
广东	第十一分公司	86130402	6.3	6.1	16.24	15.6	28.6	183.60%	8
广东	第八分公司	86130401	8.2	3.8	13.88	15.6	25.9	166.12%	9
广东	第十分公司	86130400	7.6	3.9	14.36	29.7	25.9	87.09%	10
上海	第九分公司	86130300	2.4	1.4	17.84	29.7	21.6	72.77%	11
北京	第十二分公司	86130200	0.3	1.1	18.40	21.9	19.8	90.30%	12
石家庄	第一分公司	86130001	6.0	1.5	11.60	15.6	19.1	122.45%	13

图 5-53　添加自动筛选按钮

（2）从“业绩排名”筛选按钮的下拉列表中选择【数字筛选】/【小于或等于】命令，打开【自动筛选前 10 个】对话框，在【显示】中选择【最大】，输入或通过增加按钮设置筛选记录的个数为“5”，如图 5- 54、图 5- 55 所示。

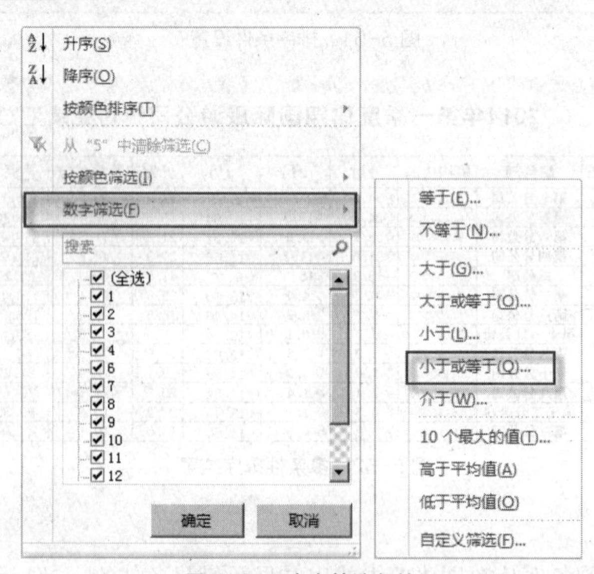

图 5-54　定义筛选条件

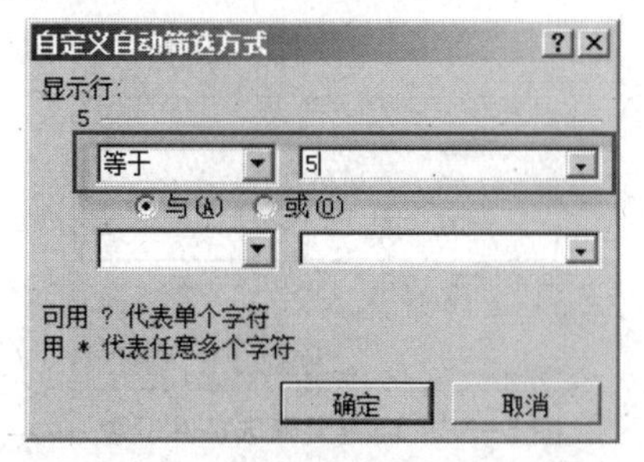

图 5-55　自定义自动筛选条件设置

（3）单击【确定】按钮，满足指定条件的记录显示在工作表中，不满足条件的记录则被隐藏。结果如图 5-56 所示。

2014年第一季度信翔国际旅游公司销售业绩汇总表

（单位：万）

机构所在城市	服务部	机构代	1月	2月	3月	计划	业务成交	达成率	业绩排名	奖金系
石家庄	总公司	86130000	15.7	15.3	9.46	41.5	40.4	97.29%	5	1
石家庄	第五分公司	86130003	24.0	15.1	13.64	55.5	52.7	94.94%	2	1
北京	第六分公司	86130201	28.2	9.0	14.34	21.0	51.5	245.41%	3	2
北京	第七分公司	86130202	34.2	20.4	6.20	57.0	60.9	106.76%	1	2
北京	第四分公司	86130203	21.6	11.3	11.68	21.0	44.6	212.22%	4	2

图 5-56　筛选结果

➔提示

所有的筛选数据都有一个共同点，即只是将符合筛选条件的数据暂时存放到一个筛选容器中。当不需要筛选结果时，又可以返回到原来的原始数据的效果上。在这个过程中，原始数据并不会被修改，即确保了原始数据的完整性。需要特别注意的是，保存到筛选容器中的数据是符合条件的数据所在的整条记录，而不是某个数据。

2．利用“自定义筛选 2”工作表筛选出“业务成交”在 20～40 万之间的部门

（1）在“自定义筛选 1”工作表中，选取选择 A3:K16 区域，单击【数据】/【排序和筛选】组中的（筛选）按钮，系统在该选中区域的第一行中添加下拉式筛选按钮。

（2）从“业绩成交”筛选按钮的下拉列表中选择【数字筛选】/【介于】命令，打开“自定义自动筛选”对话框，在【显示行】中选择【大于或等于 10】、【与】、【小于或等于 20】，如图 5- 57、图 5- 58 和图 5- 59 所示。

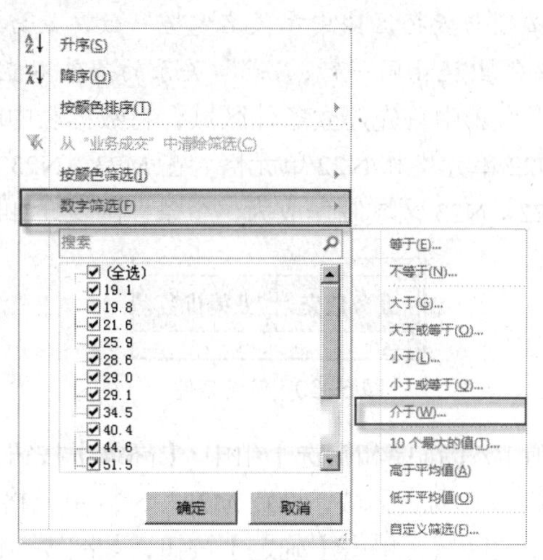

图 5-57　自定义筛选设置

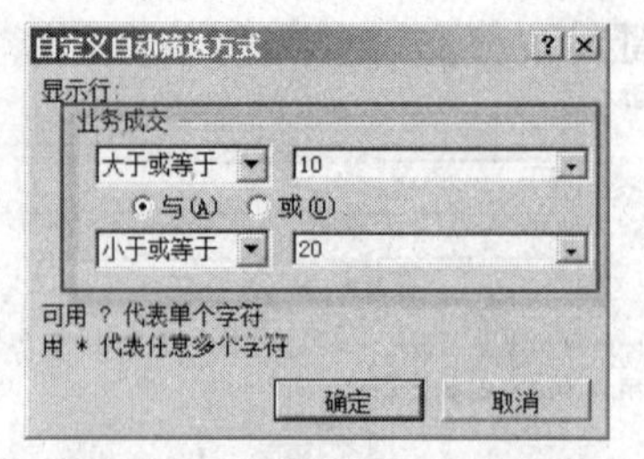

图 5-58　自定义筛选条件设置

	A	B	C	D	E	F	G	H	I	J	K
1	2014年第一季度信翔国际旅游公司销售业绩汇总表										
2											（单位：万）
3	机构所在城市	服务部	机构代	1月	2月	3月	计划	业务成交	达成率	业绩排名	奖金系
5	石家庄	第一分公司	86130001	6.0	1.5	11.60	15.6	19.1	122.45%	13	2
8	北京	第十二分公司	86130200	0.3	1.1	18.40	21.9	19.8	90.30%	12	1
20	最小值	——	——	0.3	1.1	6.2	——	19.1	——	——	

图 5-59　自定义筛选结果

➔提示

在设置筛选条件时，由于某种情况，筛选条件不明确时，可以直接使用【文本筛选】命令中的【包含】或【不包含】等命令。

使用通配符“？”或“*”也可以完成。例如，对于物品名称不确定是“办公桌椅”，还是“办公椅”，可以直接根据物品名称字段，将筛选条件设置为“办公*”。

3．利用【高级筛选】功能，筛选出“业务成交”大于等于 40，并且“业绩排名”在前 5 名的部门

➔提示

当设置的条件多而复杂时，为了确保数据的准确筛选，就需要使用高级筛选功能自定义筛选条件来完成。

在使用高级筛选功能时，必须先在数据表外的某个区域手动输入筛选条件，并且在输入筛选条件时还需要遵循以下规则。

❖ 条件区域与数据区域之间必须用空白行或空白列隔开。

❖ 条件区域至少应该有两行，第一行是字段名，下面的行是放置筛选条件值。

❖ 条件区域的字段名必须与数据区域中字段名完全一致，最好通过复制获得。

❖ “与”关系的条件必须出现在同一行；“或”关系的条件不能出现在同一行。

（1）在“高级筛选”工作表中首先建立条件区域，将数据表中的列标题“业务成交”和“业绩排名”分别复制到 M22 单元格和 N22 单元格。在 M23：N23 单元格区域输入约束条件“>=40”和“<=5”，将 M22：N23 区域制作成为一个条件区域，如图 5- 60 所示。

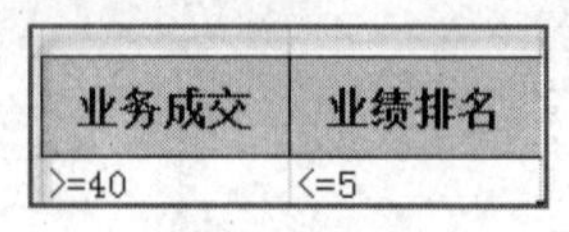

业务成交	业绩排名
>=40	<=5

图 5-60　筛选条件

（2）单击【数据】选项卡/【排序和筛选】组中/【高级】按钮，打开“高级筛选”对话框，设置 A3：K16 单元格区域为列表区域，设置 M22：N23 单元格区域为条件区域，将筛选结果复制到 A24 单元格开始的区域，单击【确定】按钮，如图 5-61 所示。

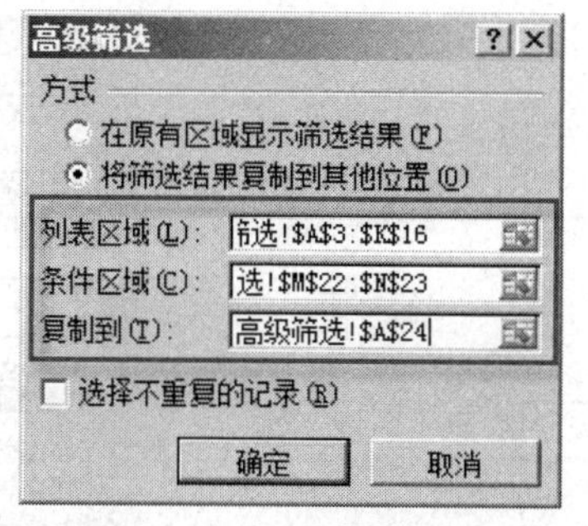

图 5-61　高级筛选参数设置

➔提示

进行高级筛选时，数据清单必须有列标题，“条件区域”在数据清单上下左右均可，但与数据清单之间至少有一个空行（列）。筛选结果可在原数据清单上显示，也可将筛选结果复制到其他位置。

（3）单击【确定】按钮，可在区域得到如图 5-62 的筛选结果。

24	机构所在城市	服务部	机构代码	1月	2月	3月	计划	业务成交	达成率	业绩排名	奖金系数
25	石家庄	总公司	86130000	15.7	15.3	9.46	41.5	40.4	97.29%	5	1
26	石家庄	第五分公司	86130003	24.0	15.1	13.64	55.5	52.7	94.94%	2	1
27	北京	第六分公司	86130201	28.2	9.0	14.34	21.0	51.5	245.41%	3	2
28	北京	第七分公司	86130202	34.2	20.4	6.20	57.0	60.9	106.76%	1	2
29	北京	第四分公司	86130203	21.6	11.3	11.68	21.0	44.6	212.22%	4	2
30											
31											
32											
33											

任务3——分析各部门业绩 / 排序1 / 排序2 / 自动筛选1 / 高级筛选 / 自定义筛选2 / 分类汇总 / 数据透视表

图 5-62　高级筛选结果

➔提示

设置高级筛选条件时，可同时对多个字段设置条件，每个字段也可以设置多个条件。在条件区域同一行中出现的条件，相互之间一般是“与”的关系（同时成立），而在不同行出现的条件，是“或”的关系（满足其中之一即可）。

三、分类汇总

分类汇总是根据指定的类别，将数据以指定的方式进行统计，这样可以快速地将大型表格中的数据进行分析，以获得需要的统计数据。

➔提示

分类汇总之前必须按分类字段进行排序，从而使相同关键字的行排列在相邻区域中，然后才可以实现归类汇总数据。

利用分类汇总功能，统计各城市业务成交量的平均值。

（1）在“分类汇总”工作表中，选中 A3:K16 单元格区域，先按照“机构所在城市”字段进行排序，然后选择【数据】选项卡/【分级显示】组中/【分类汇总】，弹出“分类汇总”对话框，进行如图 5-63 所示的设置。

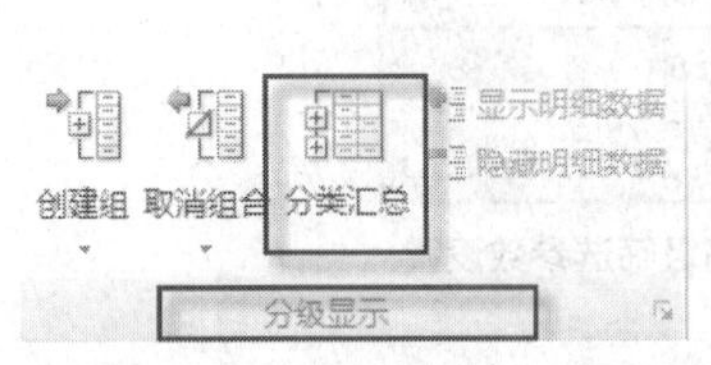

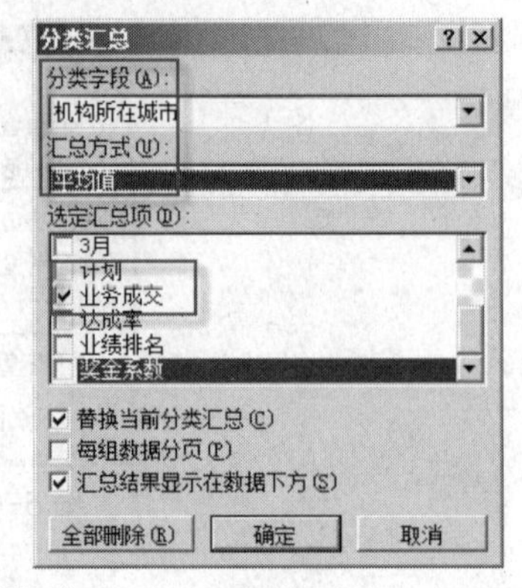

图 5-63　分类汇总

➔提示

数据清单中必须包含带有标题的列。在分类汇总前，必须先按分类的字段进行排序，才能进行分类汇总操作。

（2）单击【确定】按钮，完成分类汇总操作，得到如图 5-64 所示的结果。

2014年第一季度信翔国际旅游公司销售业绩汇总表

（单位：万）

机构所在城市	服务部	机构代码	计划	业务成交	达成率	业绩排名	奖金系数
石家庄	总公司	86130000	41.5	40.4	97.29%	6	1
石家庄	第一分公司	86130001	15.6	19.1	122.45%	16	2
石家庄	第二分公司	86130002	25.6	29.1	113.75%	8	2
石家庄	第五分公司	86130003	55.5	52.7	94.94%	2	1
石家庄 平均值				35.3			
北京	第十二分公司	86130200	21.9	19.8	90.30%	15	1
北京	第六分公司	86130201	21.0	51.5	245.41%	3	2
北京	第七分公司	86130202	57.0	60.9	106.76%	1	2
北京	第四分公司	86130203	21.0	44.6	212.22%	4	2
北京 平均值				44.2			
上海	第九分公司	86130300	29.7	21.6	72.77%	14	1
上海	第三分公司	86130301	15.0	29.0	193.27%	9	2
上海 平均值				25.3			
广东	第十分公司	86130400	29.7	25.9	87.09%	11	1
广东	第八分公司	86130401	15.6	25.7	164.71%	12	2
广东	第十一分公司	86130402	15.6	28.6	183.60%	10	2
广东 平均值				26.7			
总计平均值				34.5			

图 5-64　分类汇总结果

➔提示

分类汇总后，利用分类汇总控制区域的按钮，单击 - 按钮，即可折叠该组中的数据，只显示分类汇总结果，同时该按钮变成 + ；单击 + 按钮，便又展开该组数据，显示该组中全部数据，同时该按钮变成 - ；单击顶端的数字按钮，则会只显示该级别的分类汇总结果，如图 5-65 所示。

（3）撤销分类汇总，单击【数据】选项卡/【分级显示】组/【分类汇总】命令，弹出“分类汇总”对话框。在该对话框中单击【全部删除（R）】按钮，即可删除全部分类汇总结果。

四、数据透视表

分类汇总可以对大量数据进行快速汇总统计，但是分类汇总只能针对一个字段进行分类，对一个或多个字段进行汇总。当用户需要按照多个字段进行分类并汇总时，分类汇总功能就会受到限制，无法完成。Excel 提供了数据透视表功能，可以完成对多个字段进行分类汇总。

3	机构所在城市	服务部	业务成交	达成率
4	石家庄	总公司	10.4	97.29%
5	石家庄	第一分公司	19.1	122.45%
6	石家庄	第二分公司	29.1	113.75%
7	石家庄	第五分公司	52.7	94.94%
8	石家庄 平均值		35.3	
9	北京	第十二分公司	19.8	90.30%
10	北京	第六分公司	51.5	245.41%
11	北京	第七分公司	60.9	106.76%
12	北京	第四分公司	44.6	212.22%
13	北京 平均值		44.2	
14	上海	第九分公司	21.6	72.77%
15	上海	第三分公司	29.0	193.27%
16	上海 平均值		25.3	
17	广东	第十分公司	25.9	87.09%
18	广东	第八分公司	25.9	166.12%
19	广东	第十一分公司	28.6	183.60%
20	广东 平均值		26.8	
21	总计平均值		34.5	

汇总级别 3 显示的数据是最详细的，它除了显示所有的表格数据以外，还显示同一汇总关键字的汇总数据以及所有汇总关键字的汇总数据，因此该级别适用于查看数据的详细情况。

3	机构所在城市	服务部	业务成交	达成率
8	石家庄 平均值		35.3	
13	北京 平均值		44.2	
16	上海 平均值		25.3	
20	广东 平均值		26.8	
21	总计平均值		34.5	

汇总级别 2 只显示所有汇总关键字的汇总数据，适合辅助查看某一类数据。

3	机构所在城市	服务部	业务成交	达成率
21	总计平均值		34.5	

汇总级别 1 只显示汇总数据的总计数据

图 5-65 分类汇总三级显示结果

➔提示

数据透视是从普通表格中生成的总结报告，通过它能方便地查看工作表中的数据，可以快速合并和比较数据，从而方便对这些数据进行分析和处理。

数据透视表，其实是自动筛选和分类汇总功能的集合。

利用数据透视表功能，统计各城市服务部个数及“平均业务成交”和“平均达成率”。

（1）在“数据透视表”工作表中，执行【插入】选项卡/【表格】组/【数据透视表】命令，打开“数据透视表”对话框，如图 5-66 所示的设置数据区域，将 A25 单元格开始的区域作为“选择放置数据透视表的位置”。

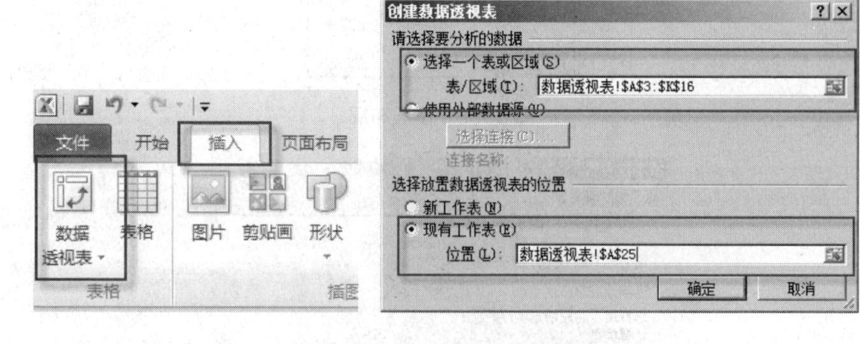

图 5-66 数据透视表参数设置

➔提示

制作的数据透视表，既可以作为一张新的工作表被放置在与原数据表并列的工作表中，也可以在现有工作表中选择一个起始位置进行放置。

（2）单击【确定】按钮，进入如图 5- 67 所示的数据透视表设计环境中。

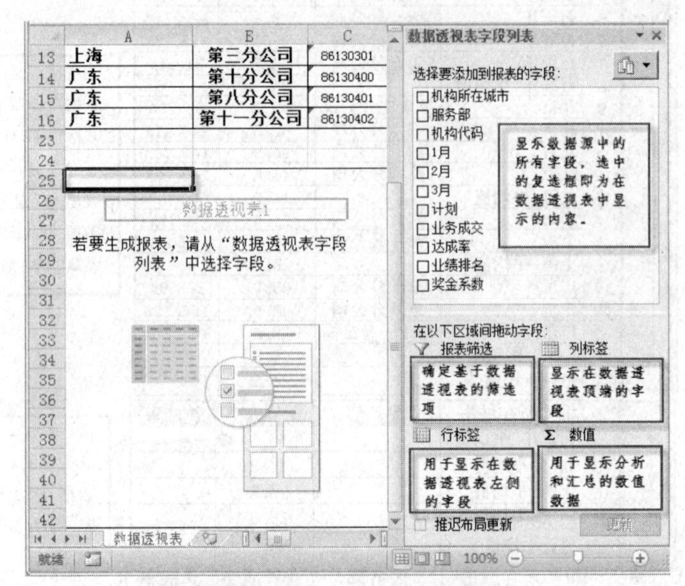

图 5-67　数据透视表参数区域说明

（3）如图 5-68、图 5-69 所示，在窗口右下角的行标签和数值区进行调整。将“机构所在城市”拖至“行标签”区域中，将“服务部”和“业务成交”、“达成率”字段拖至“数值”区域中。调整汇总方式。单击“数值”区域中每个项目右边的下拉按钮，在弹出的“值字段设置”选项中，选择合适的“计算类型”列表框中的汇总方式，“服务部”的汇总方式为“计数”，“业务成交”和“达成率”的汇总方式为“平均值”。

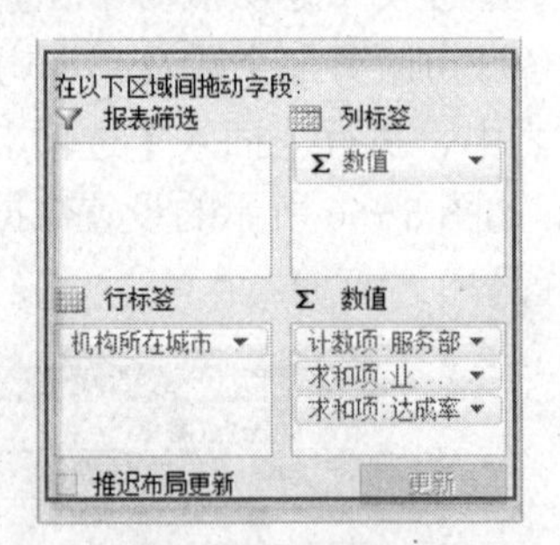

图 5-68　字段布局

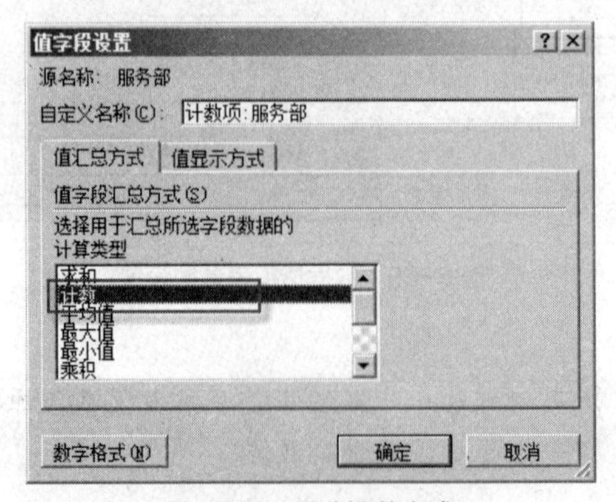

图 5-69　更改汇总方式

（4）单击【确定】按钮后，即可统计出各城市服务部个数及“平均业务成交”和“平均达成率”。

（5）设置“数据格式”保留一位小数。结果如图 5-70 所示。

25	行标签	计数项:服务部	平均值项:业务成交	平均值项:达成率
26	北京	4	44.2	1.6
27	广东	3	26.7	1.5
28	上海	2	25.3	1.3
29	石家庄	4	35.3	1.1
30	**总计**	**13**	**34.5**	**1.4**
31				
32				
33				
34				
35				

任务4——图表的应用 / 排序1 / 排序2 / 自动筛选 / 高级筛选 / 自定义筛选

图 5-70　数据透视表结果

（6）保存并关闭工作簿。

➔提示

在数据透视表是一个功能强大的数据分析工具。如果数据工作表中的数据源发生改变，为实现与数据透视表相匹配，需要在数据透视表中任意单元格中单击鼠标右键，从弹出的菜单中选择“刷新数据”命令。

任务 4　图表的应用

图表是 Excel 中很重要的一部分，利用图表可以更直接、更生动和更明了地表现工作表的数据，不仅让枯燥的信息从视觉上表现美观，还能一目了然地展现潜在的比较信息。

Excel 2010 提供了 11 种内部的图表类型，每一种图表类型又有多种子类型，还可以自己定义图表。用户可以根据实际情况，选择原有的图表类型或者自定义图表，使表结果更加清晰、直观和易懂，为使用数据提供了便利，如图 5-71 所示。

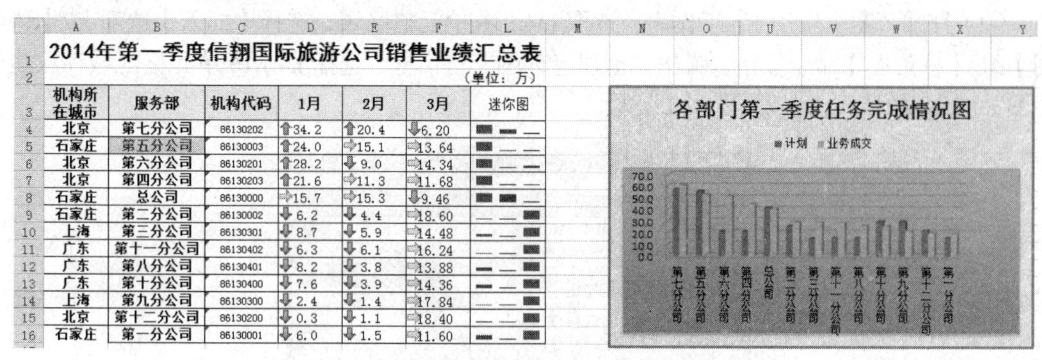

2014年第一季度信翔国际旅游公司销售业绩汇总表

（单位：万）

机构所在城市	服务部	机构代码	1月	2月	3月	迷你图
北京	第七分公司	86130202	34.2	20.4	6.20	
石家庄	第五分公司	86130003	24.0	15.1	13.64	
北京	第六分公司	86130201	28.2	9.0	14.34	
北京	第四分公司	86130203	21.6	11.3	11.68	
石家庄	总公司	86130000	15.7	15.3	9.46	
石家庄	第二分公司	86130002	6.2	4.4	18.60	
上海	第三分公司	86130301	8.7	5.9	14.48	
广东	第十一分公司	86130402	6.3	6.1	16.24	
广东	第八分公司	86130401	8.2	3.8	13.88	
广东	第十分公司	86130400	7.6	3.9	14.36	
上海	第九分公司	86130300	2.4	1.4	17.84	
北京	第十二分公司	86130200	0.3	1.1	18.40	
石家庄	第一分公司	86130001	6.0	1.5	11.60	

图 5-71　Excel 图表

本任务主要完成如何在电子表格中创建、编辑图表。

【任务描述】

职场工作中，高效是其主要要求，在繁杂的数据中快速挑选或提炼出有用的信息并以一种直观的方式呈现，就要用到图表。所谓“文不如表，表不如图”，说的就是图表在表达信息时代独有的优势。为了让各部门的业绩情况看起来更直观、更准确、更便于比较，刘青将数据表中的数据用图表的形式展现。

【任务分析】

本任务首先创建图表，然后根据在工作表中选择的不同的数据区域来创建不同类型的图表，用图表来说明不同部门的销售业绩。从而达到直观、准确的表达效果。

【学习目标】

- 图表的创建
- 编辑图表
- 格式化图表

【任务实施】

本任务将以制作如图 5-71 所示的对比第一季度各部门旅游业绩为例，介绍 Excel 2010 中迷你图和图表功能。此项工作任务的工作流程可以按照以下 4 个步骤来完成。

创建图表—编辑图表—格式化图表—保存退出。

一、迷你图

迷你图（Sparklines）是 Excel 2010 中的一个新增功能，它是绘制在单元格中的一个微型图表，用迷你图可以直观地反映数据系列的变化趋势。与图表不同的是，当打印工作表时，单元格中的迷你图会与数据一起进行打印。创建迷你图后还可以根据需要对迷你图进行自定义，如高亮显示最大值和最小值、调整迷你图颜色等。

在 Excel 2010 中创建迷你图非常简单，目前提供了 3 种形式的迷你图，即“折线迷你图”、“柱形迷你图”和“盈亏迷你图”。下面以创建柱形迷你图，分析比较各部门 1～3 月业务成交额为例来说明一下迷你图的创建方法。

（1）将“任务 3——分析各部门业绩”复制 2 遍到本工作簿不同的工作表，分别重命名为“任务 4——图表应用 1”、“任务 4——图表应用 2”。

（2）打开“图表应用 1”工作表，选取 D4:F16 单元格区域，选择【插入】选项卡/【迷你图】组/【柱形图】命令按钮，弹出“创建迷你图”对话框，选择 L4:L16 单元格区域存放迷你图，如图 5-72 所示。

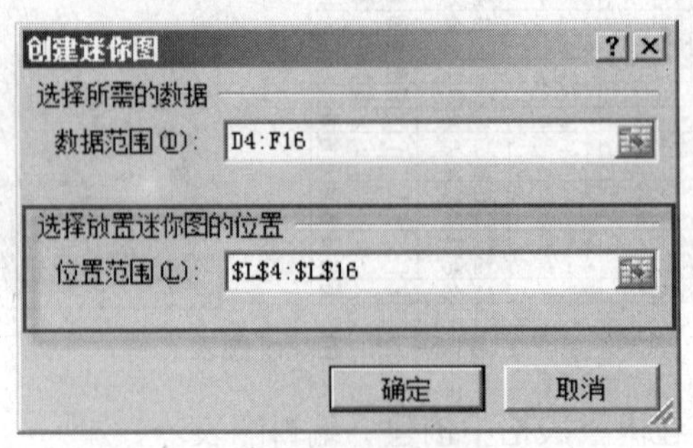

图 5-72 创建迷你图

（3）单击【确定】按钮，结果如图 5-73 所示。

3	机构所在城市	服务部	机构代码	1月	2月	3月	迷你图
4	北京	第七分公司	86130202	↑34.2	↑20.4	↓6.20	
5	石家庄	第五分公司	86130003	↑24.0	→15.1	→13.64	
6	北京	第六分公司	86130201	↑28.2	↓9.0	→14.34	
7	北京	第四分公司	86130203	↑21.6	→11.3	→11.68	
8	石家庄	总公司	86130000	→15.7	→15.3	↓9.46	
9	石家庄	第二分公司	86130002	↓6.2	↓4.4	→18.60	
10	上海	第三分公司	86130301	↓8.7	↓5.9	→14.48	
11	广东	第十一分公司	86130402	↓6.3	↓6.1	→16.24	
12	广东	第八分公司	86130401	↓8.2	↓3.8	→13.88	
13	广东	第十分公司	86130400	↓7.6	↓3.9	→14.36	
14	上海	第九分公司	86130300	↓2.4	↓1.4	→17.84	
15	北京	第十二分公司	86130200	↓0.3	↓1.1	→18.40	
16	石家庄	第一分公司	86130001	↓6.0	↓1.5	→11.60	

图 5-73　柱形迷你图

（4）单击 L4：L16 单元格区域任意单元格，在选项卡区域会出现【迷你图工具】，选择【设计】选项卡，如图 5-74 所示。

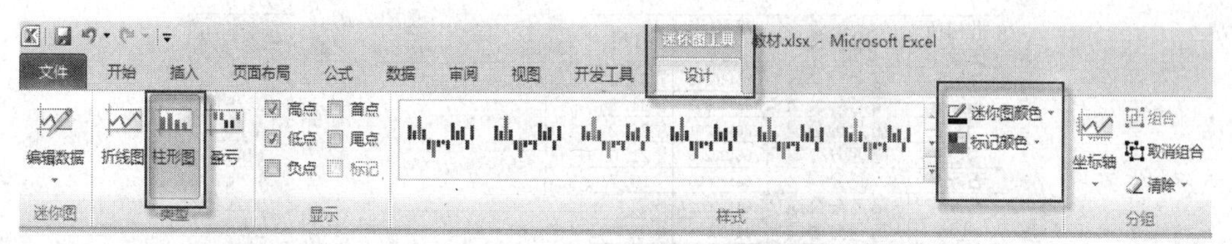

图 5-74　迷你图标记颜色设置

（5）单击【样式】，选择【标记颜色】下拉按钮，选择【高点】，设置为红色。结果如图 5-75 所示。

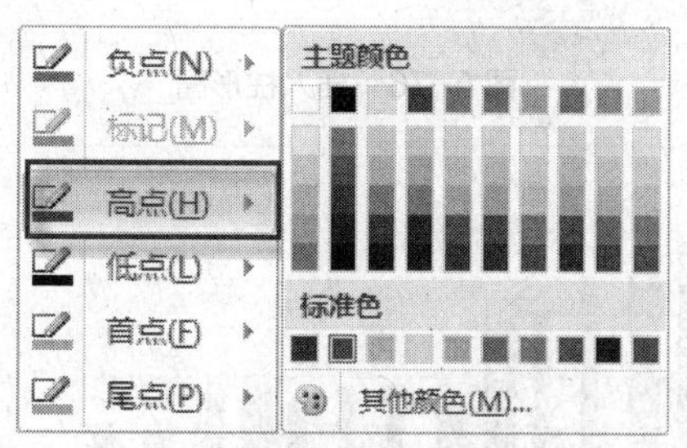

3	机构所在城市	服务部	机构代码	1月	2月	3月	迷你图
4	北京	第七分公司	86130202	↑34.2	↑20.4	↓6.20	
5	石家庄	第五分公司	86130003	↑24.0	→15.1	→13.64	
6	北京	第六分公司	86130201	↑28.2	↓9.0	→14.34	
7	北京	第四分公司	86130203	↑21.6	→11.3	→11.68	
8	石家庄	总公司	86130000	→15.7	→15.3	↓9.46	
9	石家庄	第二分公司	86130002	↓6.2	↓4.4	→18.60	
10	上海	第三分公司	86130301	↓8.7	↓5.9	→14.48	
11	广东	第十一分公司	86130402	↓6.3	↓6.1	→16.24	
12	广东	第八分公司	86130401	↓8.2	↓3.8	→13.88	
13	广东	第十分公司	86130400	↓7.6	↓3.9	→14.36	
14	上海	第九分公司	86130300	↓2.4	↓1.4	→17.84	
15	北京	第十二分公司	86130200	↓0.3	↓1.1	→18.40	
16	石家庄	第一分公司	86130001	↓6.0	↓1.5	→11.60	

图 5-75　标记高点颜色

➔提示

折线迷你图：重点用来分析数据的走向趋势。

柱形迷你图：主要用来比较所选区域的数据大小。

盈亏迷你图：主要让用户看到数据的盈亏状态或者分辨数据的正负情况。

二、图表的使用

1. 创建各服务部计划与业务成交对比图（三维簇状柱形图）

打开"图表应用 2"工作表，选取 B4：B16，G3：G16；H3：H16 单元格区域，选择【插入】选项卡/【图表】组/【柱形图】命令按钮，生成图表，如图 5- 76 和图 5- 77 所示。

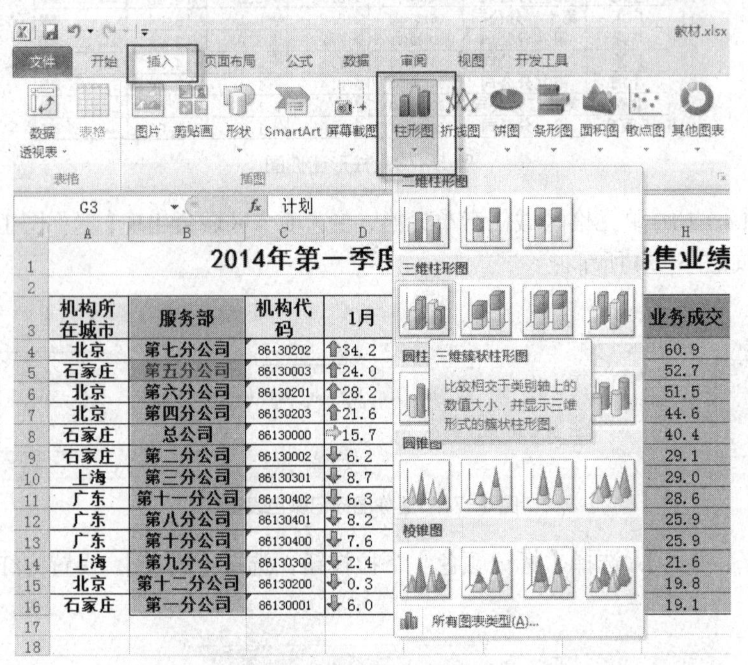

图 5-76　插入柱形图

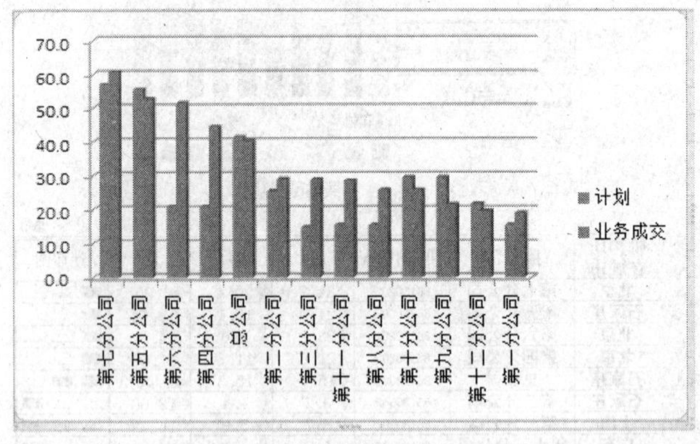

图 5-77　三维簇状柱形图

2. 编辑图表

当图表被选中时，功能区将出现 3 个选项卡，即"图表工具/设计"，"图表工具/布局"和"图表工具/格式"。通过这 3 个选项卡中的命令按钮，可以对图表进行各种设置和编辑。

（1）为图标添加标题。选择【图表工具】/【布局】/【图表标题】，如图 5-78 所示。在下拉菜单里选择【图表上方】命令。单击图表标题，填写标题为"各部门第一季度任务完成情况图"。

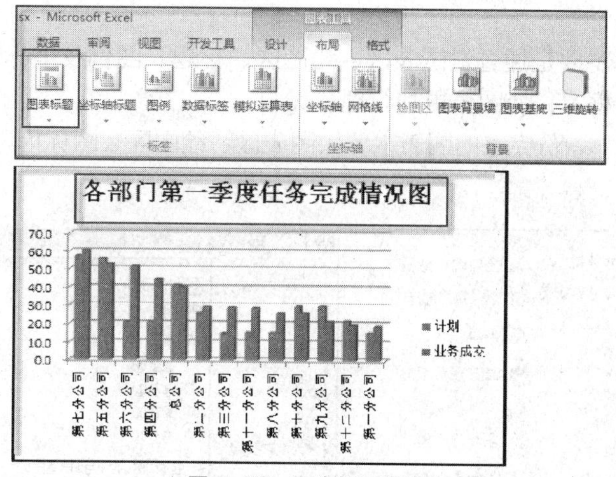

图 5-78　图表标题设置

（2）设置水平（类别）轴格式。双击水平（类别）轴，弹出“设置坐标轴格式”对话框，文字由横排变为竖排，如图 5-79 所示。

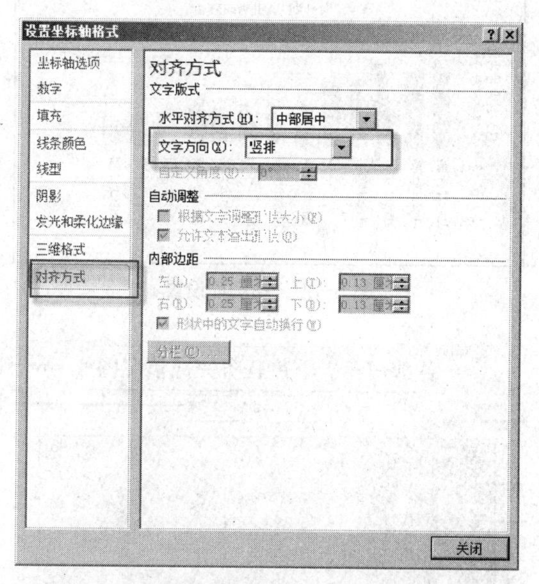

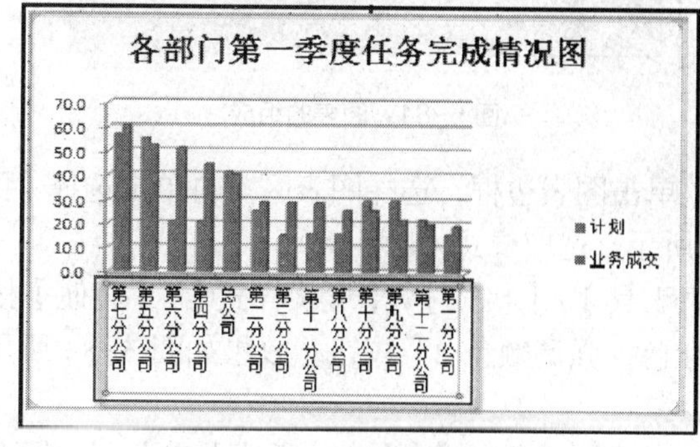

图 5-79　图表坐标轴设置

（3）修改图例项位置。右键单击图例项，弹出快捷菜单，选择设置图例格式，如图 5-80 所示。

3．格式化图表

图表格式化设置主要是通过对图表区、绘图区、标题、图例及坐标轴等内容重新设置字体、字号、填充、边框等，使图表更加合理、美观。

（1）图表的组成。一份完整的图表主要由图表区、绘图区、图标标题等构成，如图 5- 81 所示。

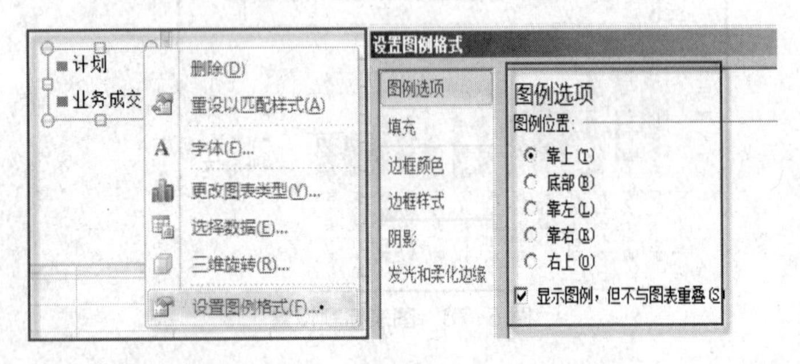

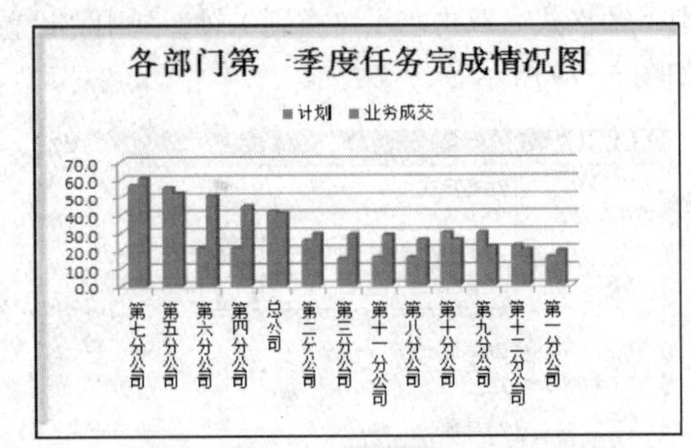

图 5-80 图例项设置

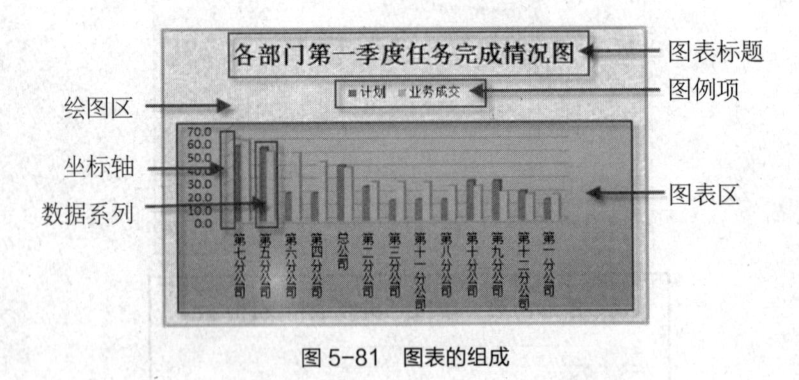

图 5-81 图表的组成

（2）设置图表样式。单击图表边框，选择图表区。再单击选择【图表工具】/【设计】/【图表样式】，如图 5-82 所示，选取样式 4。

（3）单击选择【图表工具】/【格式】/【形状样式】/【其他】按钮，在弹出的下拉菜单中单击“彩色轮廓，红色，强调颜色 2”按钮，效果如图 5-83 所示，为图表添加了彩色边框。

（4）单击选择【图表工具】/【格式】/【当前所选内容】/【绘图区】按钮，如图 5- 84 所示。

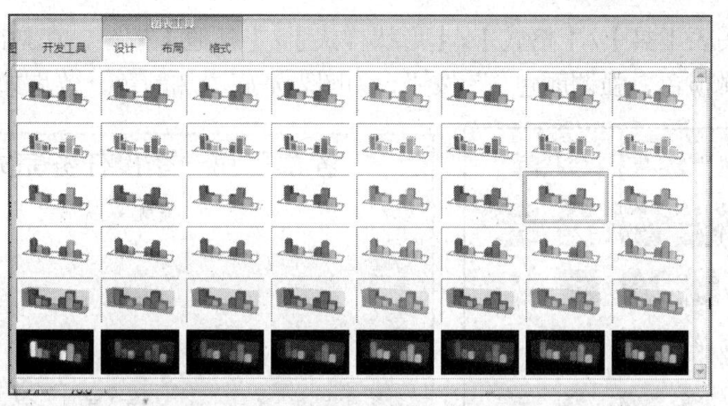

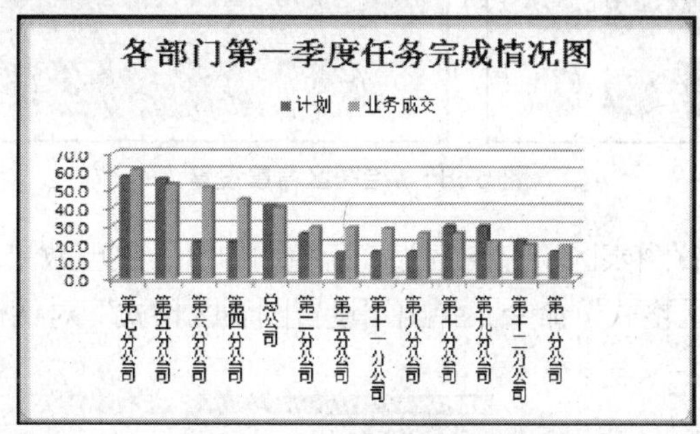

图 5-82 图表样式设置

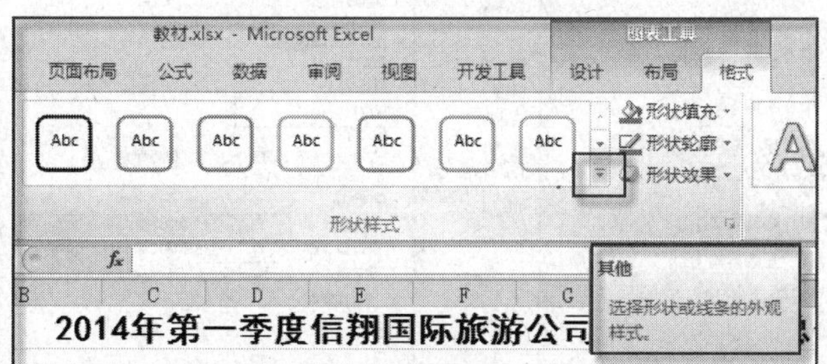

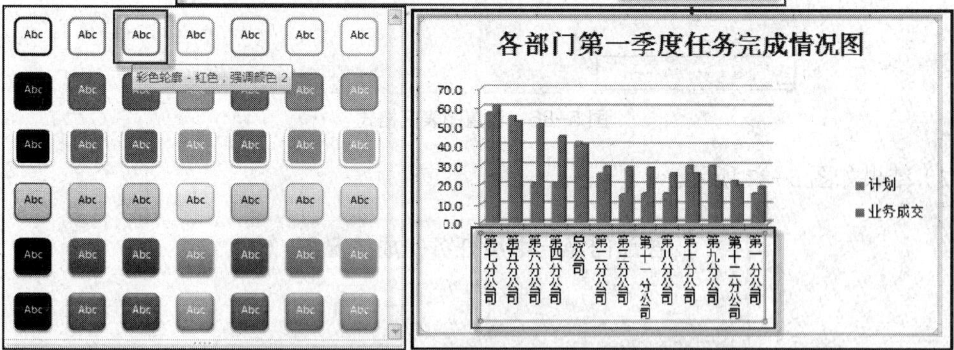

图 5-83 图表彩色轮廓设置

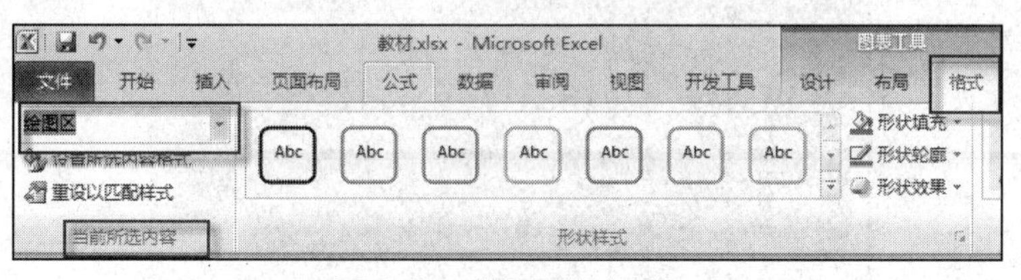

图 5-84 绘图区格式设置

（5）单击【图表工具】/【格式】/【形状样式】/【其他】按钮，在弹出的下拉菜单中单击“中等效果，橄榄色，强调颜色 3”按钮，为图表基底添加颜色，效果如图 5-85 所示。

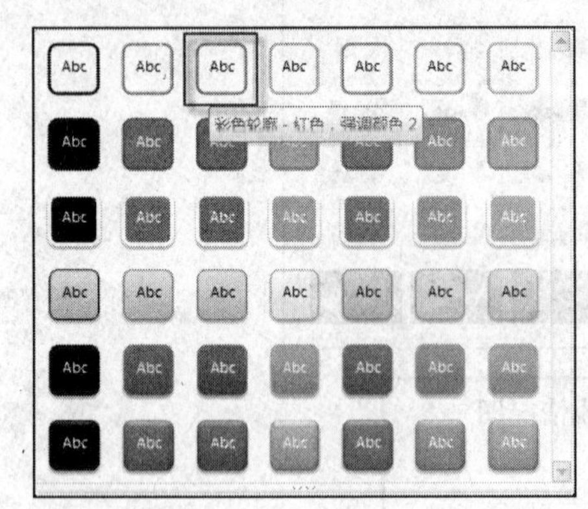

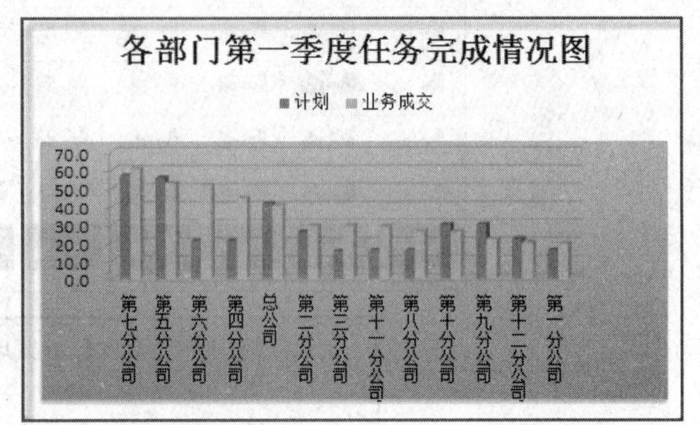

图 5-85　绘图区背景设置

（6）选中图表区，设置图表区填充图案为“蓝色面巾纸”纹理效果。右键单击，在弹出的快捷菜单中选择“设置图表区格式”命令，弹出“设置图表区格式”对话框。设置如图 5-86 所示。

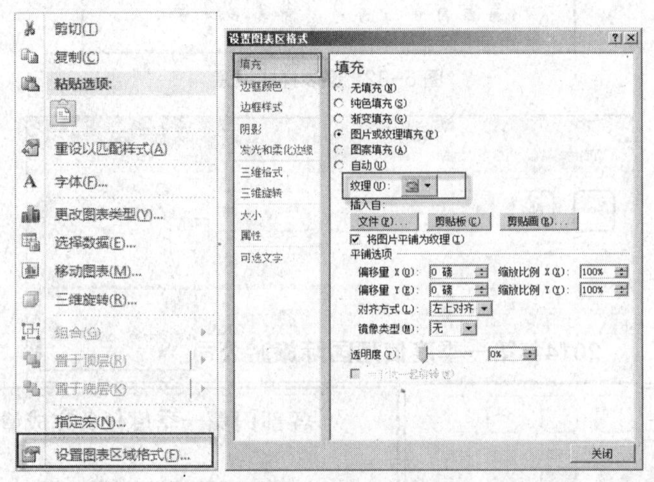

图 5-86　设置图表区格式

（7）结果如图 5-87 所示。

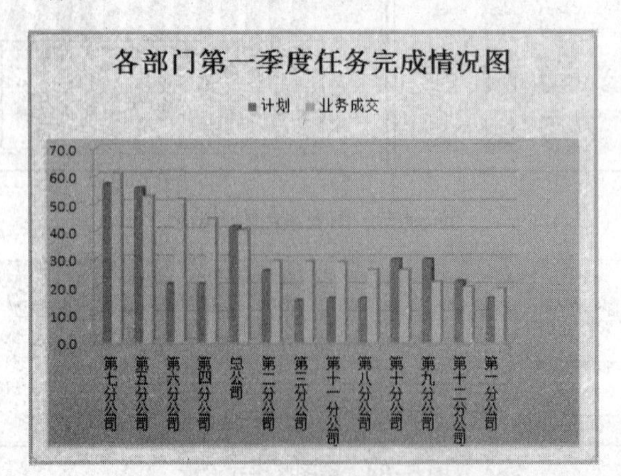

图 5-87　Excel 图表设置结果

任务5　打印与数据安全

【任务描述】

刘青制作完各种表格和报表后，需要打印纸质材料并上报给经理，就要把工作表或图表打印出来。为了节约纸张，最好先预览后打印，这样若有不满意的地方，还可以再修改。有些工作表数据是不能随意删改，或者不希望别人擅自打开，就要加以保护，以满足工作需要。

【任务分析】

本任务将以打印如图5-88所示的销售报表为例，主要介绍Excel 2010表格的页面设置、打印预览、打印以及安全管理等功能，为了得到满意的打印效果，需要在打印前进行页面设置、打印预览等操作。

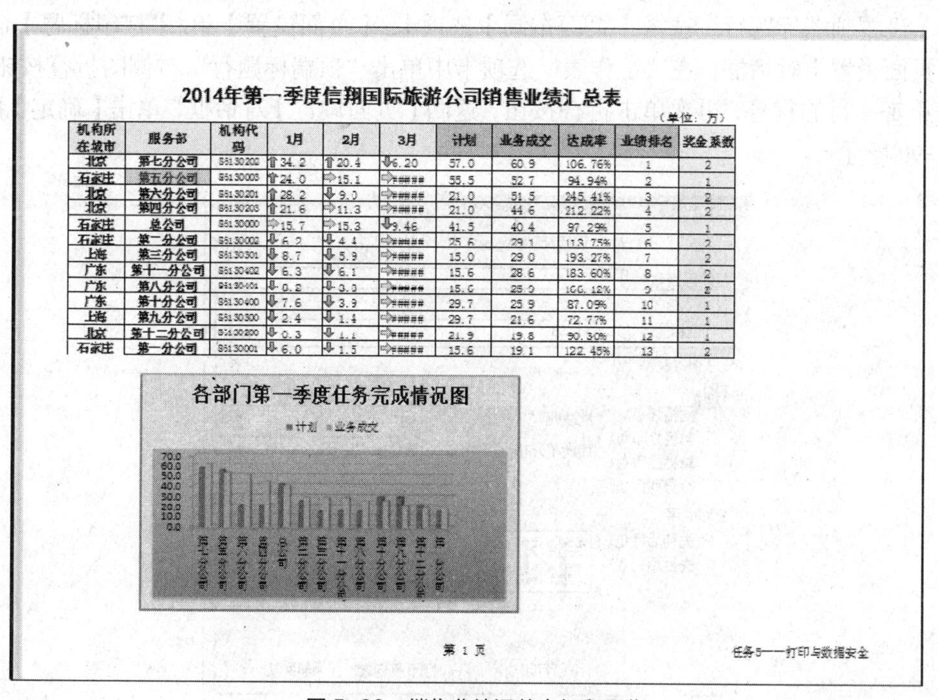

2014年第一季度信翔国际旅游公司销售业绩汇总表

（单位：万）

机构所在城市	服务部	机构代码	1月	2月	3月	计划	业务成交	达成率	业绩排名	奖金系数
北京	第七分公司	85130202	34.2	20.4	6.20	57.0	60.9	106.76%	1	2
石家庄	第五分公司	85130003	24.0	15.1	#####	55.5	52.7	94.94%	2	1
北京	第六分公司	85130201	28.2	9.0	#####	21.0	51.5	245.41%	3	2
北京	第四分公司	85130203	21.6	11.3	#####	21.0	44.6	212.22%	4	2
石家庄	总公司	85130000	15.7	15.3	9.46	41.5	40.4	97.29%	5	1
石家庄	第二分公司	85130002	6.2	4.4	#####	25.6	29.1	113.75%	6	2
上海	第三分公司	85130301	8.7	5.9	#####	15.0	29.0	193.27%	7	2
广东	第十一分公司	85130402	6.3	6.1	#####	15.6	28.6	183.60%	8	2
广东	第八分公司	85130401	0.2	3.0	#####	15.6	25.9	166.12%	9	2
广东	第十分公司	85130400	7.6	3.9	#####	29.7	25.9	87.09%	10	1
上海	第九分公司	85130300	2.4	1.4	#####	29.7	21.6	72.77%	11	1
北京	第十二分公司	85130200	0.3	1.1	#####	21.9	19.8	90.30%	12	1
石家庄	第一分公司	85130001	6.0	1.5	#####	15.6	19.1	122.45%	13	2

图5-88　销售业绩汇总表打印预览

【学习目标】

- 打印设置
- 工作表和工作簿的保护

【任务实施】

一、打印设置

（1）打开“信翔国际旅游公司”工作簿中的“任务5——打印与数据安全”工作表。

（2）选择【页面布局】选项卡/【页面设置】组，设置参数：A4 纸张，横向，页边距：普通，如图5- 89所示。

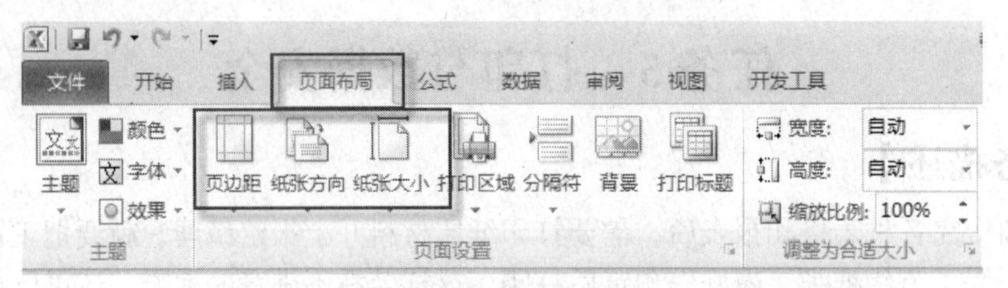

图 5-89　页面布局

➔提示

主题组：设置表格的主题。

页面设置组：可以设置纸张大小、方向、页边距。

背景组：为表格设置图片背景。

打印标题组：表格页数较多时，打印标题可以保证每张打印页上都有相同的标题。

（3）设置顶端标题行。选择【页面布局】选项卡/【页面设置】组/【打印标题】命令，弹出【页面设置】对话框，在“工作表”选项卡中单击“顶端标题行”右侧的折叠按钮，选择单击第 1~3 行的行号，再次单击折叠按钮，返回【页面设置】对话框，单击【确定】按钮，如图 5−90 所示。

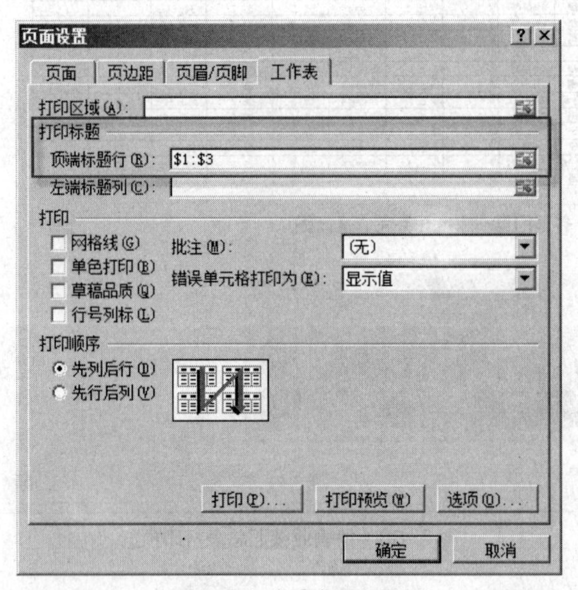

图 5−90　打印标题设置

（4）编辑页脚。页眉、页脚分左、中、右三部分，用于确定页眉、页脚的具体位置。单击【页面布局】选项卡/【页面设置】组右下角的【页面设置】命令。

（5）在弹出的【页面设置】对话框中，打开“页眉/页脚”选项卡，在表格页眉右侧输入“第一季度”，在页脚处插入“页码”和“标签”，如图 5− 91 所示。

（6）打印设置。选择【文件】/【打印】命令，在右侧窗格中出现打印预览界面，在左边可以进行参数设置，如设置打印份数、打印机等，如图 5−92 所示。以上设置完成后，单击“打印”按钮即可。

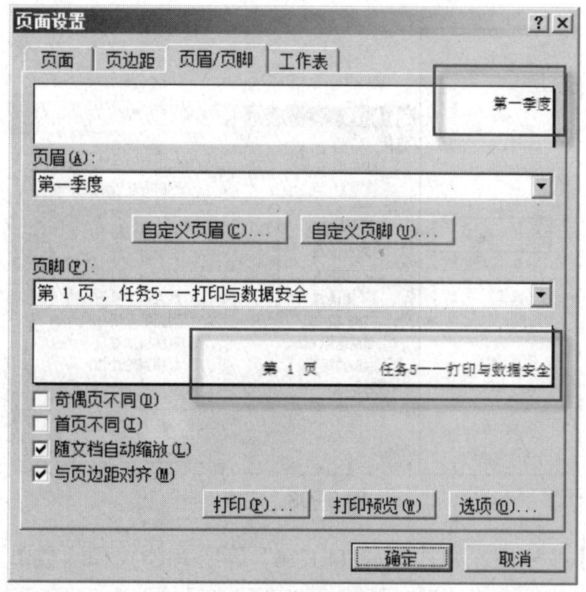

图 5-91 页脚设置

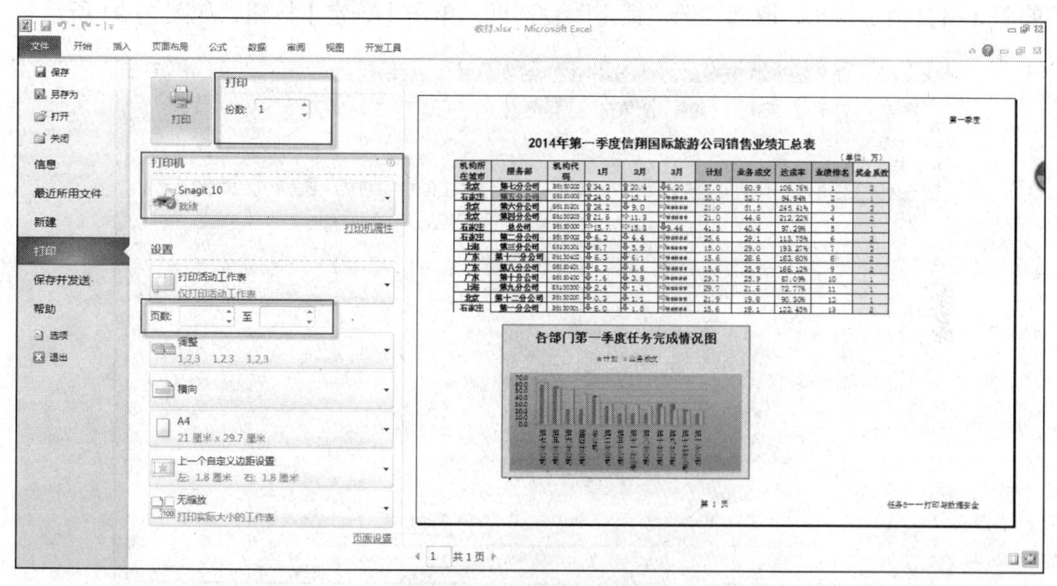

图 5-92 打印及打印预览

二、安全管理

本任务包括两项操作：工作表的保护和工作簿的保护。

1．工作表的保护

利用单元格的锁定与工作表的保护，将工作表中固定的内容保护起来，只允许其他用户在指定单元格中输入内容。

（1）对“任务 5——打印与数据安全”工作表建立副本，移至最后，重名为“工作表保护”，单击【开始】选项卡/【查找和选择】组/【定位条件】命令，选择【公式】命令，如图 5- 93 所示。

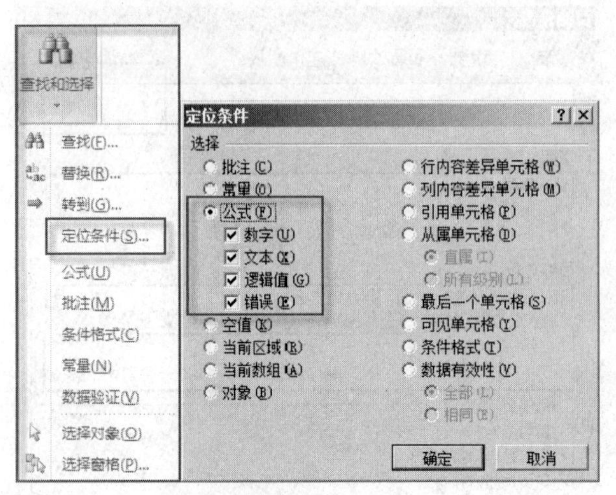

图 5-93 定位

（2）单击【确定】按钮后，则选定“H4:K16”等所有公式和函数单元格区域，右键单击，弹出快捷菜单，选择“单元格格式”对话框，切换到“保护”选项卡，默认情况下，Excel 2010中的单元格是锁定状态，取消勾选“锁定”复选框，单击【确定】按钮，如图 5-94 所示。

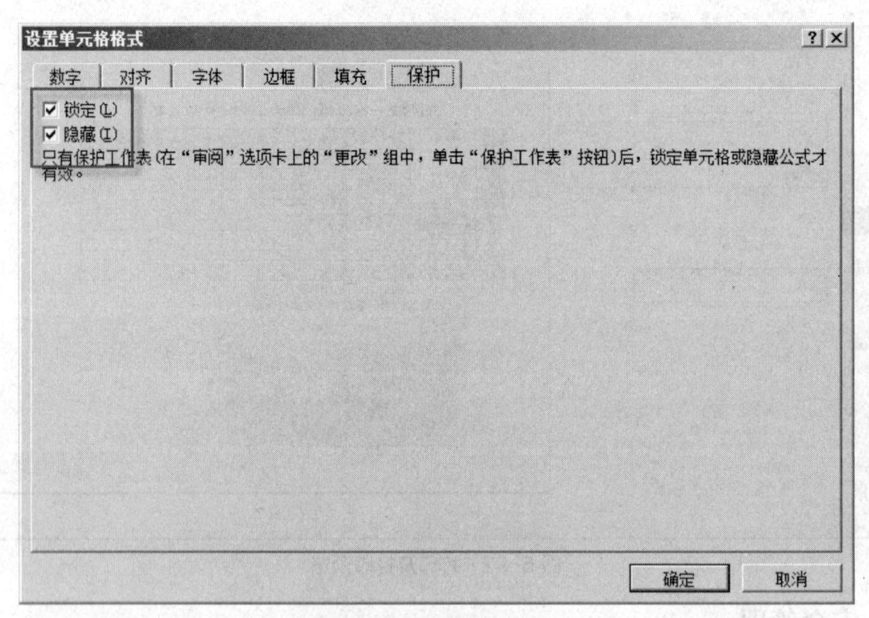

图 5-94 取消锁定单元格

（3）选择【审阅】选项卡/【更改】组/【保护工作表】命令，弹出“保护工作表”对话框，如图 5-95 所示。在“取消工作表保护时使用的密码”文本框中输入密码，在“允许此工作表的所有用户进行”列表中设定用户的权限。单击【确定】按钮，弹出“确认密码”对话框，如图 5- 96 所示。

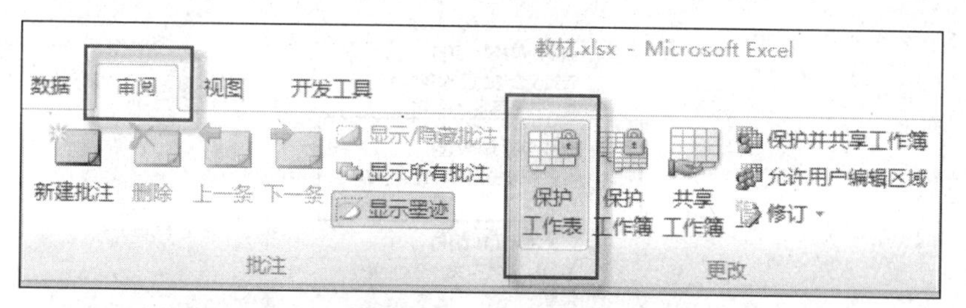

图 5-95 保护工作表

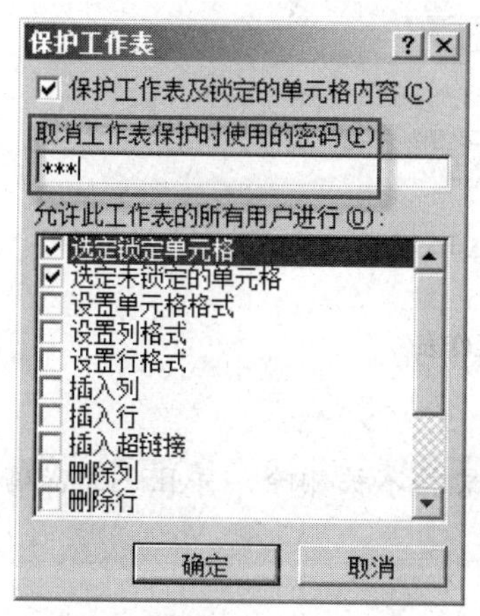

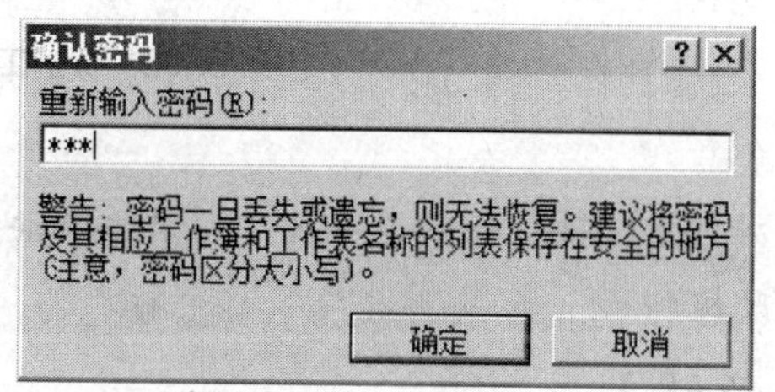

图 5-96 设置保护工作表密码

（4）单击【确定】按钮后，再次输入相同的密码，单击【确定】按钮，关闭对话框。

（5）选择 H8 单元格，输入任一数据，弹出如图 5- 97 所示的对话框，提示用户需要解除保护才能更改单元格内容。

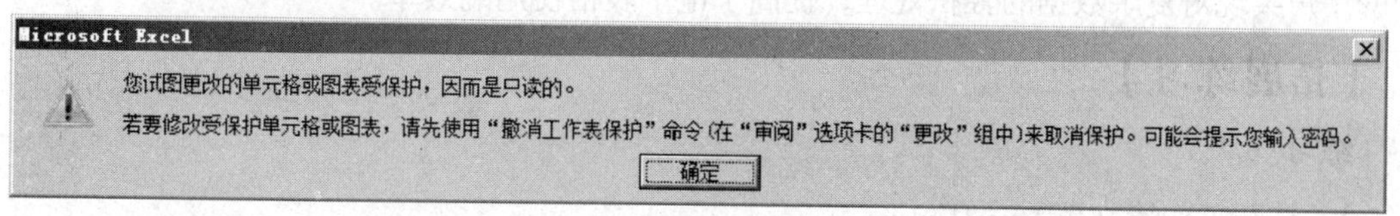

图 5- 97 提示对话框

➔提示

如果没有密码，用户只能在没有锁定的单元格中输入或更改内容，而无法更改锁定单元格中的内容。

2．工作簿的安全性

因为此文件属于公司机密文件，刘青利用密码设置文档的安全性，以避免其他人更改或打开文件。

（1）选择【文件】/【信息】/【保护工作簿】命令，弹出下拉菜单，选择“用密码进行加密”。如图 5- 98 所示。

（2）在“此文档内容加密”的密码文本框中输入密码，为此文档进行加密设置；在“重新输入密码”文本框中输入密码，为此文档设置密码。

（3）单击 （保存）按钮，关闭文档。

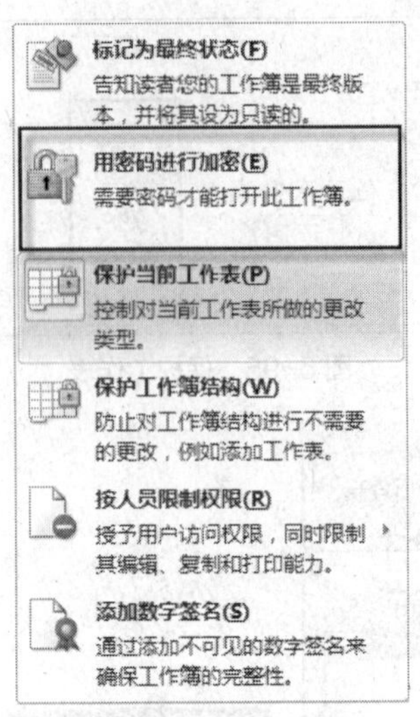

图 5-98　保护工作表

➔提示

设置密码可以保证文档的安全性，但不能保证文档不被删除，并且一旦密码丢失，将无法打开或修改文档。

【项目总结】

本项目以信翔国际旅游公司第一季度业绩报表为例，介绍了工作表的编辑、美化等基本操作，根据实际计算的需要灵活运用公式和函数。并根据计算结果创建图表，美化图表。接着对数据进行排序、筛选、分类汇总、数据透视表等操作，最后对数据进行打印和安全设置。帮助用户实现对复杂数据的轻松处理，提高了电子表格使用的效率。

【拓展练习】

练习一

1. 打开工作簿文件 Excel1.xlsx。

（1）将工作表 Sheet1 的 A1:D1 单元格合并为一个单元格，内容水平居中，分别计算各部门的人数（利用 COUNTIF 函数）和平均年龄（利用 SUMIF 函数），置于 F4:F6 和 G4:G6 单元格区域，利用套用表格格式将 E3:G6 区域设置为“表样式浅色 17”。

（2）选取“部门”列（E3:E6）和“平均年龄”列（G3:G6）内容，建立“三维簇状条形图”，图表标题为“平均年龄统计表”，删除图例；将图表放置到工作表的 A19:F35 单元格区域内，将工作表命名为“企业人员情况表”，保存 Excel1.xlsx 文件。

2. 打开工作簿文件 Exc1.xlsx，对工作表“图书销售情况表”内数据清单的内容进行自动方式筛选，条件为各经销部门第一或第四季度、社科类或少儿类图书，对筛选后的数据清单按主要关键字“经销部门”的升序次序和次要关键字“销售额（元）”的降序次序进行排序，工作表名不变，保存 Exc1.xlsx 工作簿。

练习二

1. 打开工作簿文件 Excel2.xlsx。

（1）将 Sheet1 工作表的 A1:E1 单元格合并为一个单元格，内容水平居中；计算“总产量（吨）”、“总产量排名”（利用 RANK 函数，降序）；利用条件格式“数据条”下“实心填充”

中的“蓝色数据条”修饰 D3:D9 单元格区域。

（2）选择“地区”和“总产量（吨）”两列数据区域的内容建立“簇状棱锥图”，图表标题为“粮食产量统计图”，图例位于底部；将图插入到表 A11:E26 单元格区域，将工作表命名为“粮食产量统计表”，保存 excel2.xlsx 文件。

2. 打开工作簿文件 exc2.xlsx，对工作表“产品销售情况表”内数据清单的内容建立数据透视表，行标签为“分公司”，列标签为“产品名称”，求和项为“销售额（万元）”，并置于现工作表的 J6:N20 单元格区域，工作表名不变，保存 exc2.xlsx 工作簿。

3. 打开工作簿文件 exa.xlsx，对工作表“‘计算机动画技术’成绩单”内的数据清单内容进行分类汇总（提示：分类汇总前先按主关键字“系别”升序排序），分类字段为“系别”，汇总方式为“平均值”，汇总项为“考试成绩”，汇总结果显示在数据正文，将执行分类汇总后的工作表还保存在 exa.xlsx 工作簿文件中，工作表名不变。

PART 6 项目六 PowerPoint 演示文稿——旅游宣传 PPT

PowerPoint 2010 是微软公司办公软件 Microsoft Office 2010 的重要组件之一，该软件与 Word、Excel 等办公软件具有极其相似的外观，功能实用，操作简单，极易上手，因此在广告宣传、产品演示、会议流程、婚礼庆典、工作汇报及教学课件等方面具有较广泛的应用。由 PowerPoint 制作的演示文稿通常称为 PPT，PPT 文稿中由很多单页即“幻灯片”组成，幻灯片可包含文字、图片、图表、声音、影视及其他元素。

【项目描述】

为展示信翔国际旅游公司综合实力，提高知名度，让更多的客户知道我们、了解我们、选择我们。公司员工刘青接到任务，制作公司宣传片。并为信翔石家庄分公司的员工，制定云南四日游线路攻略。

【项目分解】

本项目可分解为 2 个学习任务，每个学习任务的名称和建议学时安排见表 6-1。

表 6-1　项目分解表

项目分解	学习任务名称	学　时
任务 1	信翔国际旅游公司宣传片	4
任务 2	旅游线路攻略	4

任务 1　信翔国际旅游公司宣传片

【任务描述】

展示公司综合实力，提高知名度，制作公司宣传片。

【任务分析】

对于初学 PPT 的新手来说，我们尽量不要上来就做，在动手制作之前，要经过仔细的思考，一个好的 PPT 作品是策划出来的，根据不同的演示目的、不同的演示风格、不同的受众对象、不同的使用环境，决定了不同的 PPT 结构、色彩、节奏和动画效果等。PPT 制作水平的高低可以从两个方面来衡量，一是内容，二是外观。

准备 PPT 与写文章类似，要先想好主题，列出大纲，搜集内容素材，再动手制作。一套完整的 PPT 作品一般包含：片头页、目录页、内容页、片尾页等，再配以文字、图片、图表、动画、声音、影片等素材进行丰富充实。

本次任务要实现如图 6-1～图 6-5 所示的效果。

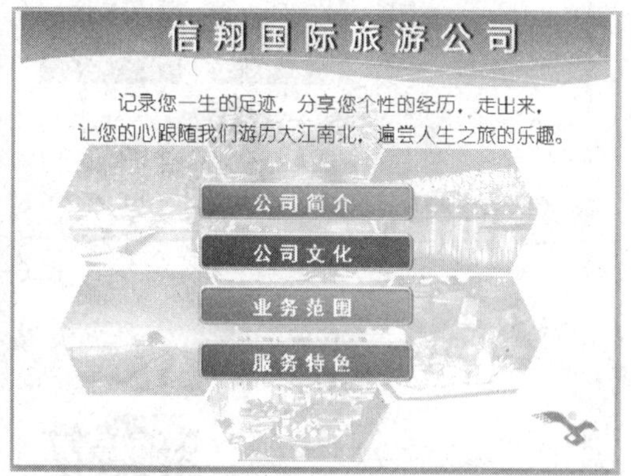

图 6-1　效果一

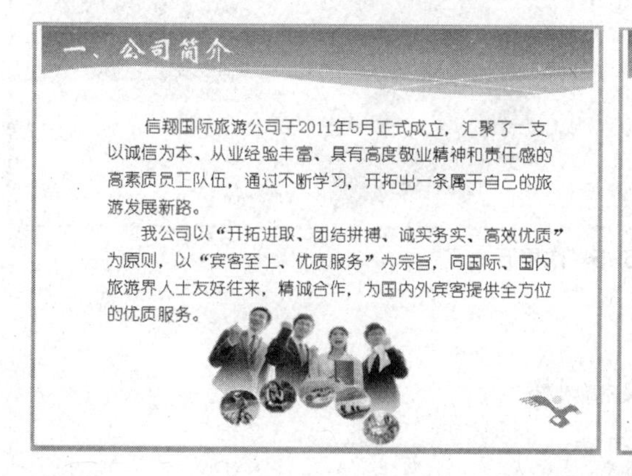

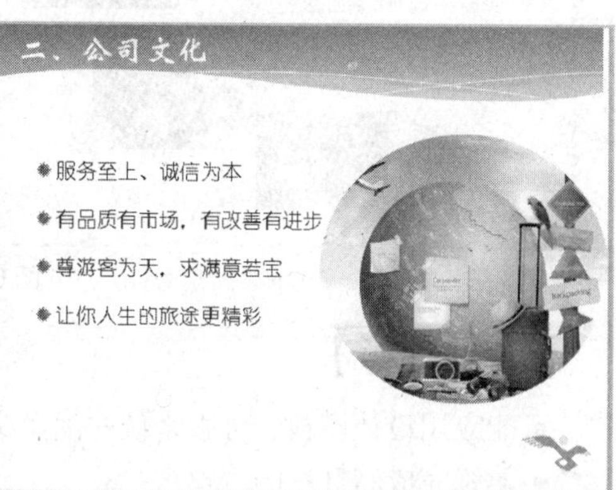

图 6-2　效果二

图 6-3　效果三

图 6-4　效果四

图 6-5　效果五

【学习目标】

- 能应用设计模板、母版来统一演示文稿风格
- 熟练完成幻灯片的编辑
- 掌握动作按钮和超链接的使用
- 掌握设置幻灯片的切换方式
- 了解幻灯片的放映方式

【任务实施】

一、使用母版修改幻灯片模板

刘青在查阅搜集了大量公司资料，并和同事们确定了可以宣传的内容后，开始考虑怎样才可以将宣传片设计得更美观。这方面，他没有太大的把握，所以决定利用演示文稿中提供的幻灯片模板进行设计。在设计时，他发现自己选用的模板有一部分不能满足内容的需要，所以打算用母版来修改幻灯片模板。

（1）启动 PowerPoint 2010，新建一个演示文稿。

（2）【单击此处添加第一张幻灯片】或单击【开始】选项卡中【新建幻灯片】/【标题幻灯片】版式。将文字素材录入到幻灯片相应的占位符中，如图 6- 6 所示的标题幻灯片。

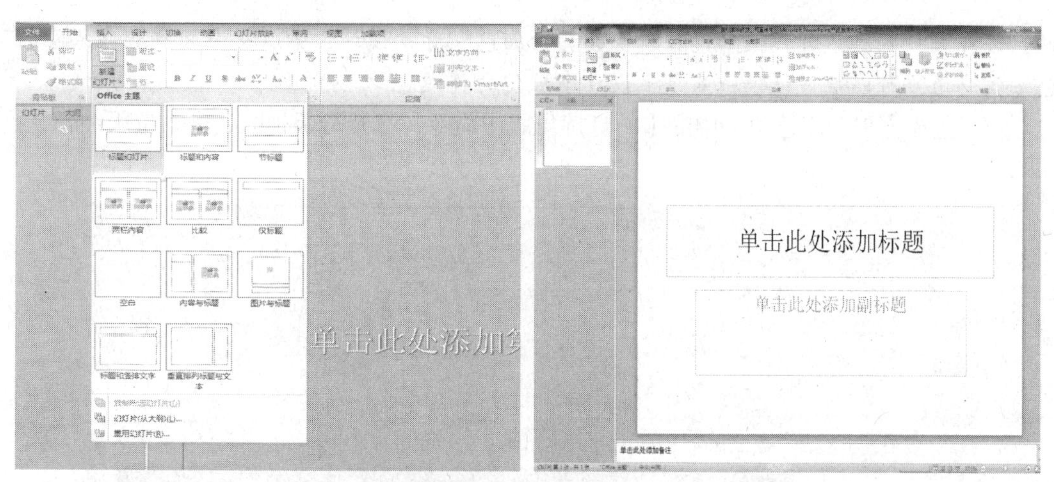

图 6-6 标题幻灯片

➔提示

“占位符”是指创建新幻灯片时出现的虚线方框。这些方框作为一些对象，如幻灯片标题、文本、图表、表格、组织结构图和剪贴画等的“占位符”，单击标题、文本等占位符可以添加文字，双击图表、表格等占位符则可以添加相应的对象。

（3）选择【设计】选项卡中的【波形】，为演示文稿应用该设计模板，如图 6-7 所示。

图 6-7 幻灯片设计

➔提示

根据设计模板可以创建出风格各异的演示文稿，PowerPoint 2010 提供了几十种设计模板的预设样式，每种设计模板都包含自身的背景颜色、背景设计方案以及由 8 种颜色搭配的配色方案。用户可以在设计模板基础上设计个性化的样式。

（4）选择【视图】选项卡中的【幻灯片母版】命令，打开母版视图，进入母版编辑状态，如图 6-8 所示。

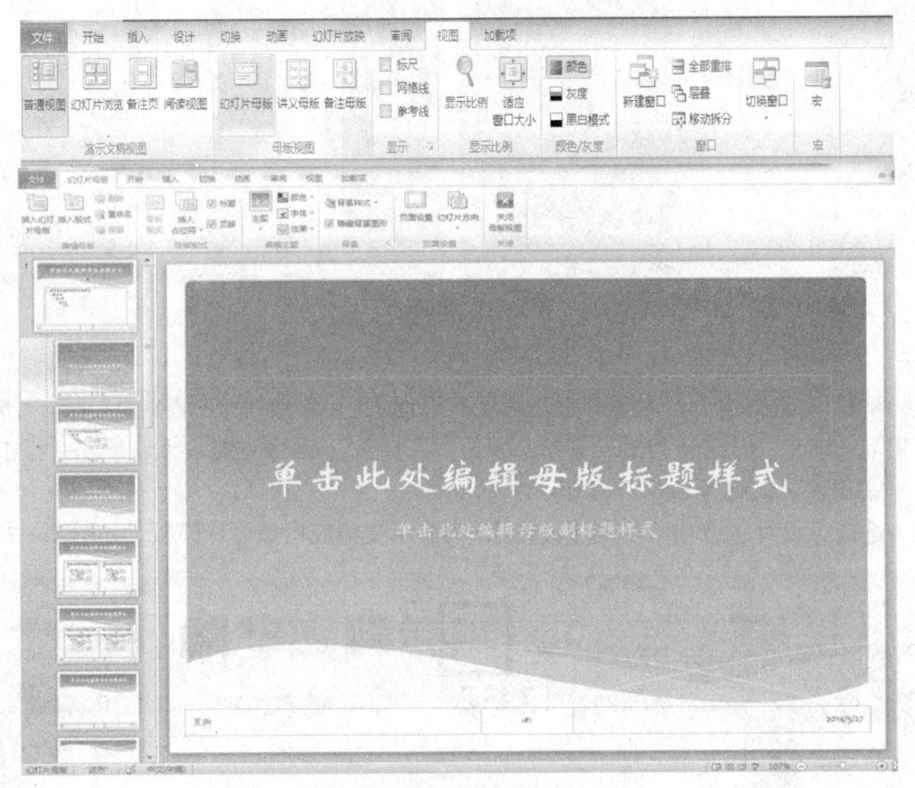

图 6-8　修改标题幻灯片母版

（5）在幻灯片窗格选择【标题幻灯片版式】，单击【插入】/【图片】/【来自文件】命令，插入“信翔标志”，并调整位置到右下角，将不需要的占位符删掉。这样在每一张应用标题幻灯片版式的幻灯片上都会出现公司标志。

在幻灯片窗格选择【标题和内容版式】，用同样的方法插入公司标志，如图 6-8 所示，修改标题幻灯片母版。

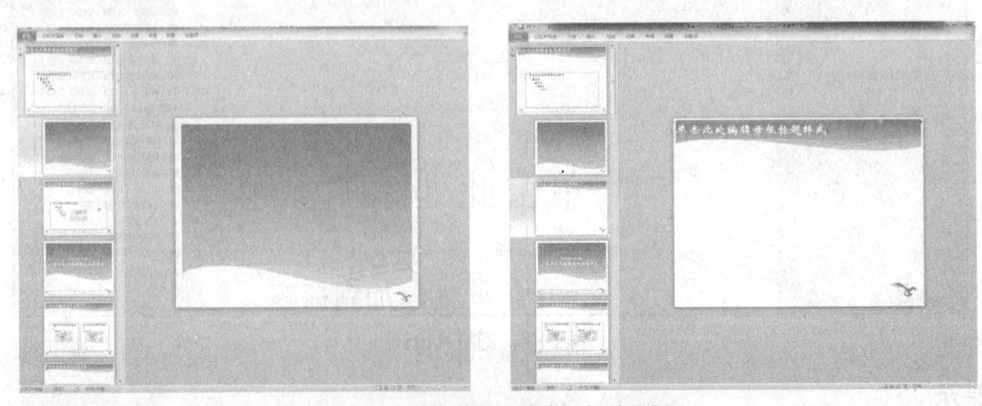

图 6-9　修改标题和内容幻灯片母版

➔提示

使用母版可以定义每张幻灯片共同具有的一些统一特征。这些特征包括：文字的位置与格式，背景图案，是否在每张幻灯片上显示页码、页脚及日期等。

标题母版一般是幻灯片的封面，需要单独设计。标题母版之外的所有版式，我们只要在母版中进行相应修改，当插入该版式的幻灯片时就会统一使用该母版的设计风格。

二、完成幻灯片的制作

（1）母版设置好后，刘青开始制作幻灯片。

选择第 1 张幻灯片，插入艺术字。样式为“填充-白色，投影”，艺术字“信翔国际旅游公司”，大小设置为 40、微软雅黑、字符间距 6 磅，格式为【形状效果】/【阴影】/【向右偏移】。在第 1 张幻灯片中插入椭圆型自选图形，并进行图片填充，将图形放入合适位置，效果如图 6-10 所示。

图 6-10　片头幻灯片

（2）新建【标题和内容】版式幻灯片，输入文字。插入自选图形【圆角矩形】，并设置圆角矩形的格式为【形状效果】/【棱台】/【松散嵌入】，【线条】白色 4 磅粗，【填充效果】/【渐变填充】/类型【线性】，【方向】为“左下到右上”，双色渐变光标分别为“蓝色，强调文字颜色 1，深色 50%”和“浅蓝，背景 2，深色 25%”。在自选图形中输入“黑体”、“28 号”、“白色”文字“公司简介”。将自选图形复制 3 个，修改文字内容和填充效果。

插入自选图形【六边形】，选择图片素材进行填充，将自选图形复制 5 个放置到合适位置，将设置好的 6 个六边形右键【组合】，选择【图片格式工具】/【颜色】/【重新着色】/【冲蚀】，完成组合六边形变淡效果，设置完成，效果如图 6- 11 所示。

（3）在第 3～9 张幻灯片中参照样张输入文字及图片素材。

（4）第 10 张新建【节标题】版式幻灯片，插入艺术字及图片素材。

➔提示

利用 PowerPoint 2010 中的【删除背景】命令，实现抠图。选择【图片格式工具】/【删除背景】，用鼠标调整需要保留的内容，设置完成后，单击【保留更改】命令，将旅游书截取出来放置到合适位置。效果如图 6- 12 所示。

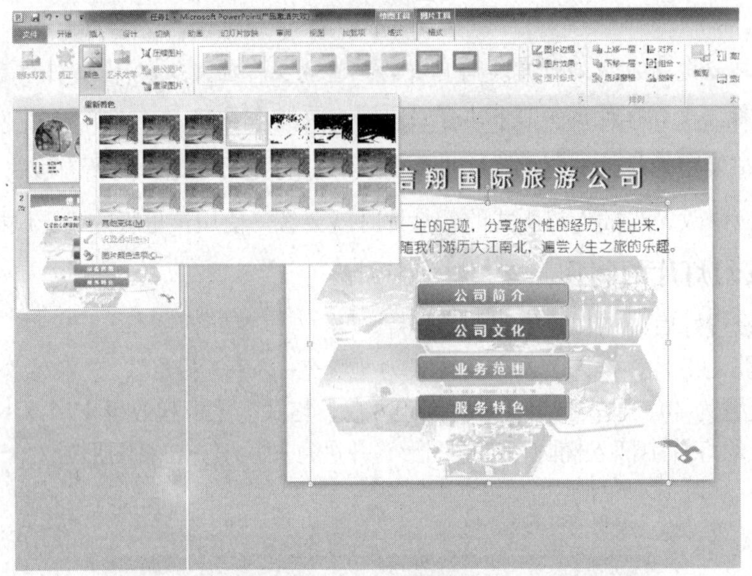

图 6-11　目录幻灯片

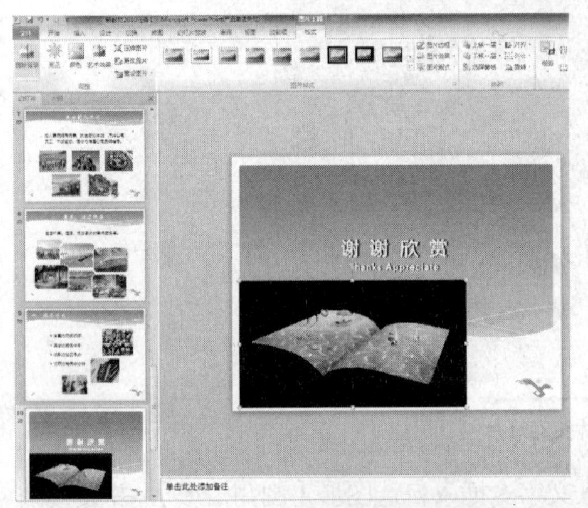

图 6-12　抠图

三、超链接及动作按钮的设置

（1）选择第 5 张“三、业务范围”幻灯片，为 3 个圆角矩形自选图形设置超链接。要求在第 5 张幻灯片中，单击“个性旅游线路攻略”图形，可以迅速切换到第 6 张“个性旅游线路攻略”幻灯片中；单击“企业团队旅游”图形，可以切换到第 7 张“企业团队旅游”幻灯片中；单击“票务、酒店服务”图形，可以切换到第 8 张“票务、酒店服务”幻灯片中。具体操作如下。

① 选择第 5 张幻灯片，选中“个性旅游线路攻略”图形，单击右键，在弹出的快捷菜单中选择【超链接】命令。

② 在弹出“插入超链接”对话框中，在【本文档中的位置】中选择超级链接到幻灯片【6 个性旅游线路攻略】并确定，如图 6-13 所示。

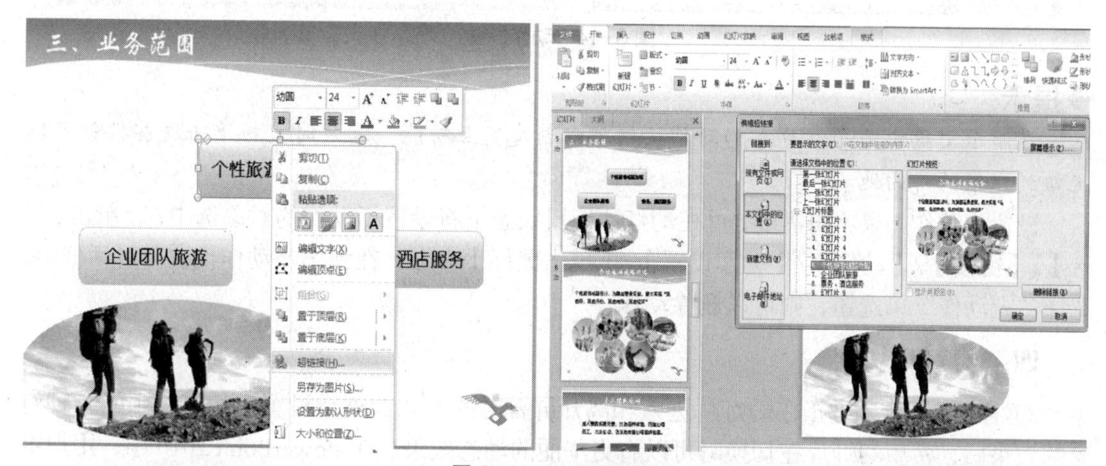

图 6-13　设置超链接

③ 参照以上操作方法，为其他两个图形分别设置超链接到第 7 张、第 8 张幻灯片。

➔提示

设置的超链接只能在幻灯片放映状态下单击超链接按钮才会起作用。在幻灯片的编辑状态下，只能编辑超链接。因此，要测试超链接是否设置成功，首先要切换到幻灯片的放映状态。

此外，除图形可以设置超链接外，还可以为文字、动作按钮、图像、表格、图表等设置超链接，可将这些对象链接到另一张幻灯片、文件、网页或电子邮件地址，设置的方法基本相似。

（2）切换到第 6 张“个性旅游线路攻略”幻灯片，选择【插入】/【自选图形】/【动作按钮】/【上一张】 动作按钮 按钮，单击〔动作〕按钮弹出【动作设置】对话框。

① 在默认的“单击鼠标”选项卡中选择“超级链接到”单选钮，然后在下方的下拉列表中选择【幻灯片】。弹出“超链接到幻灯片”对话框，选择“5.幻灯片 5”，单击【确定】按钮，如图 6- 14 所示。

② 可以添加【播放声音】选项，在其下方选择声音类型“风铃”。

③ 将设置好超链接的动作按钮分别复制到第 7 张、第 8 张幻灯片中，最终实现单击第 6、第 7、第 8 幻灯片中的动作按钮，返回第 5 张幻灯片中。

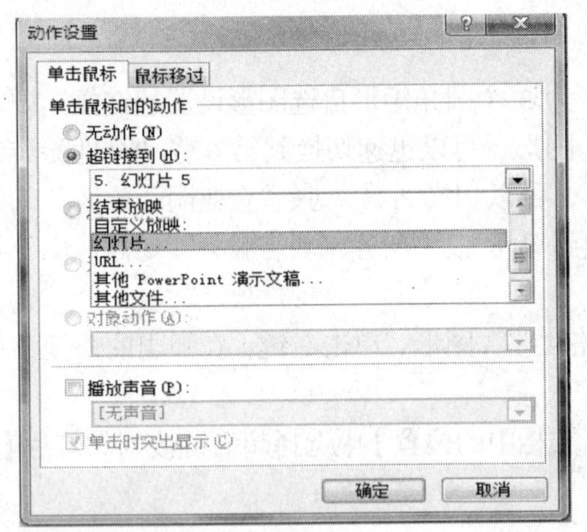

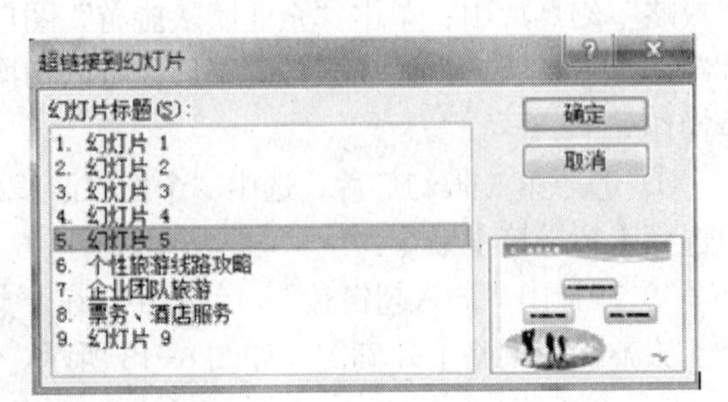

图 6-14　动作设置

➔提示

在演示文稿中为幻灯片添加动作按钮可以创建交互功能，放映时直接单击这些按钮可以跳转到指定的目的地。

设置的动作如果不再需要，可在幻灯片编辑状态下将设置了动作的对象选中，在单击【插入】/【链接】/【动作】/【动作设置】/【单击鼠标】命令，在弹出“动作设置”对话框中，选择“无动作”单选钮，则可以删除动作。

四、幻灯片切换

幻灯片切换效果是指在幻灯片进入和离开屏幕时的方式。刘青设置完幻灯片中的各种对象的效果后，希望幻灯片在切换时可以有更华丽的动态效果。在 PowerPoint 2010 中，用户可以为任一张或是全部幻灯片设置不同的幻灯片切换效果。

选中第 2 张幻灯片，单击【切换】选项卡中的【擦除】,【效果选项】中选择【从左下部】擦除效果。【持续时间】选择默认，可从预览中看到当前幻灯片的切换效果，如图 6- 15 所示。

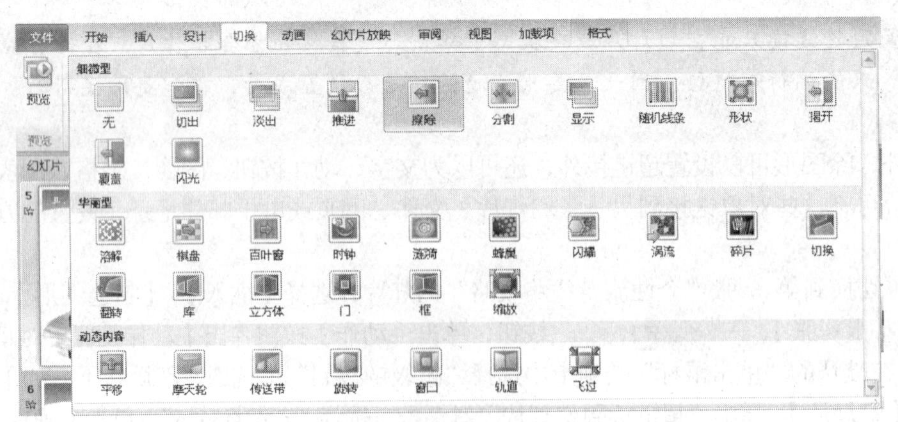

图 6-15　幻灯片切换

➔提示

在【换片方式】区域中，默认的设置为“单击鼠标时”，即需要单击鼠标才可切换到下一张幻灯片，如果要自动切换，可选【设置自动换片时间】，并在后面输入具体切换时间的数值。

本次任务要求所有的幻灯片都应用相同的切换效果，可单击【全部应用】按钮，所有的幻灯片都应用相同的切换效果。

五、幻灯片放映

宣传片制作完成，我们的目的就是放映，让观众通过视觉或听觉获取有效信息。

1.4 种放映方式

幻灯片的放映方式有 4 种，分别是从头开始放映、从当前幻灯片开始放映、广播幻灯片和自定义幻灯片放映。

（1）从头开始放映。

在【幻灯片放映】选项卡中【开始放映幻灯片】功能区中单击按钮，开始从头播放幻灯片。或者按 F5 键，同样实现从头播放。

（2）从当前幻灯片开始播放。

在【幻灯片放映】选项卡中【开始放映幻灯片】功能区中单击按钮，可从当前幻灯片开始播放。或者在状态栏中选择幻灯片放映按钮，可以实现从当前幻灯片开始播放。

（3）广播幻灯片。

广播幻灯片放映方式是 2010 版本的新增功能，它可以让 Windows Live ID 的用户利用 Microsoft 提供的 PowerPoint Broadcast Service 服务，将演示文稿发布为一个网址，网址可以发送给需要观看幻灯片的用户。用户获得网址后，即使计算机中没有安装 PowerPoint 程序，也可以借助 Internet Explorer 浏览器观看幻灯片。

（4）自定义幻灯片放映。

放映者可以针对不同的场合和观众，自定义放映顺序和内容。具体操作如下。

① 在【幻灯片放映】选项卡中【开始放映幻灯片】功能区中单击按钮，在弹出的“自定义放映”对话框中单击【新建】按钮，弹出“自定义放映”对话框，如图 6-16 所示。

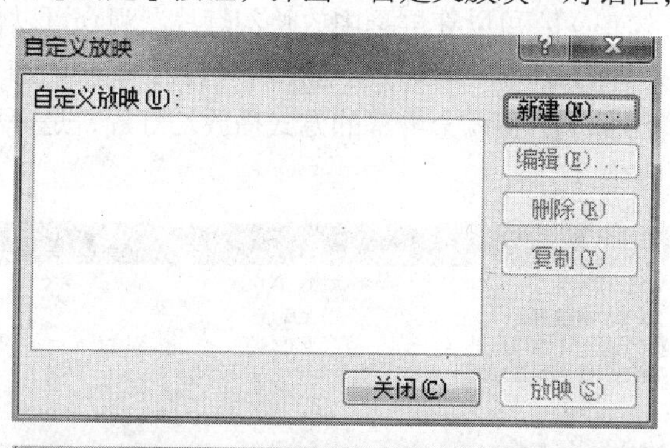

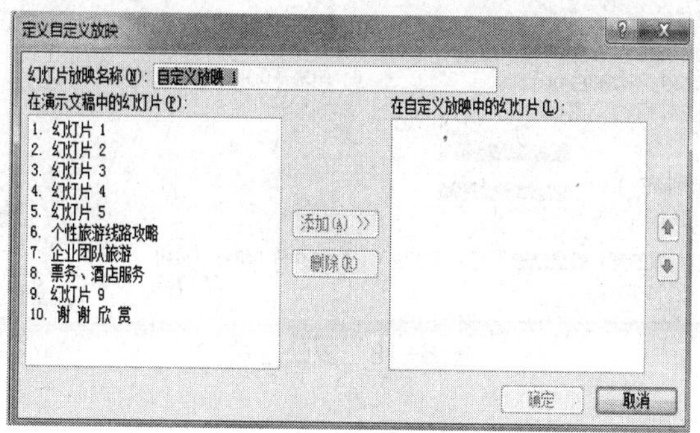

图 6-16　自定义放映

② 在“定义自定义放映”对话框左侧的【在演示文稿中的幻灯片】列表中选择当前需要放映的幻灯片，单击添加按钮，将其添加到右侧的【在自定义放映中的幻灯片】列表中，单击或按钮，可以调整幻灯片的顺序，如图 6-17 所示。

③ 确定后，返回“自定义放映”对话框中。放映幻灯片时放映的就是用户选中的幻灯片。通过这种方式可以建立多种自定义放映，需要哪种放映方式我们就可以选中使用哪种自定义方式。

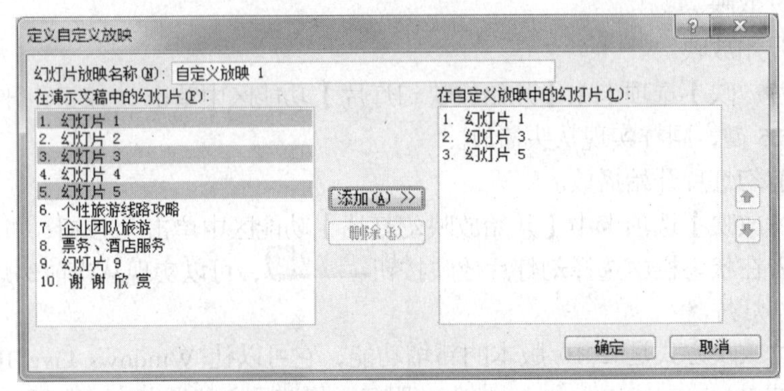

图 6-17　添加自定义放映幻灯片

2. 设置放映参数

选择【幻灯片放映】选项卡中【设置幻灯片放映】,打开“设置放映方式”对话框，在【放映类型】中有三种方式，如图 6-18 所示。

- 【演讲者放映（全屏幕）】：将以全屏幕的方式播放幻灯片，演讲者可以手动控制放映过程，是最常用的放映方式。
- 【观众自行浏览（窗口）】：可以在屏幕中放映幻灯片，观众可以使用窗口中的菜单命令自己手动控制幻灯片的放映。本次任务选择观众自行浏览（窗口）放映方式。
- 【在展台浏览（全屏幕）】：将以全屏幕的方式播放幻灯片，是一种自动运行的全屏幕幻灯片放映方式。

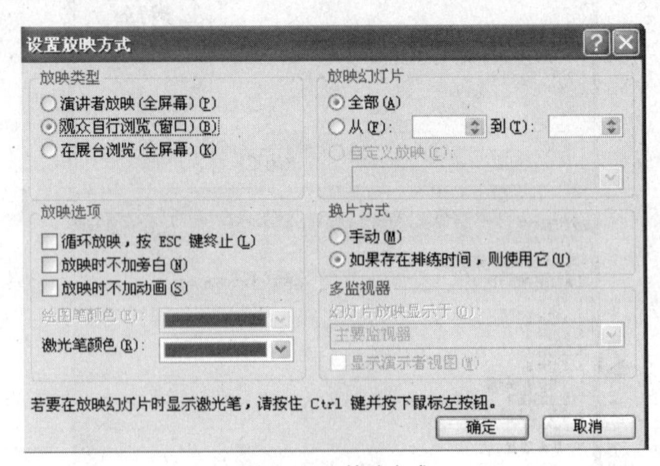

图 6-18　放映方式

3. 设计排练计时

面对基本完成的 PPT 文稿，刘青很高兴。可是给同事演示以后，却发现演示文稿必须要配备一名工作人员在旁边单击鼠标才能正常运行，并且刘青希望随着幻灯片的放映，同时能讲解幻灯片中的内容，因此，刘青查阅了相关资料发现使用排练计时功能就可解决这个问题。在排练放映过程中，用户可以根据幻灯片的内容设置幻灯片在屏幕上停留的时间。计时结束后，这种放映方式将被系统记录下来，以后再放映时就可以自动按照排练时设置的时间进行幻灯片的切换。具体操作如下。

（1）选择第 1 张幻灯片，单击【幻灯片放映】选项卡中的【排练计时】命令，进入幻灯片放映视图，同时在屏幕中打开“录制”工具栏，并开始计时，如图 6- 19 所示。

图 6-19　排练计时

（2）在【录制】工具栏中左侧显示的时间为当前幻灯片放映的时间，右侧显示的时间则为之前所有对象放映的时间。根据计时显示可控制幻灯片的排练时间，当时间设置好以后，单击【录制】工具栏中的按钮，继续设置下一张幻灯片的排练时间，如图 6- 20 所示。

图 6- 20　录制工具栏

若没有设置好当前幻灯片的排练时间，可单击按钮重新设置，或通过单击按钮，在时间显示框中直接输入该幻灯片的放映时间，然后按回车键确定设置，进入下一张幻灯片的计时设置。

播放结束后，系统自动打开提示信息对话框，询问是否保存计时结果 ，如图 6- 21 所示。

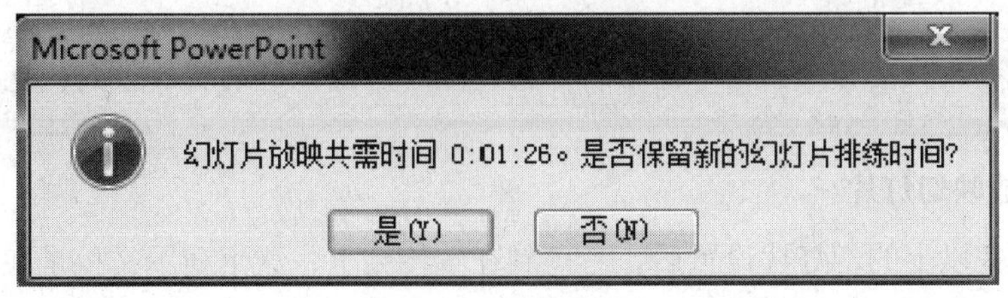

图 6-21　提示信息

（3）排练计时完成后，将自动进入幻灯片浏览视图，并且在每张幻灯片下方显示播放所需的时间，如图 6-22 所示。

图 6-22　设置排练计时后幻灯片浏览

（4）选择【幻灯片放映】选项卡中【设置幻灯片放映】命令，在弹出的“设置放映方式”对话框中，选择【换片方式】区域中的【如果存在排练时间，则使用它】选项，然后单击【确定】按钮，如图 6-23 所示。此时，再播放幻灯片时就默认排练计时时设置的放映方式。

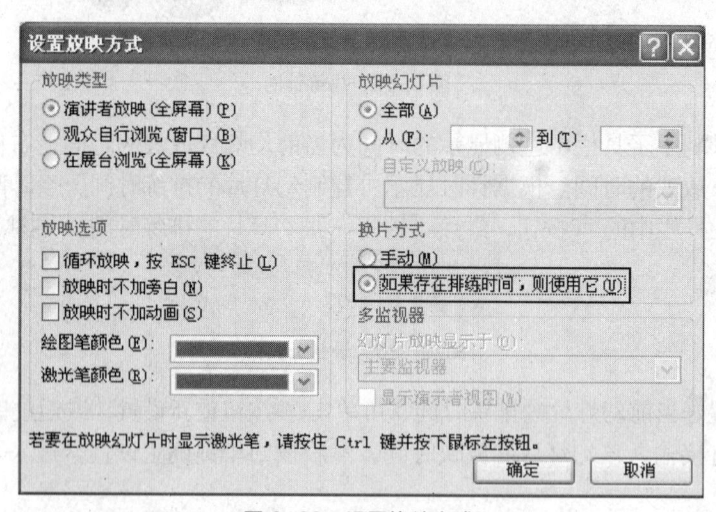

图 6-23　设置换片方式

➔提示

换片方式如果设置为“手动”的话，即使设置了排练计时的放映方式，也不能完成自动播放。

4．循环放映幻灯片

刘青在做完以上的幻灯片设置后，考虑到在宣传会上，这个演示文稿是在不停地播放，要将这个作品再进一步完善，就需要设置幻灯片循环放映，直到通过操作将其停止。

（1）选择【幻灯片放映】选项卡的【设置放映方式】命令，在弹出的“设置放映方式”对话框中，选择【放映选项】区域中的【循环放映，按 Esc 键终止】选项，然后单击【确定】按钮，如图 6-24 所示。

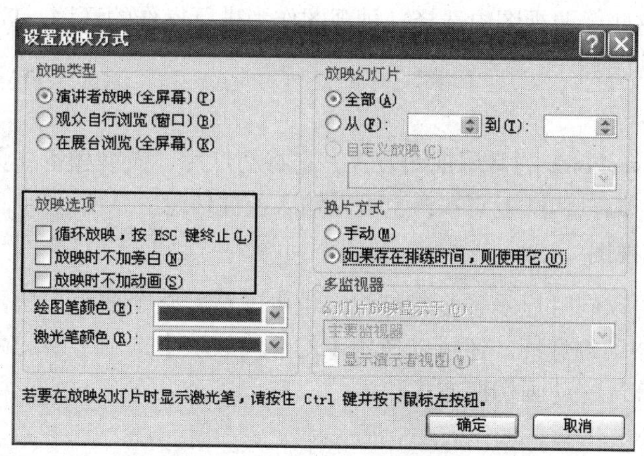

图 6-24　设置放映选项

（2）选择【幻灯片放映】/【从头开始】命令，或按键盘上的【F5】键开始放映幻灯片，以便检查幻灯片是否可以循环播放。

六、保存文稿

编辑完演示文稿后，一定要记得及时保存文件。

（1）选择【文件】选项卡中【保存】命令，弹出“另存为”对话框。

（2）在对话框右侧选择保存位置，如图 6-25 所示。

（3）在“文件名”输入框中输入“信翔国际旅游公司宣传片”文字，然后单击【保存】按钮，这样演示文稿就保存好了。

图 6-25　保存文档

【知识拓展】

一、幻灯片视图

PowerPoint 2010 主要有 4 种视图方式：普通视图、幻灯片浏览视图、备注页视图和阅读视图。用户可以从这些主要视图中选择一种视图作为进行操作的环境。PowerPoint 2010 的默认视图方式为普通视图。

1．普通视图

普通视图是 PowerPoint 的常用视图方式，它将幻灯片、大纲和备注页视图集成到一个视图中，既可以输入、编辑和排版文本，也可以输入备注信息。

2．幻灯片浏览视图

在这个视图中可以同时显示多张幻灯片。也可以看到整个演示文稿，因此可以轻松地添加、删除、复制和移动幻灯片。还可以使用【幻灯片放映】选项卡中的命令来设置幻灯片的放映时间，选择幻灯片的动画切换方式。

3．备注页视图

在备注页视图中，幻灯片窗格下方有一个备注窗格，用户可以在此为幻灯片添加需要的备注内容。在普通视图下备注窗格中只能添加文本内容，而在备注页视图中，用户可在备注中插入图片。

4．阅读视图

在幻灯片阅读视图下，演示文稿中的幻灯片内容以全屏的方式显示出来，如果用户设置了动画的效果、画面切换效果等，在该视图方式下将全部显示出来。该视图一般用于幻灯片的简单预览。

二、幻灯片操作

1．复制幻灯片

（操作见表 6-2）

表 6-2　复制幻灯片操作

选中幻灯片	右键——复制	移动光标至指定位置	右键——粘贴
	快捷键 Ctrl+C		快捷键 Ctrl+V
	【开始】/【剪切板】复制按钮		【开始】/【剪切板】粘贴按钮

2．移动幻灯片

（操作见表 6-2）

表 6-3　移动幻灯片操作

选中幻灯片	右键——剪切	移动光标至指定位置	右键——粘贴
	快捷键		快捷键

续表

选中幻灯片	Ctrl+X	移动光标至指定位置	Ctrl+V
	【开始】/【剪切板】剪切按钮		【开始】/【剪切板】粘贴按钮
在普通视图下的“幻灯片浏览”视图中，按住鼠标左键拖动幻灯片到指定位置			

3．删除幻灯片

方法 1：选中要删除的幻灯片，然后按键盘上的 Del 键（删除键）。

方法 2：选中要删除的幻灯片，【右键】/【删除幻灯片】命令。

➔提示

使用“剪切”命令可以将当前的幻灯片放置到剪切板上，在一定条件下是可以通过粘贴命令还原幻灯片的。

4．隐藏幻灯片

选中要隐藏的幻灯片，【幻灯片放映】选项卡中选择【隐藏幻灯片】。或者单击鼠标右键，在快捷菜单中执行【隐藏幻灯片】命令。

5．快速定位幻灯片

在播放 PowerPoint 演示文稿时，如果要快进到或退回到第 5 张幻灯片，可以这样实现：按下数字 5 键，再按下回车键。若要从任意位置返回到第 1 张幻灯片，还有另外一个方法：同时按下鼠标左右键并停留 2s 以上。

三、不同类型 PPT 文稿的保存

PowerPoint 2010 课件制作完成之后，一般都习惯将其保存为默认的 PPTX 格式（演示文稿），其实，还有很多保存格式可供我们选择，如果将它们巧加利用，就能满足一些特殊需要。

1．保存为设计模板

用户可以精心设计好一个幻灯片，然后把它保存为 PowerPoint 设计模板。今后再制作同类幻灯片时，就可以随时轻松调用了。

2．保存为大纲/RTF 文件

如果只想把课件中的文本部分保存下来，可以把课件保存为大纲/RTF 文件。RTF 格式的文件可以用 Word 等软件打开，非常方便。但有一点需要注意，根据经验，用这种方法只能保存添加在文本占位符（即在幻灯片各版式中用虚线圈出的用于添加文本的方框）中的文本，而自己插入的文本框中的文本以及艺术字等无法保存。

3．Windows Media 视频

另存为视频的演示文稿，WMV 格式，PowerPoint 2010 演示文稿可按高质量（1 024×768，30 帧/秒）、中等质量（640×480，24 帧/秒）和低质量（320×240，15 帧/秒）进行保存。

WMV 文件格式可在诸如 Windows Media Player 之类的多种媒体播放器上播放。

任务2　制作旅游攻略

【任务描述】

刘青制作的公司宣传片得到了领导的一致好评，接下来领导交给刘青一个新的任务，利用 PowerPoint 2010 为石家庄分公司的员工，制定云南四日游线路攻略，使用户对旅游景点有更全面的了解。

【任务分析】

刘青认真分析了任务，对云南各个景区做了深入的了解。从同事那里找来了云南的景点图片和一些文字说明，素材准备完毕，利用 PowerPoint 2010 着手制作。本任务要实现如图 6-26～图 6-31 所示效果。

图 6-26　效果一

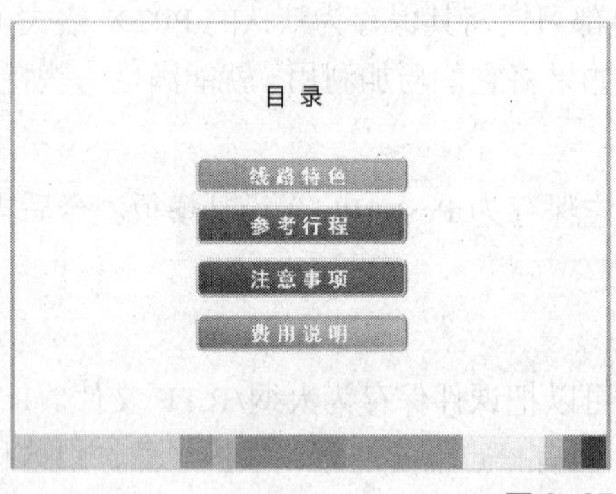

图 6-27　效果二

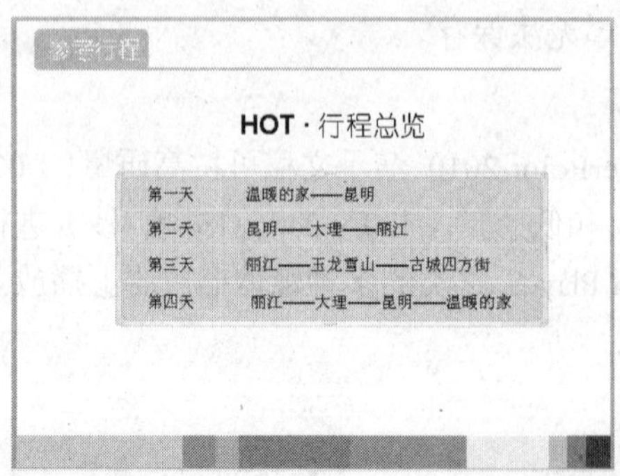

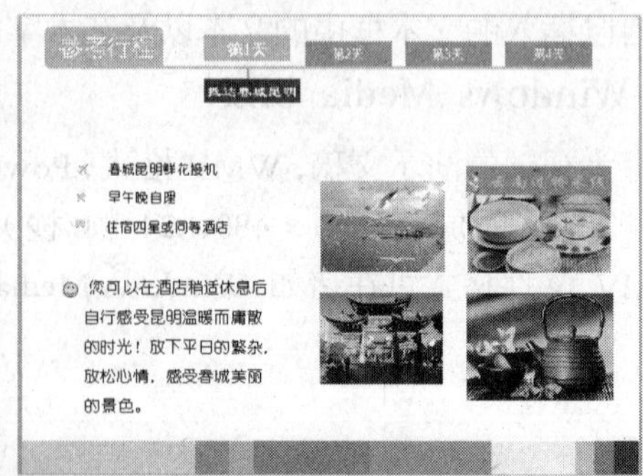

图 6-28　效果三

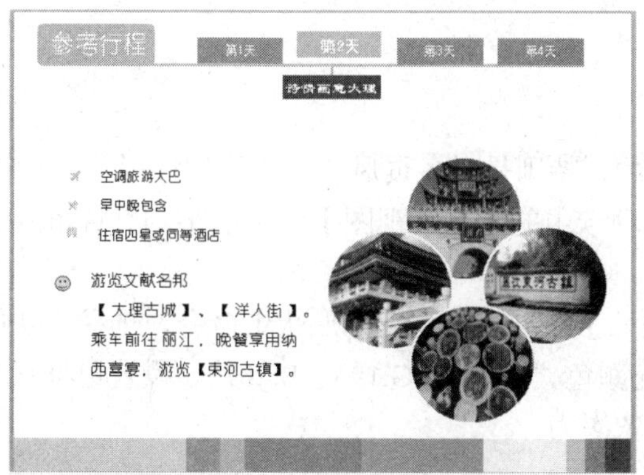

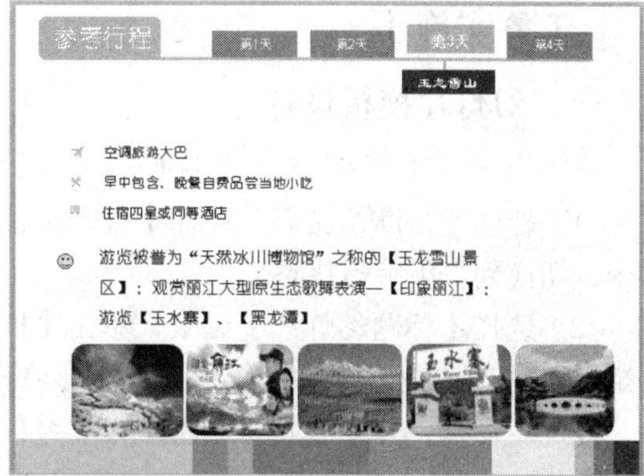

图 6-29　效果四

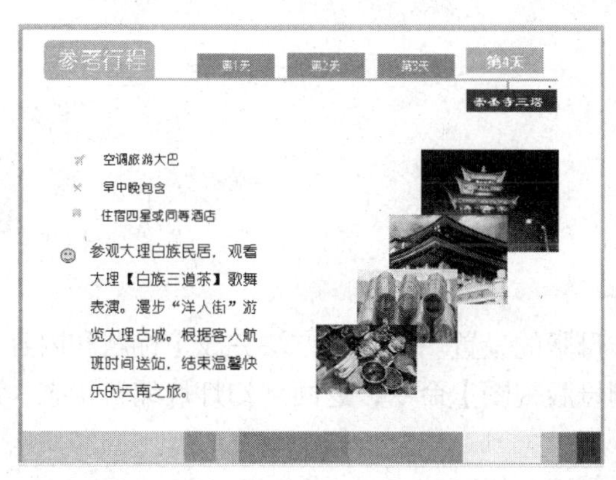

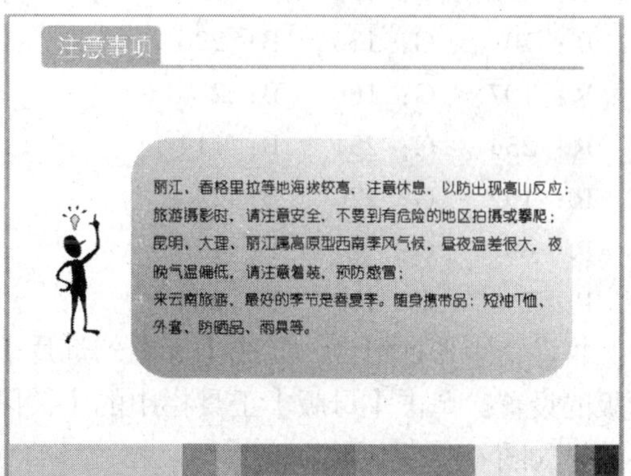

图 6-30　效果五

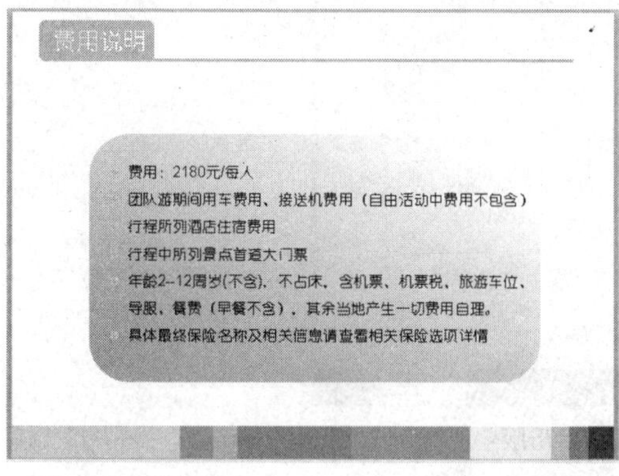

图 6-31　效果六

【学习目标】

- 学会在幻灯片中插入声音、影片
- 学会添加幻灯片备注文字
- 熟练掌握为幻灯片添加动画效果
- 了解幻灯片的保存及打印常识

【任务实施】

一、幻灯片模板设计

母版的设计对于演示文稿来说是必不可少的，特别是对多页风格统一的幻灯片。

（1）新建空白演示文稿，选择【视图】选项卡中的【母版视图】组中的【幻灯片母版】命令，切换到母版编辑状态。

（2）选择【标题幻灯片】母版，单击【插入】/【插图组】/【形状】命令，选择形状中的矩形，拖动鼠标绘制一个矩形，为矩形填充颜色“R:208、G:195、B:231”，设置边框线为无，复制矩形框，为矩形填充颜色，从左到右依次为

R：39　G：191　B：199
R：136　G：198　B：197
R：70　G：133　B：226
R：107　G：166　B：2
R：254　G：251　B：114
R：192　G：226　B：24
R：69　G：181　B：176
R：79　G：10　B：204

将多个矩形框组合，完成【标题幻灯片】母版的设置。用同样方法完成【标题和内容】母版的设置。单击【母版】工具栏中的【关闭母版视图】命令，返回到幻灯片编辑状态。最终效果如图 6-32 所示。

图 6-32　幻灯片母版

二、制作幻灯片

完成母版的制作后，将内容素材充实到幻灯片中。

（1）新建标题版式幻灯片，单击标题占位符中的“单击此处添加标题”提示信息，并输入标题文字“云南大理、丽江、昆明四日游精品线路攻略”，字体设置为“微软雅黑”、“28 号”,然后单击副标题占位符输入“信翔国际旅游公司 Xinxiang International Travel Company”，文字为“微软雅黑”、“18 号”字。插入自选图形圆角矩形，将自选图形设置为图片填充，调整图片的大小及排列顺序，将多个图片组合到一起。效果如图 6-33 所示。

图 6-33 第 1 张幻灯片

（2）添加第 2 张幻灯片，版式设置为【标题和内容】，插入 3 张图片素材并放置到合适位置；录入文字素材，设置字体格式为“幼圆”，“18 号”，效果如图 6-34 所示。

图 6-34 第 2 张幻灯片

（3）插入第 3 张幻灯片，删除正文占位符，录入“目录”二字，选择【插入】/【插图】选项卡/【形状】/【矩形】/【圆角矩形】，在幻灯片编辑区拖曳鼠标绘制一个矩形，设置矩形的双色渐变填充效果，色标为“R:204、G:102、B:0 ”和“R:255、G:153、B:0”，选中矩形，单击鼠标右键，在弹出的快捷菜单中选择【添加文本】命令，输入文字“线路特色”。将圆角矩形复制三个，分别设置渐变填充效果，色标颜色依次为

R：192 G：0 B：0 和 R：255 G：0 B：102

R：38 G：38 B：155 和 R：0 G：122 B：192

R：6 G：124 B：68 和 R：146 G：208 B：80。

修改文字内容，调整位置，效果如图 6-35 所示。

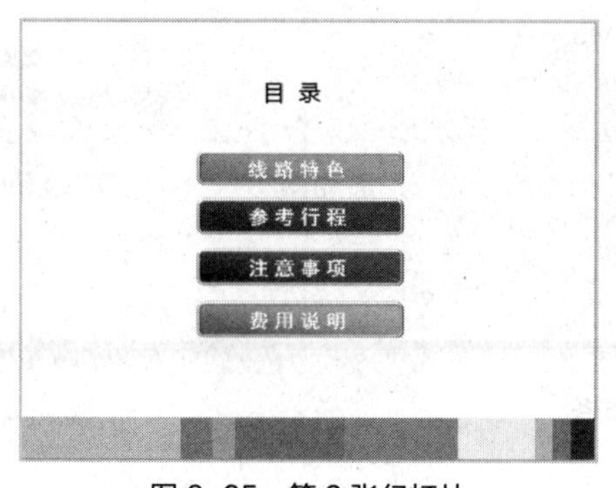

图 6-35 第 3 张幻灯片

（4）完成第 4、6、7、8 张幻灯片的图片的添加和文本的录入，效果如图 6-36 所示。

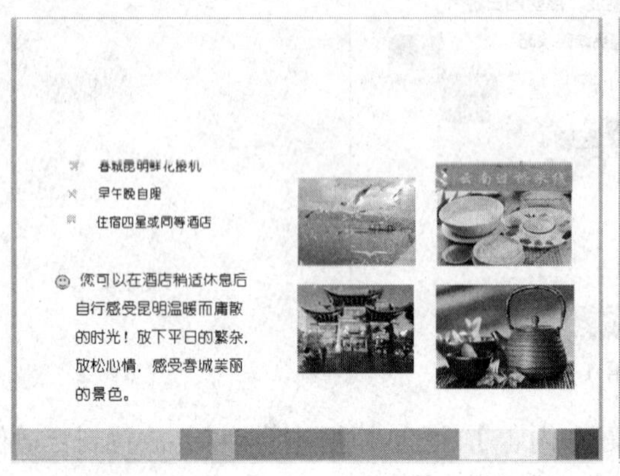

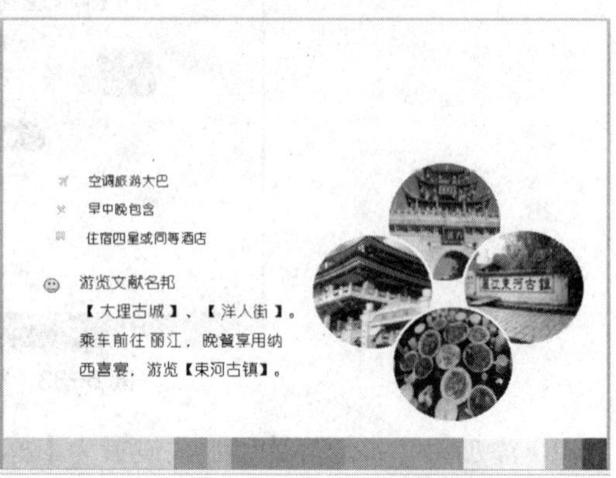

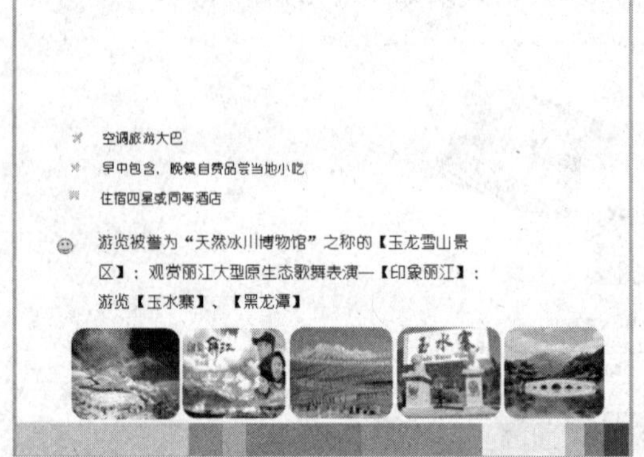

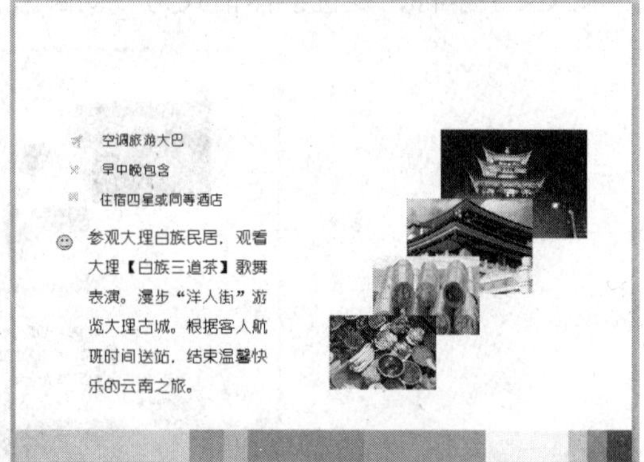

图 6-36　第 4、6、7、8 张幻灯片

（5）制作第 5 张幻灯片。

在【插入】选项卡的【表格】组中单击 按钮，打开下拉列表拖动鼠标，插入一个 2 列 4 行的表格，如图 6-37 所示。

在【设计】选项卡和【布局】选项卡中对表格进行格式化设置，选择【设计】/【表格样式】中的“深色样式 1—强调 1”样式，在表格中录入文字，字体格式“幼圆”、“20 号”，效果如图 6-38 所示。

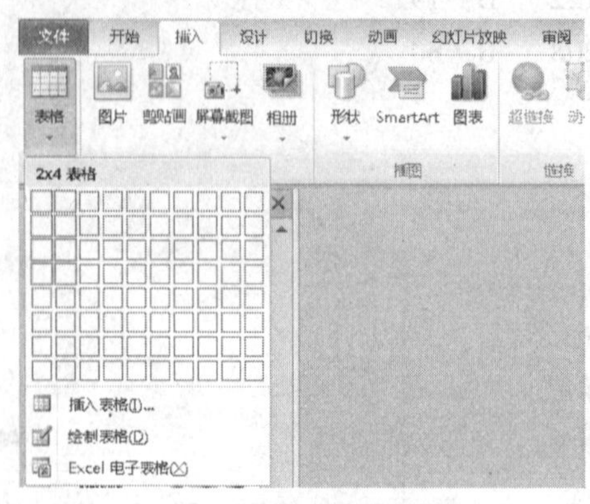

图 6-37　插入表格

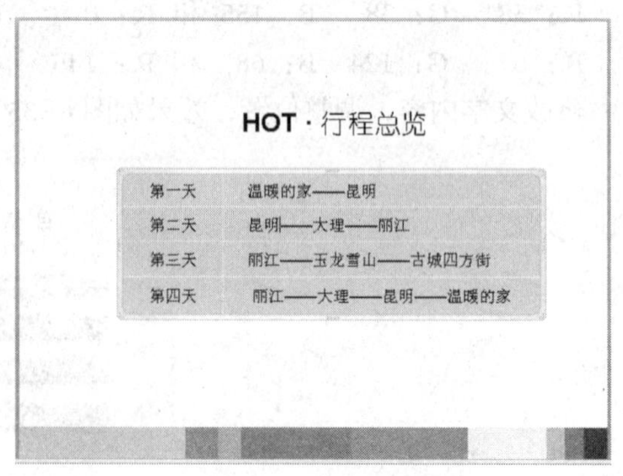

图 6-38　第 5 张幻灯片

➔提示

幻灯片中还可以插入图表，在【插入】选项卡的【插图】组中单击按钮，在弹出的【插入图表】对话框中选择一种图表类型，如图 6-39 所示。

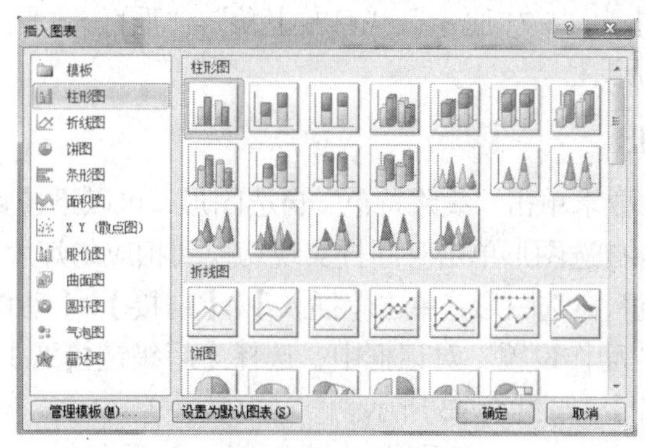

图 6-39　插入图表

单击【确定】按钮，则在幻灯片中插入了图表，同时可在打开的 Excel 表中编辑数据。效果如图 6-40 所示。

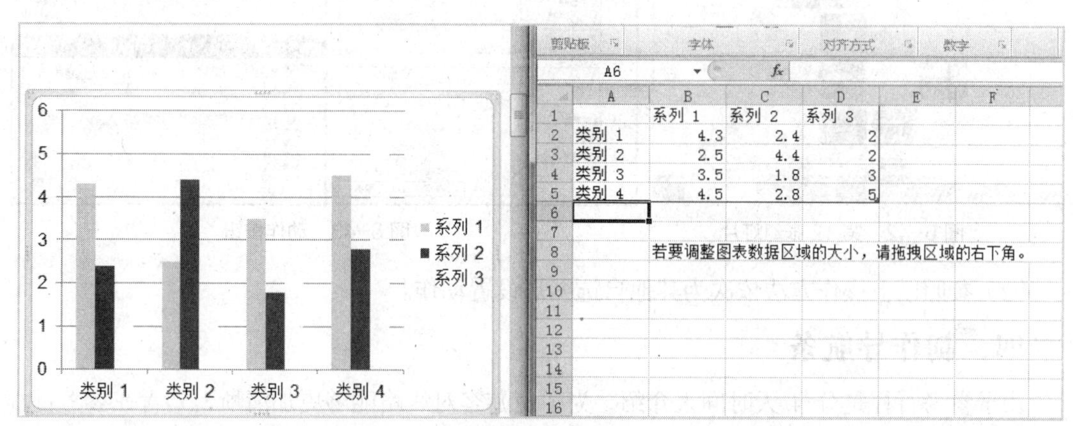

	A	B	C	D
1		系列 1	系列 2	系列 3
2	类别 1	4.3	2.4	2
3	类别 2	2.5	4.4	2
4	类别 3	3.5	1.8	3
5	类别 4	4.5	2.8	5

图 6-40　图表设置

（6）制作第 10、11 张幻灯片，插入圆角矩形自选图形，高度为 10.4 厘米、宽度为 19.01 厘米，形状填充为【渐变】/【渐变填充】/【类型为线性】/【方向】/【右上到左下】，双色渐变光标为“白色”和“玫瑰红色”，录入文字内容。效果如图 6-41 所示。

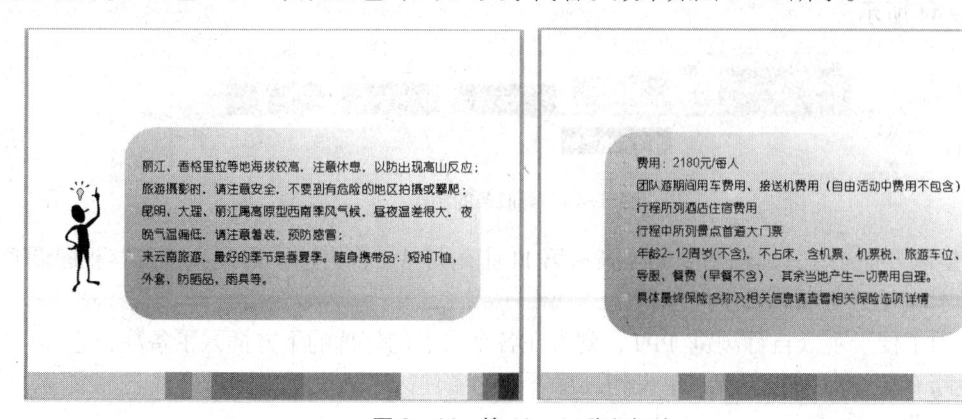

图 6-41　第 10、11 张幻灯片

（7）制作最后一张幻灯片，单击【插入】选项卡【文本】组中的【艺术字】按钮，在打开的下拉列表中选择【样式】中的“填充—蓝色，强调文字颜色 2”，选择【形状效果】中“粗糙棱台”，输入“云南欢迎您”文字，文字效果为【转换】/【弯曲】/【倒 V 形】，设置艺术字的【位置】/【水平】为“5.71 厘米”、“自左上角”，“垂直 3.3 厘米”、“自左上角”。并插入图片，效果如图 6-42 所示。

三、设置动作按钮

选择第 3 张幻灯片，要求单击“线路特色”自选图形，可以迅速切换到第 4 张“4.线路特色”幻灯片中，其他三个自选图形单击时同样实现切换到相应幻灯片中。具体操作如下。

（1）选中“线路特色”自选图形，单击【插入】/【链接】/【动作】/【动作设置】/【单击鼠标】命令，在弹出“动作设置”对话框中，选择【超级链接到】单选钮，然后在下方的下拉列表中选择【幻灯片】，如图 6-43 所示。

图 6-42　第 12 张幻灯片

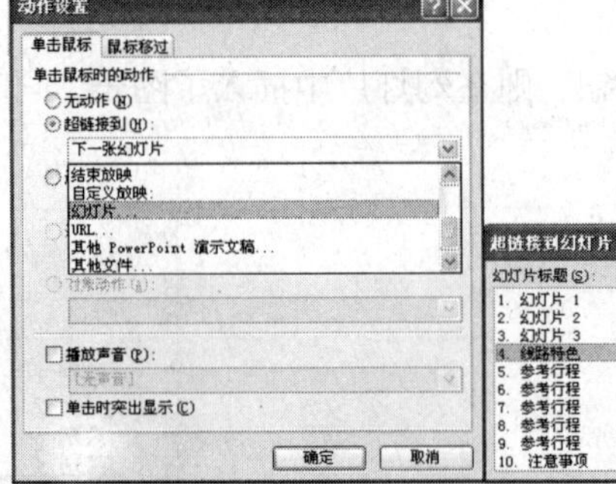

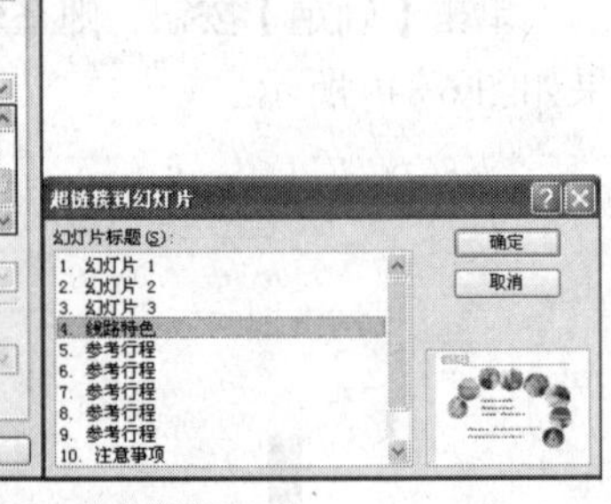

图 6-43　动作按钮

（2）参照以上操作方法依次为其他自选图形设置动作。

四、制作导航条

由于参考行程是分 4 天时间来介绍，为了使游客对线路能够更加清晰，刘青在参考行程的每一页上制作导航条，具体步骤如下。

（1）选择第 5 张幻灯片，在顶端插入圆角矩形，【高度】为“1.8 厘米”，【宽度】为“4.95 厘米”，颜色填充为浅蓝，无线条。再绘制一条直线，粗细为 3 磅、浅蓝色。绘制 5 个矩形框，填充“浅蓝”、“白色”，背景 1，深色 50%、“深红”3 种颜色。添加白色文字内容，效果如图 6-44 所示。

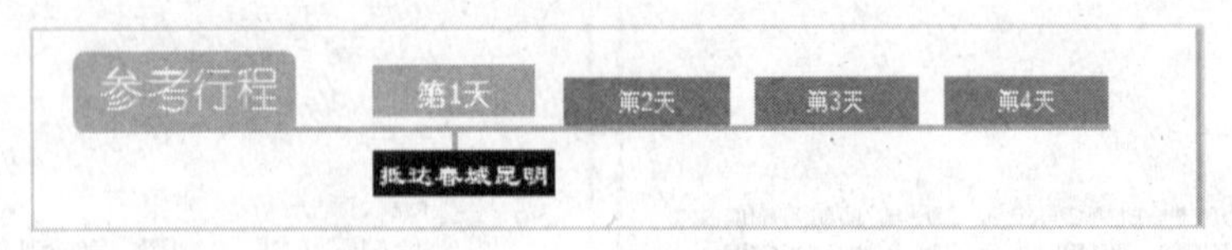

图 6-44　导航条的制作

（2）复制导航条，分别粘贴到第 4 张～第 11 张幻灯片。将自选图形及文字内容相应调整，效果参考本次任务实现效果。

（3）为了便于观众自行浏览 PPT，刘青在各个景点幻灯片的下方插入了备注，这样可以对景区线路有更加深入的了解，单击幻灯片下方的备注区录入文字，即可完成备注文字的添加。效果如图 6-45 所示。

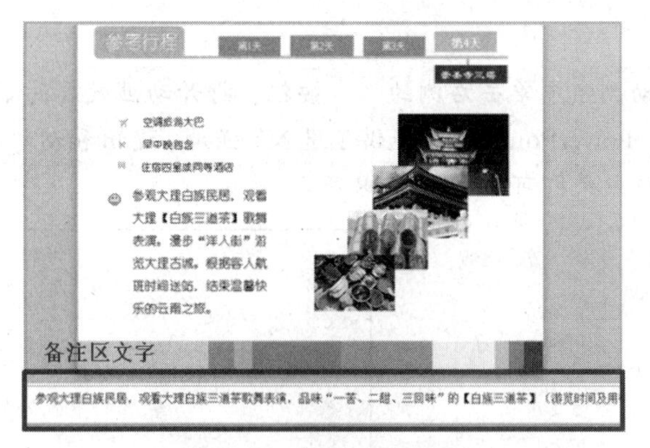

图 6-45　备注区添加文字

（4）按上述方法完成第 7 张～第 9 张幻灯片备注文字的添加。备注区文字见本次任务素材。

五、添加动画效果

为了使图片和文字更加生动，刘青利用 PowerPoint 2010 提供的多种动画效果给图片及文字添加动画。具体步骤如下。

（1）选中第 1 张幻灯片中的文字，单击【动画】选项卡，选择【进入】/【形状】的动画效果，单击【效果选项】下方的黑色三角，设置动画【方向】/【放大】、动画【形状】/【菱形】、动画【序列】/【作为一个对象】，如图 6-46 所示。

图 6-46　添加动画效果

为图片添加动画效果，将图片选中右键组合，单击【动画】选项卡设置为【进入】/【形状】动画效果，在【效果选项】中设置【方向】/【放大】、【形状】/【圆】。如图 6-47 所示。

➔提示

在动画选项卡的动画组中单击右侧的 ▾ 按钮，打开动画效果的下拉列表，在这里可以看到更多的动画效果。PowerPoint 2010 提供了进入、强调、退出和动作路径等 4 种动画类型。只需选择所需要的动画效果即可。如图 6-48 所示。

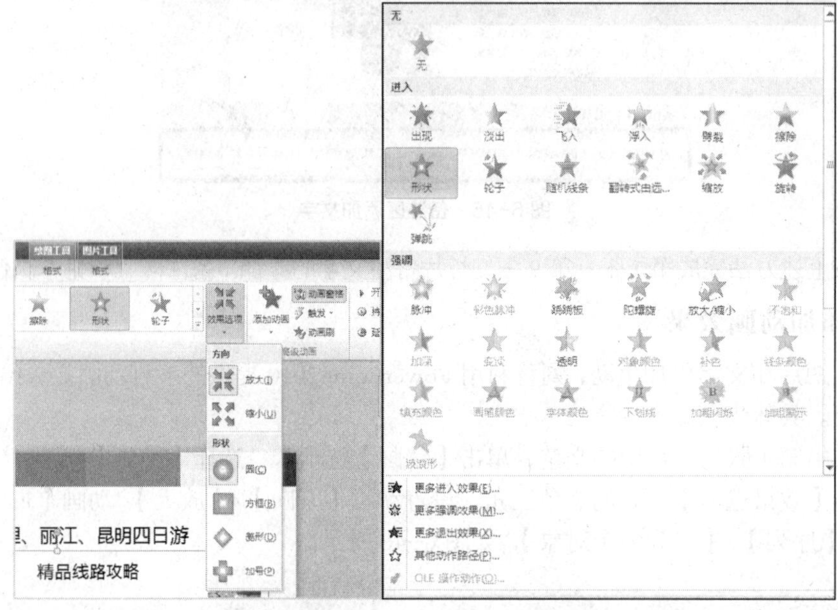

图 6-47　动画效果选项　　　　图 6-48　其他动画效果设置

- 在【进入】组中选择动画效果，可以设置对象进入屏幕时的动画形式。
- 在【强调】组中选择动画效果，则对象进入屏幕后将以该效果突出显示。
- 在【退出】组中选择动画效果，可以设置对象退出幻灯片时的动画形式。
- 在【动作路径】组中选择动画效果，可以为幻灯片中的某个对象指定一条移动路线。如果系统预设的动作路径不能满足设计需要，可以选择【自定义路径】选项，然后在幻灯片中绘制自定义动作路径。如果还要得到更多的动画效果，可以在动画列表的下方选择相应的选项，即可打开相应的对话框，如图 6-49 所示。

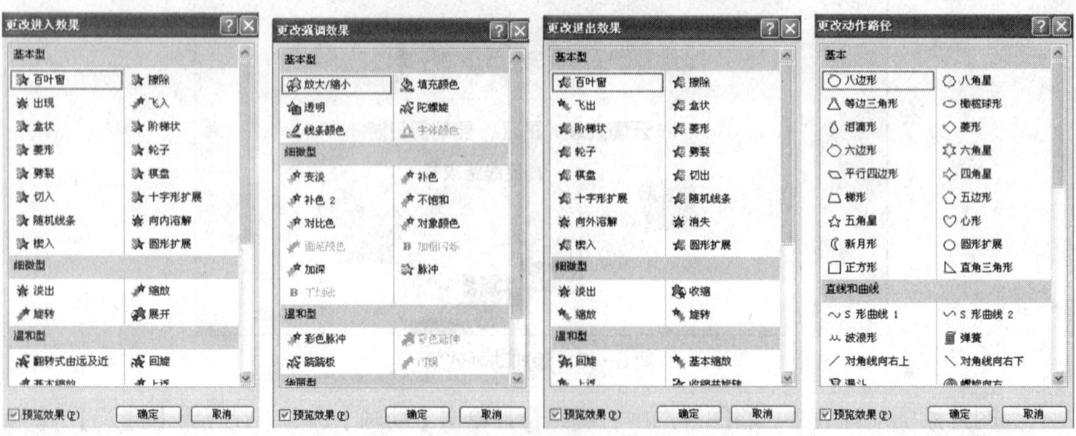

图 6-49　动画效果

（2）编辑动画。

设置“幻灯片 1”中动画开始顺序为“先播放文本，后播放图片”。单击【动画】选项卡中【高级动画】选项，选择【动画窗格】命令即可在幻灯片的右侧打开动画窗格，选中“动画 1”，单击动画右侧的小箭头，在打开的下拉列表中可以设置开始的方式、效果选项、计时等。设置“动画 1”的播放方式为从【上一项开始】，设置“动画 2”的播放方式为【从上一项之后开始】，如图 6-50 所示。

➔提示

只要我们为幻灯片中的每个对象添加了动画效果，那么在动画窗格中会为动画自动编号为 1、2、……

（3）设置动画参数。

设置幻灯片 1 中“组合 1”动画的播放时间，单击【动画】窗格按钮，打开【动画窗格】，打开“组合 1”右侧的下拉三角，选择【计时】选项，设置延续时间为 0，延迟为 0.1。效果如图 6-51 所示。

图 6-50　动画顺序

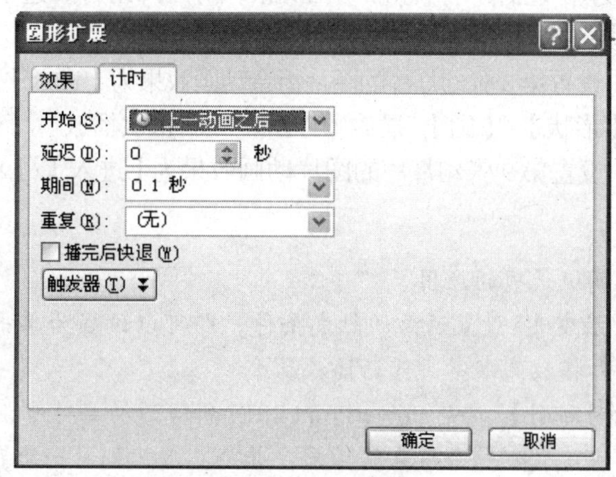

图 6-51　动画参数设置

（4）设置完成后单击确定按钮即可完成参数的设置。

➔提示

以上介绍了动画参数的设置，但并不是每次都需要设置全部参数，用户可以根据动画需要进行设置。

- 【单击开始】、【从上一项开始】、【从上一项之后开始】选项，可以设置动画的开始方式。
- 【效果选项】：打开飞出对话框，在效果选项中可以设置动画的运动方向、是否添加音效等。
- 【计时】：打开【进入】对话框，在计时选项卡中可以设置动画的开始时间、延迟时间、运动速度及重复次数等选项。
- 【隐藏高级日程表】：可以隐藏【动画窗格】下方的日程表，它类似于 Flash 中的时间轴，用来设置动画顺序、动画时间等。
- 【删除】：将删除该动画效果。

（5）为第 2 张幻灯片的三个图片添加动画效果为【进入】/【飞入效果】，【效果选项】分别为【自底部】、【自右下部】、【自右上部】，顺序为从左向右依次播放。

（6）选中第 3 张幻灯片第一个动作按钮设置动画效果为【进入】/【缩放效果】，【效果选项】/【消失点对象中心】。单击【动画】选项卡/【高级动画】/【动画刷】命令，利用动画刷为其他 3 个按钮添加同样的动画效果。

（7）选中第 4 张幻灯片的第一张图片，设置动画效果为【进入】/【擦除】动画效果，【效果选项】为【自底部】，选中第一张图片，利用动画刷为其他几张图片添加同样动画效果。选中幻灯片中的文字，设置动画效果为【进入】/【螺旋飞入】，【效果选项】/【序列】/【作为一个对象】。

（8）为第 6 张幻灯片的第一张图片添加动画效果为【进入】/【轮子】，【效果选项】为【轮辐图案 2】的效果，图片动画【播放顺序】为【上一动画之后】。利用动画刷为其他几张图片添加同样的动画效果。“抵达春城昆明”矩形框动画效果为【进入】/【缩放】的效果，【效果选项】/【序列】/【作为一个对象】，用动画刷给其他矩形框添加动画效果。

（9）为第 7 张幻灯片添加动画效果，将图片组合后选中，设置动画效果为【进入】/【缩放】，【效果选项】/【幻灯片中心】。

（10）设置第 8 张幻灯片的图片组合动画效果为【进入】/【形状】，【效果选项】/【方向】/【放大】、【形状】/【圆】。播放顺序从左到右依次播放。

（11）设置第 9 张幻灯片的图片动画效果为【进入】/【曲线向上】，播放顺序为从上到下。

➔提示

其他高级选项的应用

❖【触发】：设置动画的触发条件，即可以设置为单击某个对象开始播放动画，也可以设置为媒体播放到书签时开始播放动画。

❖【动画刷】：这是 PowerPoint 2010 新增的动画功能，该工具类似于 Word 或 Excel 中的格式刷，可以复制一个对象的动画，并将其应用到另一个对象上。双击该按钮，可以将一个动画应用到演示文稿的多个对象中。

❖【开始】：设置动画效果的开始方式。

❖【持续时间】：设置动画时间长度。

❖【延迟】：设置经过几秒后开始播放动画，即上一个动画结束到本动画开始之间的时间差。

❖【对动画重新排序】：单击其下方的按钮，可以重新调整动画的播放顺序。

六、插入音频

PowerPoint 2010 是一个简捷易用的多媒体集成系统，用户可以根据需要在其中插入文本、图形、图片或图表，也可以插入音频等对象。PowerPoint 2010 中可以插入剪贴画中的音频，还可以插入文件中的音频，并可以根据演示文稿的内容录制音频等。

（1）在第 1 张幻灯【插入】/【音频】/【文件中的音频】选项卡，选择“月光下的凤尾竹”音乐文件，单击【插入】即可在幻灯片中插入一个音频文件，同时幻灯片会自动插入一个图标，如图 6-52 所示。

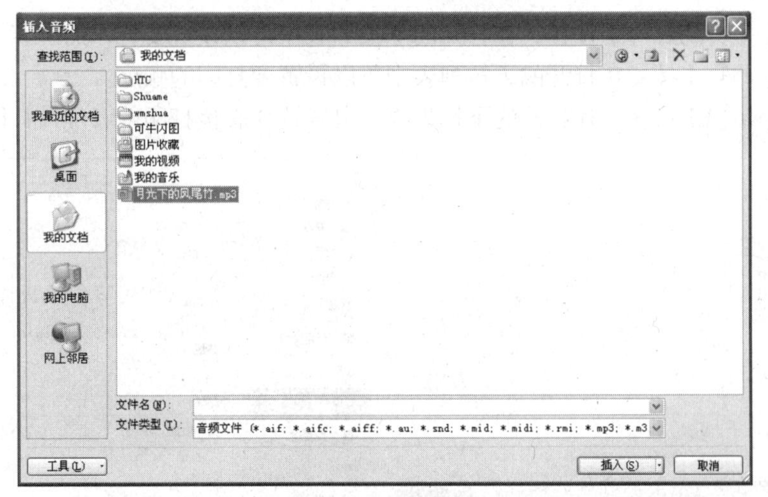

图 6-52 插入音频

（2）切换到【播放】选项卡设置播放方式为【播放完返回开头】，播放时【自动隐藏】图标，设置完成后可测试播放效果，如图 6-53 所示。

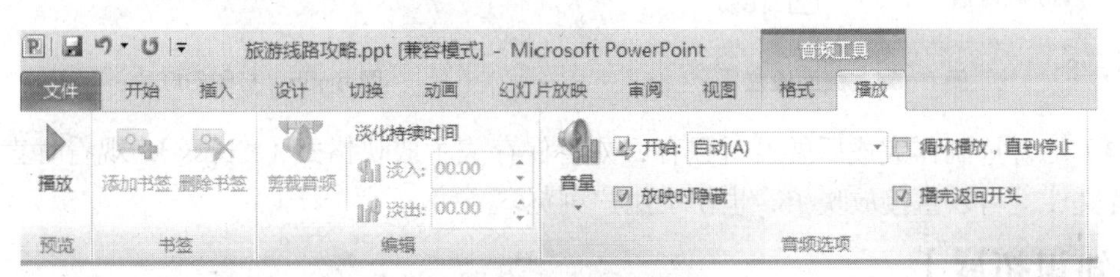

图 6-53 音频编辑

七、设置幻灯片的切换效果、放映方式

（1）设置全部幻灯片的切换方式为【形状】、【无声音】、【持续时间为 3 秒】，换片方式为【自动换片】时间为 3 秒时，【全部应用】的效果。

（2）设置幻灯片的放映方式为【演讲者放映】,【放映选项】/【循环放映，按 ESC 键终止】。

八、演示文稿的保存打印、打包与异地播放

演示文稿制作完成后，需要交 1 份打印版的给领导看。

（1）在打印演示文稿前，首先要对演示文稿进行页面设置。切换到【设计】选项卡【页面设置组】中单击 按钮，打开【页面设置】对话框，设置【宽度】为“25.4 厘米”、【高度】为“19.05 厘米”、幻灯片的【方向】为“横向”，单击【确定】按钮完成页面设置，如图 6-54 所示。

- 在【幻灯片大小】下拉列表中可以设置幻灯片的大小或纸张大小。
- 在【宽度】和【高度】文本框中可以自定义幻灯片的大小。
- 在【幻灯片编号起始值】文本框中可以设置幻灯片编号的起始值。
- 在【方向】选项组中可以设置幻灯片或备注、讲义和大纲的方向。

（2）换到【文件】选项卡，选择【打印】命令，在中间位置可以设置打印份数为 1，单击打印按钮即可，如图 6-55 所示。

- 单击【打印全部幻灯片】按钮，在打开的下拉列表中可以设置要打印幻灯片的范围。

- 单击【整页幻灯片】按钮，在打开的下拉列表中可以设置要打印的内容。
- 单击【调整】按钮在打开的下拉列表中可以设置要打印的顺序。
- 单击【颜色】按钮，在打开的下拉列表中可以选择彩色打印或者黑白打印。

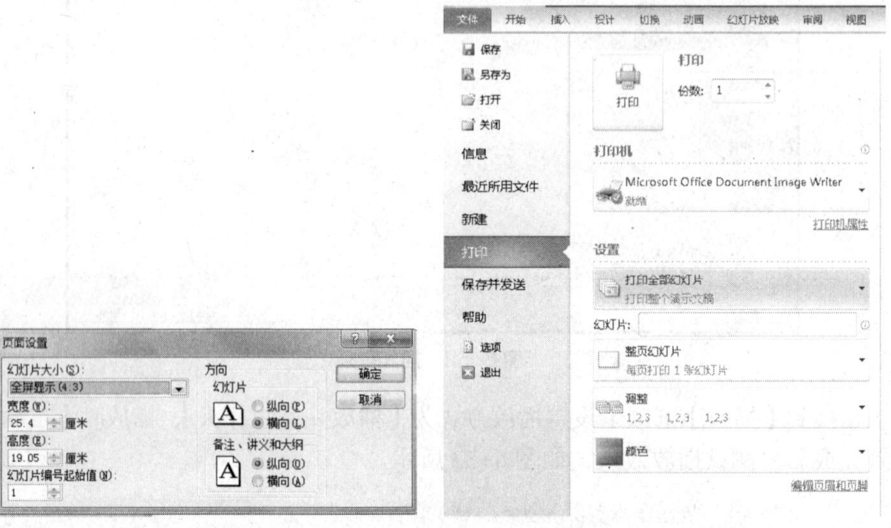

图 6-54　页面设置　　　　图 6-55　打印幻灯片

（3）幻灯片制作完成后要及时保存，刘青保存成了放映格式（*.ppsx），观看时直接单击幻灯片文件就可以直接放映了，也便于用户浏览。

【知识拓展】

一、在幻灯片中插入音、视频文件

（1）插入音频文件类型可以是 AIFF、MIDI、MP3 等格式，在插入文件时单击 插入(S) 右侧的小三角形，选择【链接到文件】选项，在幻灯片放映时就不必担心音频文件丢失。这种插入方式可以减小演示文稿的文件大小，但是要使音频在幻灯片中正常播放，必须保证音频文件的存储位置不发生改变。PowerPoint 2010 支持音频的简单编辑，如图 6-56 所示。

图 6-56　音频编辑

- 【书签】：在音频的某个位置插入标记点，便于准确定位。
- 【编辑】：可以对音频进行简单的剪裁，也可以设置淡入淡出效果。
- 【音频选项】：设置音频播放方式与触发方式，例如，音量的大小、是否循环播放、触发音频的方式等。

（2）PowerPoint 2010 中除了可以插入音频对象，还可以插入视频。既可以插入系统内置视频，也可以插入文件中的视频。单击【插入】选项卡的“媒体”组中的 按钮下方的三角箭头，在打开的下拉列表中选择【剪贴画视频】选项，可以插入系统内置的剪贴画视频，如图 6-57 所示。

图 6-57　插入剪贴画视频

插入视频文件与音频类似，这里不再重复。PowerPoint 2010 支持的视频文件格式主要有 AVI、ASF、MPEG、MWV 等。

二、利用画笔来做标记

利用 PowerPoint 2010 放映幻灯片时，为了让效果更直观或需重点演示，有时要在幻灯片上做些标记，我们可以在打开的演示文稿中单击鼠标右键，然后依次选择【指针选项】/【笔】即可，这样就可以调出画笔在幻灯片上写写画画了，用完后，按 ESC 键便可退出。

【项目总结】

刘青在完成整个项目的过程中，发现其实掌握软件的操作并不难，但是要制作出一份高水平的 PPT，还需要平时多看、多练、多交流、多学习。多看一些好的作品；多下载一些好看的、漂亮的模板，现成的素材，为自己的作品增色；多了解一下色彩、文字方面的知识、色彩的搭配，这样制作出来的作品会很清新，充满吸引力；再就是要合理选择相应的辅助媒体，音频、视频、动画、图像、程序等都可以调用到 PPT 中，要选择适合自己的、适合场合的、适合行业的媒体，这样有助于提高作品的整体水平。通过此次项目的完成，刘青的设计水平也得到了提高。

【拓展练习】

练习一

打开 PPT 文件夹下的演示文稿 1.pptx，按照下列要求完成对此文稿的修饰并保存。

（1）在第三张幻灯片前插入版式为“两栏内容”的新幻灯片，将 PPT 文件夹下的图片文件 ppt1.jpeg 插入到第三张幻灯片右侧内容区，将第二张幻灯片第二段文本移到第三张幻灯片左侧内容区，图片动画设置为“进入/飞入”，效果选项为“自右下部”，文本动画设置为“进入/飞入”，效果选项为“自左下部”，动画顺序为先文本后图片。第四张幻灯片的版式改为“标题幻灯片”，主标题为“中国旅游景点调查报告”，副标题为“中国互联网信息中心（CNNIC）”，前移第四张幻灯片，使之成为第一张幻灯片。

（2）删除第三张幻灯片的全部内容，将该版式设置为“标题和内容”，标题为“用户对景区服务的建议”，内容区插入 7 行 2 列表格，第 1 行的第 1、2 列内容分别为“建议”和“百分比”。按第二张幻灯片提供的建议顺序填写表格其余的单元格，表格样式改为“主题样式 1-强调 2”，并插入备注“用户对景区服务的建议百分比”。将第四张幻灯片移到第三张幻灯片前，删除第二张幻灯片。

练习二

打开 PPT 文件夹下的演示文稿 2.pptx，按照下列要求完成对此文稿的修饰并保存。

1. 在幻灯片的标题区中键入“马尔代夫六日游”，文字设置为黑体、加粗、54 磅字，红色（RGB 模式：红色 255，绿色 0，蓝色 0）。插入版式为“标题和内容”的新幻灯片，作为第二张幻灯片。第二张幻灯片的标题内容为“基本概况”，文本内容为“全球顶级的海岛度假胜地，哪怕只是惊鸿一瞥，她都会令你难以忘记。”。第一张幻灯片中的飞机图片动画设置为“进入/飞入”，效果选项为“自右侧”。第二张幻灯片前插入一版式为“空白”的新幻灯片，并在位置（水平：5.3 厘米，自：左上角，垂直：8.2 厘米，自：左上角）插入样式为“填充-蓝色，强调文字颜色 2，粗糙棱台”的艺术字“人间天堂马尔代夫”，文字效果为“转换-弯曲-倒 V 形”。

2. 第二张幻灯片的背景预设颜色为 “雨后初晴”，类型为“射线”，并将该幻灯片移为第一张幻灯片。全部幻灯片切换方案设置为“时钟”，效果选项为“逆时针”。放映方式为“观众自行浏览”。

练习三

制作学院宣传片

制作要求：制作 10 ~ 15 张幻灯片，主题是介绍你所在的学校，包括封面和内容介绍，具体内容应包括：学校简介、开设专业、校企合作、办学特点、文明建设、文体活动及学校的获奖情况等，全方面地展示自己的学校。

技术要求：图文并茂，让观众耳目一新。播放形式设为自动。